城乡人居生态环境

主　编　吴成亮　张洋　路森
副主编　陈洪　马海涛　王慧　占松林
主　审　刘谢慧

中国建筑工业出版社

图书在版编目 (CIP) 数据

城乡人居生态环境 / 吴成亮，张洋，路森主编．—
北京：中国建筑工业出版社，2020.6
ISBN 978-7-112-25242-8

Ⅰ.①城… Ⅱ.①吴… ②张… ③路… Ⅲ.①城市环境—居住环境—生态环境—研究—中国 Ⅳ.①X21

中国版本图书馆 CIP 数据核字（2020）第 100770 号

责任编辑：陈小娟 张智芊
责任校对：李美娜

城乡人居生态环境
吴成亮 张洋 路森 主编
陈洪 马海涛 王慧 占松林 副主编
刘谢慧 主审
*
中国建筑工业出版社出版、发行（北京海淀三里河路 9 号）
各地新华书店、建筑书店经销
逸品书装设计制版
北京市密东印刷有限公司印刷
*
开本：787×1092 毫米 1/16 印张：17 字数：301 千字
2020 年 6 月第一版 2020 年 6 月第一次印刷
定价：**46.00** 元
ISBN 978-7-112-25242-8
（35999）

《城乡人居生态环境》
编写人员

主　编　吴成亮　张　洋　路　森

副主编　陈　洪　马海涛　王　慧　占松林

主　审　刘谢慧

编　委（以姓氏拼音为序）

陈　洪　陈　茜　李立英　李香萍

路　森　马海涛　宁艳杰　宋玲莉

王冠明　王　慧　王　书　尉特特

吴成亮　吴云龙　杨兰婷　占松林

张靖沂　张　蕊　张　洋　庄怡然

编写单位　北京林业大学

清研灵智信息咨询（北京）有限公司

前　言

城乡人居生态环境是一门综合性交叉学科，它以人类聚居的生态环境为研究对象，以协调人类与生态环境之间的关系，实现城乡人居生态环境的可持续发展。城乡人居生态环境是人们在生产和生活中赖以生存和发展的环境，它是一个具有多样性和综合性特征的复杂系统，涉及人口、经济、能源、生态等多方面要素。在新常态的背景下，中国经济的增长方式发生转变，从要素驱动、投资驱动转向创新驱动，产业结构不断优化升级，经济朝向绿色、低碳和循环方向发展，开展城乡人居生态环境的理论研究和实践探索具有重要的意义。

本书核心内容包括：城乡人居生态环境概述、城乡人居生态环境理论和方法、城乡人居生态环境评价与监测、城乡人居生态环境保护与修复、城乡人居生态环境规划与设计、城乡人居生态环境营建材料与技术和城乡人居生态环境建设案例。核心内容紧紧围绕"城乡人居生态环境"这一主题，从概述到理论方法，到评价检测，到保护修复，再到规划设计和建材技术，最后介绍了相关的建设案例。本书从理论到实践，研究问题包括：什么是城乡人居生态环境，如今中国的城乡人居生态环境现状是什么，为什么要建立一个健康、安全、舒适的城乡人居生态环境，怎样建立一个健康、安全、舒适的城乡人居生态环境以及有什么成功的案例可以学习借鉴。

本书撰写过程中提出了两点思考：一是在传统人居环境的深厚研究基础上引入生态理念，探索人居生态环境，构建人居生态环境的评价、监测、保护、修复等内容，在更全面的层次上进行研究；二是统筹考虑城乡人居生态环境的研究与建设，应该统筹考虑城乡，认清城乡功能和基础的差异，针对性地开展人居生态环境建设。

本书由北京林业大学经济管理学院组织编写。编委会成员包括：吴成亮、张洋、路森、宁艳杰、陈洪、马海涛、王慧、占松林、张靖沂、宋玲莉、杨兰婷、张蕊、陈茜、庄怡然、胡智鸿、李香萍、王冠明、李立英、王书、尉特特、吴云龙。主审为刘谢慧。

本书在资料收集、文稿撰写、出版过程中得到了各方的大力支持，衷心感谢！

本书编委会

2020 年 4 月于北京林业大学

目 录

第 1 章

城乡人居生态环境概述

城乡人居生态环境质量评价是城乡人居生态环境研究的重要组成部分，通过对城乡人居生态环境质量的评价，可以了解城乡的人居生态环境发展现状，并针对存在的问题，提出相应的建议。本章首先介绍了改善城乡人居环境的研究背景，国家出台的相应的政策支持；其次，对城乡人居生态环境相关概念进行界定，从定义上更直观地认识城乡人居生态环境；再次，介绍建设城乡人居生态环境的基本要素和建立城乡人居生态环境的框架，了解其内部的关联；最后，对国内外的研究进行总结。

1.1 时代背景

1.1.1 研究背景

从 1978 年改革开放至今，我国的城镇化迅猛发展，但是在发展过程中一些不容忽视的问题日益严峻，促使人们越来越关注人居生态环境的问题。城镇人居生态环境越来越得到人们重视的同时，乡村人居生态环境也不能忽视，城镇与乡村的人居生态环境和谐共融、共同提高是实现人居生态环境改善的重要环节。

在城市发展的不同阶段，人们对居住及其生活环境有着不同的要求，然而追求城市美好生活的宗旨是不变的。进入 21 世纪，在全球城市化的背景下，中国的城市纷纷进入了快速城市化和现代化的进程中，城市面貌日新月异，越来越多的人口将在城市中生活，高速增长的人口和急剧扩张的空间导致城市生态系统压力增大，原本自身生态建设就较为缓慢的城市出现了更多的问题，如环境污染、交通拥堵等问题日益严重，影响人居环境的质量。党的十九大报告中指出，我国社会主要矛盾已经转化为人民日益增长的美好生活需要和不平衡不充分的发展之间的矛盾，吴良镛先生也指出在实现社会主义现代化的进程中，人居环境建设是其中的重要组成部分。因此，重视居民的需求，改善城市人居生态环境必不可少。

中国在近代以前一直依赖于小农经济，农民、农村、农地是中国不可分割的重要部分，由此而形成的农耕文明也使得乡村具有独特的意义，但是随着经济的逐步发展，小农经济被取代，经济中心逐渐转移到城市，而我们对乡村的了解远不如城市，因此也需要深入的调查和研究。在大多数人心中，乡村就是绿水青山，乡村的生态环境也比城市的生态环境更好，城市地区的生态环境正基于此而得到足够多的重视。与此同时，乡村的生态环境保护工作却相对滞后，忽略对乡镇环境调查和研究的情况普遍存在。因此，乡村的生态环境的优化成为解决城乡人居生态环境问题的首要任务和重要组成部分。当前中国乡村的自然环境存在自然资源利用失衡、生态环境污染严重等问题，这些都严重影响了乡村居民的居住环境。一方面，对于自然资源的过度开发，使得人地矛盾突出，水土流失、荒漠化等现象逐渐严重；另一方面，化肥、农药、地膜这些农业生产中不可避免的材料使用造成的农业环境污染，秸秆焚烧、生活污水垃圾处理不当造成的居住环境污染和由城市搬迁到乡村的工业企业污染都使得乡村的环境遭到了巨大的破坏。因此，改善乡村人居生态环境刻不容缓。

1.1.2 政策制度背景

在 2003 年提出的科学发展观中就已经将可持续发展观作为科学发展观的核心内容，之后从 2004 年到 2017 年的 13 年时间内，中央一号文件均强调“三农”问题，其中乡村人居环境整治问题也被多次提及。2007 年中国共产党第十七次全国代表大会将“生态文明”写入党代会报告。2012 年党的十八大将“生态文明建设”列入中国特色社会主义建设“五位一体”总体布局。2013 年十八届三中全会提出，要紧紧围绕建设美丽中国深化生态文明体制改革、“两山理论”，同年在《中共中央关于全面深化改革若干重大问题的决定》中，习近平总书记提出了“山水林田湖”生命共同体的重要理念，指出绿水青山与山水林田湖一脉相承，是升级版的山水林田湖资源；国务院也印发《关于加强城市基础设施建设的意见》，强调加强城市基础设施建设，要围绕推进新型城镇化的重大战略部署，落实规划的科学性、权威性和严肃性，提高建设质量、运营标准和管理水平，加强各类地下管网建设改造与城市排水防涝防洪设施建设，解决城市积水内涝问题；要保持城市基础设施规划建设管理的整体性，加强城市污水和生活垃圾处理设施、城市道路交通基础设施建设，加强城市电网和生态园林建设。2013 年 12 月，在北京举行的中央城镇化工作会议中明确指出，城镇化为现代化的必经之路。要把以人为核心作为城镇化的重点，努力提高城镇的人口素质及居民生活质量，发展低碳经济，发展循环经济，在针对城市的发展上，要求减少对自然的干扰和伤害，建立生态文明城市，让城市融入大自然，并能融入现代元素，在保护和弘扬传统文化的基础上，传承城市文明历史。2016 年十二届全国人大四次会议和全国政协十二届四次会议上提出"绿水青山就是金山银山，冰天雪地也是金山银山。"住房城乡建设部、环境保护部在关于印发《全国城市生态保护与建设规划（2015—2020 年）》的通知中也明确指出要科学编制城市生态保护和建设规划，加强城市生态空间管控，完善城市绿色生态网络，提升资源集约利用水平，加强城市节能减排工作，以达到推动绿色交通体系建设的目的。2017 年十九大将"坚持人与自然和谐共生"作为"十四个坚持"之一，明确为习近平新时代中国特色社会主义思想的重要内容。随着"两山"理念逐渐落地开花，我国开始探索生态产品价值的实现路径。在党的十九大会议召开期间，"两山"理念发展逐渐成熟，并被写入大会报告，这标志着"两山"理念的发展已经到达了全新的阶段，同时衍生出生态产品是"两山"理念在实际工作的有形载体，是广义上的绿水青山的指导性理论。2018 年中央农村工作领导小组办公室提出《乡村振兴战略规划（2018—2022 年）》，其中就包含严格保护生态空间、建设生态宜居的美丽乡村、加强农村基础设施建设等内容，着重提出要持续改善农村人居环境；2019 年在《中共中央国务院关于坚持农业农村优先发展　做好"三农"工作的若干意见》中提出抓好农村人居环境，整治三年行动、实施村庄基础设施建设工程、提升农村公共服务水平、加强农村污染治理和生态环境保护等要求，10 月召开的中国共产党十九届四中全会也指出，要坚持和完善生态文明制度体系，促进人与自然和谐共生。

1.2 研究意义

1.2.1 理论意义

建设和谐的城市人居生态环境，使自然生态系统恢复平衡，找到人与自然和谐可持续发展的平衡点，为居民营造一个宜居的生活环境（李贺，2016）是城乡人居环境研究的主要目标，有利于建设资源节约型社会与环境友好型社会，促进可持续健康发展。其中人居环境质量作为评价一个城市经济发展水平、人民生活水平的重要指标之一，是城市发展进步需要优化的内容，更是建设宜居城市的主要目标（罗丹霞，2018）。在城市的发展过程中，协调好人与自然的关系，保证人居生态环境的质量是至关重要的，是改善居民居住环境的强烈要求。

建设和谐的乡村人居生态环境，改善农民居住与生活条件，有利于推进美丽乡村建设、落实乡村振兴战略、促进中国乡村生态文明的建设发展，有利于保护改善乡村自然生态和人居环境，促进乡村地区资源的高效集约利用，也有利于使乡村朝着更好的方向发展，在一定程度上推进了城镇化的进程。

城乡二元制结构的存在导致了对于同一问题在城乡之间往往存在着巨大的差异，这在人居环境的研究上也有所体现。由于实行的是不同的标准和不同的理论依据，因此在城市和乡村之间实行的人居生态环境整治发展方案也迥然有异。因此，我们将城市和乡村进行整合，对城乡人居生态环境进行统一的分析，不仅有利于加快乡村人居生态环境的研究进程，而且可以帮助城市吸收乡村人居生态环境方面的优势，进而完善自身的建设。

1.2.2 实践意义

通过对城乡人居生态环境的研究，不仅可以了解居民的需求，而且可以为以后的城乡建设规划——例如城乡住宅环境规划、城乡内部自然环境的保护利用和城乡生产生活建设等方面——提供指导意见。在规划实践过程中应确立以人居生态环境为核心的规划理念，通过恰当的引导和干预，优化完善既有的规划方法与设计策略。

1.3 城乡人居生态环境相关概念的界定

1.3.1 城市

城市也叫城市聚落，是以非农业产业和非农业人口集聚形成的较大居民点。人口较稠密的地区称为城市，一般包括住宅区、工业区和商业区，并且具备行政管辖功能。城市的行政管辖功能可能涉及较其本身更广泛的区域，其中有居民区、街道、医院、学校、公共绿地、写字楼、商业卖场、广场、公园等公共设施。从城市规划学的角度来看，城市是以非农业产业和非农业人口集聚为主要特征的居民点。

城市是人类文明的主要组成部分，是伴随人类文明与进步发展起来的。农耕时代，人类开始定居；伴随工商业的发展，城市崛起和城市文明开始传播。其实在农耕时代，城市就出现了，但城市的规模很小，因为周围的农村提供的余粮不多。每个城市和它控制的农村，构成一个小单位，相对封闭，自给自足。农耕时代城市的主要作用是进行军事防御和举行祭祀仪式，并不具有生产功能，只是一个消费中心。因此学者们普遍认为，真正意义上的城市是工商业发展的产物。在工业革命之后，城市化进程大大加快，农民不断涌向新的工业中心，珍妮机等相对先进生产工具的发明也解决了农业经济时代生产力水平低下的问题，城市获得了前所未有的发展。

1.3.2 乡村

农村是相对于城市的称谓，也叫乡村，指以从事农业生产为主的劳动者聚居的地方，是不同于城市、城镇而从事农业的农民聚居地。农村具有特定的自然景观和社会经济条件，有集镇、村落，以农业产业（自然经济和第一产业）为主，包括各种农场（包括畜牧和水产养殖场）、林场、园艺和蔬菜生产等。与人口集中的城镇比较，农村地区人口整体具有散落居住的特点，在进入工业化社会之前，社会中大部分的人口居住在农村。

农村同城市相比具有以下特点：人口稀少，居民点分散在农业生产的环境之中，具有田园风光；家族聚居的现象较为明显；工业、商业、金融、文化、教育、卫生事业的发展水平较低，例如鸦片战争以前，中国农村处于封建社会末期，虽然沿海地区已先后和数量不等地出现了资本主义萌芽，但在农村中占统治地位的仍然是封建地主土地所有制和小农经营的自然经济；地方习俗较浓厚：多数农村有本地的一些约定俗成的习惯风俗；交通不发达，相对城市的交通来说，农村的道路多为泥泞的乡间小路。

随着时代的发展，农村城市化的主要内容包括农村人口向城镇人口转化，生产方式与生活方式由乡村型向城市型转化，传统的农村文明向现代的城市文明转化等，从整体意义而言，它是体现一个国家和地区经济社会现代化程度的重要指标。

1.3.3 城乡人居生态环境

城乡人居生态环境是人们在生产和生活中赖以生存和发展的环境，它是一个具有多样性和综合性特征的复杂系统，主要涉及生态、交通、基础设施等多方面要素。城市发展可以为环境可持续发展提供重要的机遇，因为城市已具备在有限的空间内高效率地容纳大量人口的能力。然而，如果没有一个合理的生活生态环境和基础设施规划管理方案，城市就会变成严重的健康、环境以及经济问题的来源，为了防止这种情况的出现，城乡人居生态环境学应运而生。

城乡人居生态环境学是促进城乡协调发展、实施乡村振兴战略的重要举措，生态城乡建设是在尊重自然环境的前提下，以最小的耗能建设城乡，由此修复与拯救环境污染带来的城乡恶化现象，生态城乡的建设意义在于为洁净人居环境创造一切可发展的空间。

20 世纪 90 年代，清华大学吴良镛院士在道萨迪亚斯（Doxiadis）的基础上再次提出了人居环境的概念。他指出人居环境首先是一个人类聚居、生存的地方，是人类在大自然环境中赖以生存的基地；人居环境的核心是“人”，人类建设人居环境的目的就是要满足人的需要。在此基础之上，本书认为，城乡人居生态环境就是将人类的生产和生活规定在城市和乡村中，在这两个范围内，人类利用自然、改造自然，并且与自然发生物质交换、相互作用相互影响的空间，其主要包括自然生态环境和以人为中心的居住环境。而且城乡人居生态环境的内涵会随着科学技术的进步和经济社会的发展而不断发展和深化。

1.3.4 城市人居生态环境

城市人居环境的内容可以分为人居硬环境和人居软环境，前者指的是一切服务于城市居民并为居民所利用，以居民行为活动为载体的各种物质设施的总和，可以概括为：基础设施和公共服务设施水平、生态环境质量、居住条件三方面；后者指的是居民在利用和发挥硬环境系统功能中形成的一切非物质形态事物的总和，如生活方便舒适程度、信息交流与沟通、社会秩序、安全和归属感、生活情趣等（宁越敏、查志强，1999）。

因此城市人居生态环境是指一切与城市相关的、以人为中心的、为人类生存发展提供条件的物质的总和，包括基础设施建设和自然资源等。针对城市人居生态环境的研究以满足人类在城市中居住需求，使居住条件符合城市的经济社会发展现状为目的。

1.3.5 乡村人居生态环境

乡村人居环境不能被称之为人居环境的低级发展阶段，而是一种独立有序的发展类型。它是复杂生态系统的逐步演变和人居环境的动态发展相结合的复合空间（余斌，2007）。

因此，本书认为乡村人居生态环境的主体是乡村居民，自然生态环境是农民赖以生存发展的环境基础，居住环境是决定农民生活质量的重要标准，因此乡村人居生态环境是乡村区域内农户生产生活所必需的物质，对所需的基础设施和自然环境做出的一系列改造，也是一个动态的系统。

1.4 城乡人居生态环境建设的基本要素

1.4.1 城乡人居生态环境建设的主体

在以往的人居环境治理过程中，政府往往占据重要位置，是人居环境治理的引领者和实施者，决定整个治理过程的进度和方式，然而在实践中治理中往往出现环境治理成果得不到巩固、管理跟不上进度、居民认同度不高等现象。究其原因，是政府在工作过程中忽视了其他主体的作用。首先，人居生态环境治理的受益者是居民，要改善人居生态环境，居民的积极参与显得尤为重要。另外，市场的作用也不容忽视，市场依靠自身的技术优势和资金优势，可以为人居生态环境治理提供相关产品和服务，也可以与政府部门展开竞争，推动人居生态环境治理效率和效益的提高，以协助人居生态环境治理工作的进行。综上所述，推动人居生态环境治理需要构建政府、居民与市场三位一体的管理模式（王璐璐，2019）。

（1）政府

政府在人居生态环境治理中的职责包括规划方案设计、资金投入等，引导着整个治理过程的进度和方向。党和国家针对人居生态环境的问题进行战略部署，发布方案政策，依照我国自上而下的行政体制由基层政府实施。基层政府通过学习相关政策文件，然后针对不同城市的实际情况，设计出适合本地发展的行动方案，并由相关利益群体共同开展。政府的主要职责是掌舵，即掌握好人居生态环境治理的方向和目标。需要强调的是，政府在进行人居生态环境治理的过程中要适时放权，即将部分权力还给市场和社会，特别是针对一些与群众息息相关的具体事务，要放权于民，由群众自己选择和决定，但这并不等于不管，如果群众和地方在治理过程中碰到一些困难，如政策理解不到位、缺少专业技术知识、资金保障不足等，要给予必要的指导，帮助解决困难和疑惑，但同时也要注意掌握好尺度和分寸，不能变指导为领导，降低群众自主发展的积极性和独立性（王璐璐，2019）。

（2）居民

人居生态环境治理的核心主体是居民，直接受益者是居民，环境污染来源大部分也是居民，这就决定了居民应该改变过去被动配合的角色，积极主动参与到人居生态环境治理中去，并成为人居生态环境治理的主力军。居民可以依托自身掌握大量本地区知识，熟悉本地区人居生态环境污染状况的优势，向政府或其他主体提供本地区治理的详细情况，以便治理工作更具有针对性；居民也应提高自身的环保意识和能力，增加对人居生态环境的了解，例如农村居民应该在日常生产生活中减少污染物的排放，使用清洁能源，减少化肥、农药的使用，对生活垃圾进行分类，积极配合政府的项目实施（王璐璐，2019）。

（3）市场

市场在整个人居生态环境治理中起辅助作用，即充分借助自己的优势，如资金、技术等，与政府开展合作与竞争，共同推动治理工作的完成。市场的参与能够提高人居生态环境治理工作的效率和效益。市场可以因势利导地推出与人居生态环境治理相关的项目或者产品，如与环卫部门进行合作，推荐使用效率高、成本低的环卫用具及服务，可以在农村地区广泛推广先进农业灌溉技术、污水处理技术等，也可以投入资金建设项目来开发乡村旅游资源。市场在治理过程中要做到严格按照与政府签订的各项协议进行生产，保证质量，不侵犯相关主体权益，不偷工减料，并接受政府和社会的监督（王璐璐，2019）。

1.4.2 城乡人居生态环境建设的客体

（1）城市居住环境

居住环境是城市人居生态环境的一个主要构成方面，是城市居住空间的体现。居住环境是城市人居环境中与居民生活关系最密切的成分，居住环境质量的优劣直接关系到城市生态系统的主体——人的潜能的发挥（白嘎力，2014）。

随着人们物质文化水平的不断提高，人们对于居住环境的要求也在不断提高。对城市居住环境质量进行综合定量评价，可以展示出评价地区的现状，并在分析的基础上预测其发展趋势，这样有利于因地制宜地采取措施，促进居住环境质量的提高。良好的居住环境既要有舒适的居住环境，还需要有适度的人口密度和人均居住面积等其他诸多要素来体现。我们在评价某一地区居住环境质量的好坏时，必须从人类自身对居住环境的主观感受出发，必须正确认识城市居住环境现状，进行综合的定量的评价，进而明确其发展方向，树立起以人为本的规划思想，最终使居住环境从质的方面得到实质性的提升（罗志军，2001）。

（2）城市生态环境

城市生态环境是在自然环境的基础上，按人的意志，经人类加工改造形成的适用于人类生存和发展的人工环境，由自然生态环境和社会经济环境以及沟通自然、社会、经济的各种人工设施和上层建筑（合称人工生态环境）构成（钱程，2008）。因此，它不单纯是自然环境，也不单纯是社会环境。城市生态环境的演化既遵循自然发展规律，也遵循社会发展规律。为满足人类社会发展的需要，它既执行自然环境的资源、能源等物质来源的功能，维持人类的生存和延续，又执行社会环境的生产生活舒适享受的功能，推动社会的发展。

生态环境条件直接影响人的生活与发展，城市生态环境同时也是衡量城市人居环境优劣的重要指标。随着城市的不断发展，生态环境已经成为制约城市人居环境发展的关键性因素。加强生态环境的建设是协调解决经济社会发展与生态环境之间矛盾的要求，也是实现经济、社会、环境良性发展的要求，更是实现城市人居环境可持续发展的必经之路。因此，随着可持续发展理念逐步深入到人们的思想中，城市生态环境开始受到城市居民越来越高的关注，自然也就成为城乡人居环境评价的重要内容（白嘎力，2014）。

（3）乡村居住环境

随着社会主义新农村建设的加快，农村的生活环境得到了较大的改善。乡村居住环境作为人居环境的一个重要组成部分，对于它的理论研究不可忽视。在新时代的农村建设中，改善生态环境问题和创建优质人居环境也越来越引起人们的关注和重视。农村居住环境绿化是国土绿化的重要组成部分，也是农村生态文明建设的主要内容，是农村生态良性发展的基础之一。乡村人居环境是一个复杂系统，能满足时代生活水准要求的、生态节能的和可持续发展的乡村居住环境的空间形态体系，同时也是一个能够有效、能动地利用地域资源，协调乡村社会和经济发展的乡村社会的行为活动体系，它是空间形态和行为活动有机结合的、协调发展的综合体系。这种综合体系能够依靠自身的能动性和创造性，并充分利用各种资源条件以改善自身所处的人居环境，同时它还具备自我更新和可持续发展的能力（张鹰，2010）。

（4）乡村生态环境

随着农村地区经济的不断发展，农村生态环境治理水平低下已经成为制约农村经济进一步发展的重要因素。由于环境为经济发展提供了坚实的保障，因此农村地区的环保问题引起了社会的广泛关注。在农村经济水平不断发展的趋势下，如何在生态环境可以承受的污染环境下发展农村经济，是地方政府亟待解决的问题（姜旭，2018）。

“十三五”规划中明确提出，要提高社会主义新农村建设水平，开展农村人居环境整治活动，建设美丽宜居乡村。2016 年中央一号文件中再次强调，开展农村人居环境整治活动和美丽宜居乡村建设。如何破解农村生态环境难题，加强农村生态环境保护与治理成为当前新农村建设中的重中之重。党的十八大报告中提出要建设天蓝地绿水净的美丽中国，是中华民族永续发展的基础。习近平总书记也多次强调，绿水青山就是金山银山。美丽中国的建设不仅包括城市，更包括农村。农村生态环境的优劣影响着农村经济社会的发展，只有具备了良好生态环境的农村才能促进农村第一产业、带动和吸引农村第二、第三产业的发展。要想推动农村经济社会健康向上发展，必须加大农村生态环境保护与治理，提高农民生态环保意识，改善当前农村生产生活环境，实现农村生态环境保护与治理，才能建设成美丽乡村和美丽中国。

1.4.3 城乡人居生态环境建设的机制

随着可持续发展理念逐渐被人们熟知，当前，生态化建设实践已在我国城乡蓬勃展开。城乡生态化意味着一场深刻的社会变革、生态恢复方式和生态重构，更涉及发展观、价值观、生活方式、政策法规等方面的根本性转变（牛慧娟，2008），因而在构造城乡人居生态环境建设机制的过程中，要从乡村和城市两个方面统筹考虑，共同看待。在城市建设方面，美国生态学家理查德·雷古斯特（Richard Register，1991）提出了关于建设生态城市的十点生态重建计划，即重建基础结构，包括城镇耕地利用模式、交通系统、技术、生产方式和生活方式等。同时也要看到城市经济高速发展与城市生态环境发展之间存在的不协调性，我国当前的城市发展通常伴随着资源的过度消耗和环境的严重污染，在经济上取得短暂增长的同时也使得环境付出了长久的代价。

对于加强改善农村人居环境，目前学者提出的建议主要包括：①继续加大对农村基础设施的投入比重，改善农村人居生存环境；②统筹城乡环卫事业发展，实现城乡垃圾处理系统一体化；③加强村级绿化的科学规划和管理，建设绿色宜居村庄；④加大宣传普及教育力度，不断提高农民的生态环保意识；⑤大力发展农村循环经济，实施农村清洁卫生工程；⑥加强农村无人管理和监管，建立健全农村环境保护管理制度（刘艳菊，2010）。

总而言之，建设生态城乡的步骤可分三步，即三个发展阶段。第一阶段：通过宣传教育，大力提高公众的生态意识，认识到建设生态城乡的必要性和迫切性。同时，以经济社会与自然相协调的原则，抓住主要矛盾，突出重点，确定优先发展建设领域和项目以便推广应用，对现有城乡结构的组织关系、行为意识等进行初步调整、引导，为进一步发展建设打下基础，做好准备。第二阶段：逐步走出人类中心主义，逐渐向绿色生活消费模式转变，基本实现建立以生态价值观、伦理观、美学观等为内容的生态文明思想体系，从环境建设逐渐向社会经济、文化等领域发展，进一步改善环境质量，基本实现创造城乡社会、经济和自然和谐持续发展的人居环境。第三阶段：城乡进入有序稳定发展状态，始终保持动态平衡（刘方笑，2007）。

1.5 城乡人居生态环境的框架

1.5.1 人居环境基本框架

道氏将人居环境分为五个基本要素：自然环境、人类、社会结构、建筑和城市、交通和通信网络，从中可以看出其着重研究人与环境之间的相互关系，强调把人类聚居作为一个整体，从政治、社会、文化、技术等各个方面，全面地、系统地、综合地加以研究，进而了解、掌握人类聚居发生、发展的客观规律，从而更好地建设符合人类理想的聚居环境。吴良镛院士主编的《人居环境科学导论》，基本建立了我国“人居环境科学”理论框架，将人居环境定义为“人类聚居生活的地方，是与人类生存活动密切相关的地表空间，它是人类在自然中生存的基地，是人类利用自然、改造自然的主要场所”（吴良镛，2001）。

总体而言，人居环境的组成可以概括为五大系统，即自然系统，人类系统，社会系统，居住系统和支撑系统。其中，人类系统和自然系统是构成人居环境主体的两个基本系统，居住和支撑系统则是组成满足人类聚居要求的基础条件。一个良好的人居环境的取得，不能只着眼于它的部分建设，而要实现整体的完满，既要面向“生物的人”，达到“生态环境的满足”，还要面向“社会的人”，达到“人文环境的满足”。另外，从规模和层次角度划分，人居环境也可以划分为五大层次，即：全球，国家和区域，城市，社区，建筑。人居环境层次观的建立，有助于澄清人居环境科学研究中的基本概念，建立针对不同研究层次的统一尺度标准（吴良镛，2001）。

研究人居环境的目的是要使人居环境建设能够适应当前我国发展的外部条件和基本要求，因此，人居环境的研究不能只限于对发展规律的科学认识，更要使其能够指导人居环境的建设。人居环境的建设应重视生态需求、人民群众的基本利益、经济社会的发展要求，和科学技术的支撑保障等方面的需要，等等。从我国的情况看，这些要求可以概括为：正视生态困境，增强生态意识；人居环境建设与经济发展良性互动；发展科学技术，推动社会繁荣；关怀最广大人民群众，重视社会整体利益；科学的追求与艺术的创造相结合等，即人居环境建设五大原则（图 1-1）（吴良镛，2001）。

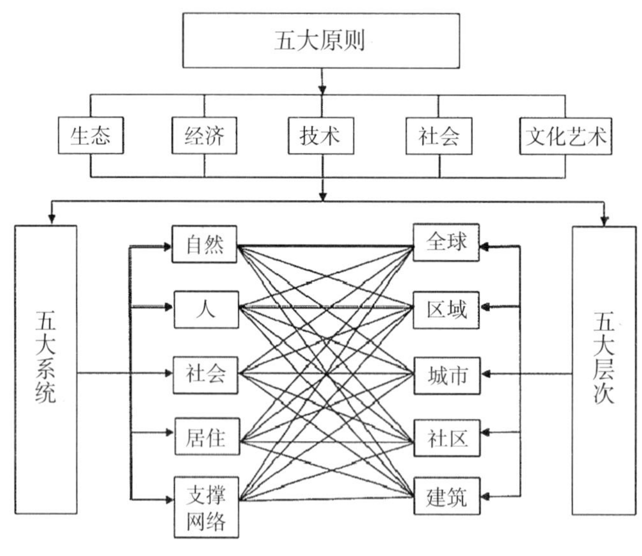

图 1-1　人居环境科学研究基本框架

（资料来源：吴良镛 . 人居环境科学导论 [M]. 北京：中国建筑工业出版社，2001）

人居环境科学是以人居环境为研究对象，围绕人居环境建设在地区开发中出现的诸多问题，进行包括自然科学、技术科学和人文科学等在内多学科研究的科学群体。人居环境科学学科体系的主导专业是建筑、地景、城市规划，它们三位一体地处在人居环境科学学科体系的核心位置上，共同目标是要创造宜人的人居环境（吴良镛，2001）。

人居环境科学是一个开放的学科群（图 1-2），它是随着时代的发展而发展起来的。学科群中各学科的建设不能是等量齐观、同时并进，而是要根据实际问

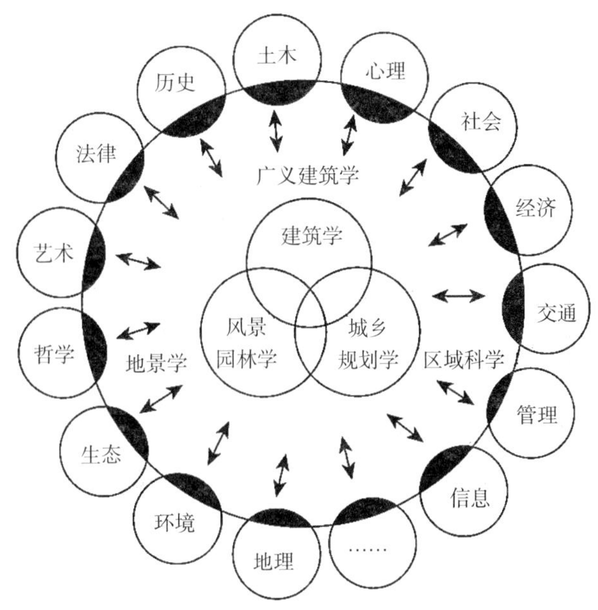

图 1-2 开放的人居环境科学创造系统示意——人居环境科学的学术框架

（资料来源：吴良镛 . 人居环境科学导论 [M]. 北京：中国建筑工业出版社，2001）

题，有重点地逐步开展，在实践中推进。根据不同学科的研究重点，人居环境科学的学科群可以侧重人居环境五大层次的某一个层次，研究其与其他方面的相互关系；也可以根据不同地区的实际情况，选择生态、经济、技术、社会、人文某个侧面深入研究，确定人居环境建设的某些具体原则（吴良镛，2001）。

1.5.2 城乡人居生态环境框架

如图 1-3 所示，城乡人居生态环境着重研究人居环境中的生态系统和居住系统两大部分，划分为城市和乡村两个层次，遵循正视生态困境，增强生态意识的原则；人居环境建设与经济发展良性动；发展科学技术，推动社会繁荣；关怀最广大人民群众，重视社会整体利益（吴良镛，2001）。

1.5.3 城乡人居生态环境系统构成

（1）生态系统

良好的生态系统是人类社会持续发展的基本条件，城市生态系统是城市居民与其周围环境组成的一种特殊的人工生态系统，即“自然—经济—社会”复合系统，具有高度的外界依赖性，其改善和构建参与了众多人为因素，人类在城市生

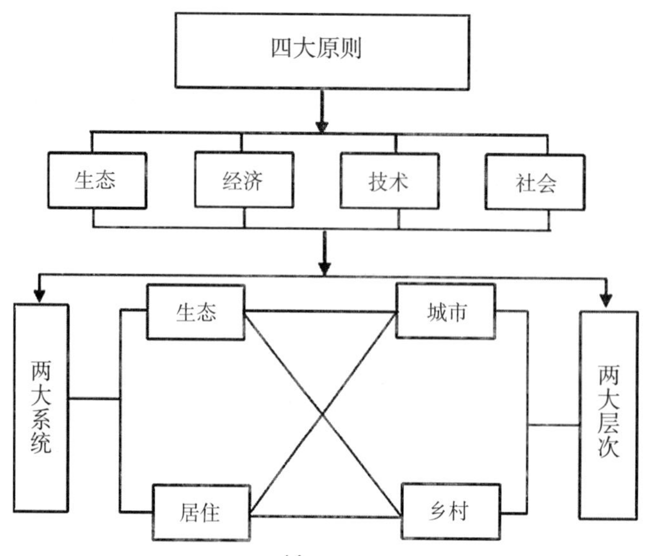

图 1-3　城乡人居生态环境基本框架

（图片来源：作者自绘）

态系统中起着决定性的作用。

建立完善、平衡、可持续的城市生态系统是一个不断实践与创新的过程，这需要人们转变发展观念，加强生态文明建设。要保证城市生态系统中“自然—经济—社会”复杂系统的正常运行，应从以下几个方面着手：①提升城市生态系统环境资源承载力；②增强城市生态系统的活力和抵抗力；③保障城市生态系统物质循环和能量流动的连续性；④协调城市中人与环境的关系（彭俊杰，2014）。

（2）居住系统

居住系统是人工创造与建设的结果，主要指住宅、社区设施、娱乐设施、交通建筑等。人居环境的一个战略性问题就是如何安排共同（即公共空间）和所有其他非建筑物及类似用途的空间。道氏发展定理中对聚居的规模与类型的划定，主要取决于聚居的地理位置和它在整个聚居系统中所处的地位。

1.6 国内外城乡人居生态环境研究综述

1.6.1 国外研究综述

（1）国外人居生态环境理论研究

工业革命之后，西方经济快速发展，伴随着经济发展的同时，人口密集带来了严重的环境问题。许多城市规划的先驱者开始关注人居环境问题，以生态观展开了相关研究。1898 年，霍华德出版了《明日：一条通往真正改革的和平道路》（Tomorrow：A Peaceful Path to Real Reform），认为建设理想的城市，应该同时吸取城市和乡村的观点，建造出相互吸引、共同融合的新型城乡结合体，即“田园城市”（Garden City）。“田园城市”理论建立的城市构架，试图从“城市—乡村”这一层面来解决城市问题，把城市更新改造放在区域的基础上，从而跳出就城市论城市的传统观念。格迪斯（Geddes，1915），西方区域规划的创始人，从生态学的视角主张“区域规划”的理念，用于研究人与环境的关系，强调城市与所在自然地域的关系，注重保护地方特色。

第二次世界大战后，城市重建是众多国家面临的一个共同问题。这一时期，城市规划理论已经非常成熟了，但主要还是对建筑、区位等硬件进行的研究，仍缺乏对人的考虑。为此一些学者开始将研究的对象转向人，开始重视人的需求，研究人的物质聚居环境与社会聚居环境的关系。20 世纪 50 年代，道萨迪亚斯首次提出了人类聚居学，使得人类聚居科学逐渐发展成为一门独立的科学体系。他主张将人类聚居看作是一个整体，无论是乡村、城镇还是城市，任何人类聚居所在地都属于这个整体。构成人类聚居学主要有五部分：人、自然、建筑、社会、支撑网络，应该从经济、社会、文化等各个方面对人居环境进行综合研究。

自道氏开创人类聚居学开始，为了不断丰富这门学科的内涵，在发展过程中，城市规划学派、人类聚居学派、地理学派、生物学派等几个主要学派的专家学者纷纷加入。20 世纪 60 年代初，从《设计结合自然》和《寂静的春天》等著作的出现，学者们开始了对人居环境进行大量的研究和探索。芒福德（Mumford，1961）在很大程度上继承了格迪斯的理论，他认为应以人为中心来进行城市规划，应考虑人的需要，把人本主义思想带入城市规划中，认为人与自然和谐相处是根本目的，要使环境变得自然而适于居住。20 世纪后期，随着全球经济的快速发展，城市化进入了空前发展的阶段，资源和环境问题日益成为影响城市发展的重要因素，因此可持续发展的思想在全球范围内被广泛接受。要建设良好的城市人居环境，必须走可持续的发展道路。1992 年，联合国“环境与发展大会”通过了《21 世纪议程》，首次提出“人类住区”这一概念，意在说明人居环境的改善与城市的可持续发展密切相关。1996 年第二届联合国人类住区会议的纲领性文件《人居环境议程：目标和原则、承诺和全球行动计划》，并要求“在世界上建设健康、安全、公正和可持续的城市、乡镇和农村”。至此，城市人居环境可持续发展观正式确立。

国外学者认为，宜居是一个整体概念，是生活质量和社会福祉的结合。帕乔内（Pacione，2003）认为“宜居不是一个固有的环境评价，而是环境和人之间相互影响作用的城市概念”。康斯坦萨（Costanza，1997）认为人居环境生态系统的生态服务性能是使人类从生态系统中获取收益（社会性的、经济性的以及关系到人类健康的）的能力；布曼（Boumans，2002）构建了GUMBO模型（Global Unified Metamodel of the Biosphere），可以对生态系统的生态服务性能进行定量探索。

更多的学者将人居环境与生态学相关理论相联系，从而创造出更为全面的人居生态环境理论体系。格迪斯从生物学着手，进行人类生态学的探讨，研究人与环境的关系、现代城市成长和变化的动力以及人类居住与地区的关系。他提倡的“区域观念”，强调把自然地区作为规划的基本框架，即分析地域环境的潜力和限度对居住地布局形式与地方经济体的影响，突破了城市的常规范围。他还提出了著名的“先诊断后治疗”理论，由此形成了影响至今的现代城市规划流程的模式：“调查—分析—规划”（Survey-Analysis-Plan），即通过对城市现状的调查，分析城市未来发展的可能，预测城市中各类要素之间的相互关系，然后依据这些分析和预测，制定规划方案。芝加哥人类生态学派（Chicago School of Human Ecology）的创始人派克等借助生态学原理竞争、淘汰、演替和优劣用于城市研究，从社会学的角度研究城市空间结构，创建了著名的“三大经典城市空间结构模式”，对城市人居环境的居住空间分异作了重点描述，反映了现代城市社区空间演进的一般规律，并系统地以因子生态分析法取代了以往的社会区域分析法。芒福德在城市规划方面作出了创造性的贡献，他注重以人为中心，认为“区域是一个整体，而城市是其中的一部分”，强调以人的尺度为基准进行城市规划，把符合人的尺度的田园城市作为新发展的地区中心，并提出影响深远的区域观和自然观。

西方国家关注的重点已从最初的城市空间结构的理想模式转向邻里社区、公共服务设施等（Parkes等，2002；Schwanen、Mokhtarian，2005）相对更加具体的方面，比较注重评价内容的扩展和深入，把收入水平、年龄、性别、住房条件、交通可达性、医疗教育、居住环境声誉等多方面因素纳入人居环境质量评估体系（Mohit等，2010；Ibem、Amole，2012；Haugen、Holm，2012；Jens，2015），人居环境研究的人文化与社会化趋势明显。涉及的学科也较为广泛，包括环境学、生物地理学、历史生态学、地理信息科学、社会学等。主导的研究队伍也并非限于人文经济地理领域，比较注重学科之间的横向交叉、渗透，并不断探索评价方法的创新（Chiang、Liang，2013），而且在西班牙、英国、美国等多个国家开展了人居环境研究的实践活动（Savageau，2007；Giovanni 等，2015；Yubero-Gomez 等，2016）。

与此同时，对于被破坏的生态人居环境，相对应的修复措施也尤为重要，大批从事政策与制度研究的学者致力于相关研究，从而诞生了极为丰富的研究成果。帕斯托克等（Pastorok 等，1997）在其构建的生态决策框架中明确提出了生态修复项目需要专业的、全期的规划与监测制度；马提亚（Matthias，2007）强调生态修复中的公共管理应有不同学科背景的专业人士全程介入。

迄今为止，国外学者对城市人居环境的研究已颇有成果，除了上述理论外，其他不同学派对城市人居环境也有涉及，如新古典学派、行为学派分别以新古典经济学和区位行为理论为基础，解释居住空间结构的形成过程，重点研究居民住房选择及其决策行为；制度学派和马克思主义学派以区位政治学和韦伯社会学为理论基础，重视居住空间结构形成的社会、政府结构，研究居住分异、住房供给与分配的制度因素等。

（2）国外人居生态环境评价研究

国外人居生态环境理论研究趋于完善，人居生态环境评价研究也成为学者逐渐展开研究的热点话题。美国最先运用经济和社会指标对本地城市人居环境进行评价研究。1964 年，美国居住卫生委员会（National Living and Health Committee of United States）提出“健康居住的基本原则”，其包括防灾治灾条件、环境条件、防治疾病、精神满足等六方面的条件；1977 年，格尔森研究指出社区居民对社区公共服务的满意度受邻里关系和社区环境影响。1979 年，美国学者弗朗西斯卡托（Francescato）等从使用者角度提出居住满意度模型。1986 年，加拿大学者吉福德（Gifford）提出人口统计资料对评价的意义的满意度模型论。2001 年，麻美（Asami）指出衡量居住环境质量的重要指标和要素是可持续性发展能力。2004 年，全球城市宜居是由英国经济学者智库（Economy Intelligence Unit，EIU）提出，选取的城市宜居性评价的指标包括：社会和谐稳定、经济持续繁荣、文化丰富厚重、生活舒适便捷等六方面。2005 年，日本学者浅见泰斯对人居环境进行了详细的评价，其是从居住环境的可持续性、保健性、安全性和便利性方面选取的评价指标。2005 年，达斯（Das）通过发放 1300 份调查问卷，分别从城市绿化、通达性、社会服务、社交等方面调查影响人居环境质量的因素。2011 年，菲德尔和奥尔森（Fiddle、Olson）从可持续发展的角度探索了美国社区宜居性评价的指标体系。2012 年，麦克马纳斯（McManus）等经调查后指出当地经济发展和就业机会可增强社区居民的归属感，并提高社会环境质量。人居环境评价中，国外学者注重评价内容研究的拓展和深入，将性别、环境卫生和交通等诸方面因素列入人居环境评价指标体系。埃施等（Esch 等，2017）从地理信息科学视角进行全球城市足迹栅格地图下的人居环境空间模式分析；塞纳罗—内尔南等（Serrao-Neurnann 等，2015）从气候、环境与可持续视角探究气候变化对人居环境的影响及其适应过程；武藏等（Musakwa 等，2017）通过对居住区用地政策改革进行分析来研究人居环境可持续发展问题；王（Wang，2016）进行了人居环境生态系统演变过程与地理环境之间关系的探讨；弗雷德金（Fradkin，2016）以历史与地理学视角对早期人类居住环境与生产、生活活动进行考古研究；冈萨雷斯和麦格纳耶（Gonzales、Magnaye，2017）研究了城市规划对于人居环境恢复力与生物多样性关系研究；采廷（Cetin，2015）对土耳其卡斯塔莫努市的人居环境气候适宜性进行研究，提出通过研究温度、相对湿度等有关气候舒适性的因素对居住环境进行评估；矢佐（Yasa，2016）从建筑形式以及居住区小气候方面对土耳其的人居环境的适宜度做出分析；科奇（Coch，2016）等从城市区域小气候、居民热舒适要求以及城市环境条件三方面来研究古巴的城市人居环境适宜度以及热条件对城市规划的意义；马哈茂迪（Mahmoudi，2015）等从微观角度，来分析马来西亚的街道宜居因素，并发现影响宜居性的最重要因素是宜居的空间设计；塞特卢安加（Saitluanga，2014）则对印度东北部喜马拉雅地区宜居性的空间格局进行了评价分析。

由于人居环境与人的主观感受密切相关，故问卷调查法无论在宏观层面还是微观视角的研究中运用都最为广泛。如亚当（Adam，2013）从主观层面来分析居民对人居环境的感知，认为宜居的目的是捕捉生活的客观质量，而调查的目的在于捕捉生活中的主观质量等。塞特卢安加（Saitluanga，2013）通过调查，发现城市宜居的主、客观发展水平是衡量居民邻舍层面的关键因素。

20 世纪 80 年代，人居环境的研究多基于统计学的工具，而此时的西方地理研究者已经在人居环境研究中使用结构方程模型来解释评价结果。李（Lee，2008）运用该模型发现宜居性较高的城市能为当地居民创造出更高品质的生活；宋（Song，2011）等认为应重视居民需求在构建城市宜居环境建设中的重要性。

1.6.2 国内研究进展

（1）国内人居生态环境理论研究

①天人合一

中国几千年的文化可以说是以儒家的“天人合一”思想为主流的，儒家思想成为我国传统的居住及人居建设的重要理论，中国古代的人居环境建设可以说追求的是人与自然的和谐和融洽。在人居的空间结构上，中国古人始终把居住地与周围的山水紧密联系，认为“左青龙、右白虎、前朱雀、后玄武”更是人居环境建设的理想标准。在人居环境的格局方面，其与自然的关系主要表现在建筑的选址、居住的朝向和轴向的指向。尤其是以“天人合一”为核心的风水理论，在我国古代的建筑文化方面影响深远。最早的风水思想可以追溯到《易经·系辞上》记载的“卜卦定吉凶”的文字，《尚书》《诗经》若干篇文章里也有类似卜宅、阴阳、山水之术等；风水学主要有五大因子：龙、砂、水、穴、向，其实质主要是研究古代人类与自然地理环境的相互作用，使地理要素在空间上达到最优；中国古代的建筑选址包括聚落、村庄、墓地直至桥梁等都受到了风水学的影响。我国古代风水学理论的发展或多或少带有古代人类唯心主义的意识，反映了古代人类对大自然的无限崇拜，也是中国古代人居环境建设经验积累，是中国古代人居环境理论基础的重要组成部分，其风水学的核心“天人合一”思想强调了人居建设要注重人与自然的和谐，注重保护自然，力求自然与人文的统一，对我国如何在“科学发展观”的理念下建设低碳、和谐的人居环境，追求环境保护与经济发展的协调发展有着很好的借鉴意义。

中华人民共和国成立后，“天人合一”的传统思想逐渐改变，中国新的社区建设和改造逐渐运用苏联、东欧国家的一些规划建设的理论和原则。近现代以来，由于历史原因加上我国的特殊国情，人居环境建设发展相当缓慢。改革开放以来，许多专家学者参考国内外的人居环境理论的经验，探索了我国人居环境的发展模式。钱学森、朱锡金相继提出了“山水城市”“生态居住”的理念。

②山水城市

“山水城市”的概念最早出现在1990年7月31日钱学森先生写给吴良镛教授的信中。就“二十一世纪的中国城市向何处去”这个大问题，钱学森先生提出了“山水城市”的科学设想，他认为，中国城市建设要发扬中国园林建筑风格，把整个城市建设成一座超大型园林，称之为“山水城市”。同时，还认为中国园林不仅是园林、园艺、园艺学三个方面的综合，而且是经过扬弃达到更高一级的艺术产物，要以中国园林艺术来美化我们的城市，使我们的大城市更上一层楼。在钱学森先生将中国古代山水诗词、中国山水画和古典园林融为一体，从而创造“山水城市”的基础上，吴良镛教授认为：“山水城市”是提倡人工环境与自然环境的协调发展，其最终目的在于建立“人工环境”（以“城市”为代表）与“自然环境”（以“山水”为代表）相融合的人类聚居环境。山水城市的核心是如何处理好城市与自然的关系。他提出，中国城市要发展，建设要前进，由城市山水建筑所构成的城市景观，它的文化内涵应当继承，但绝不是抄袭照搬古代的乃至外国式样，而是建立在现代生活基础上的创造。建设性的破坏不仅破坏山水景观，还破坏了自然生态，危及城市的存亡，因此，山水城市的讨论已经不仅是山水美学，更涉及生态保护，而这些又与经济发展、文脉继承等一系列重大问题密切相关。

早在21世纪初，城市科学已经孕育着区域理论，20世纪60年代区域科学进一步兴起，70年代环境科学兴起，它最初只是整治废气、废水、废物的危害。1992年巴西“地球高峰会议”所提的保护与发展思潮，对21世纪时代的意义必将为历史所证明。1993年国际建协大会与美国建筑史学会年会提出，城市与建筑要适应持续发展的未来设计需要“要审慎地建筑”“持续发展的建筑”“保护地球生存的建筑”。与此同时，许多城市规划界和建筑界专业人士纷纷从内涵、实质、运用等方面展开讨论，对这一概念进行不同的定位，用不同的范畴来进行诠释，如张献生（1993）提出在明确制约条件的基础上，分析色彩样品，进而确定山水城市色彩的规划概念和色彩主旋律。

总而言之，我国的山水城市思想并不是单纯的对城市物质空间的营造，同时还包含了城市空间格局独特的文化意义，使城市空间具有物质和精神两重含义。山水城市格局所要表达的不仅是一种物质空间概念，更是一种文化内涵和城市气质。它没有固定的套路，强调要因地制宜、因时制宜地把城市建设成生态健全、风景环境优美的生活和劳动空间。可以说，山水城市格局对城市人文精神的提升和对城中居民人格的完善化具有十分明显的作用。而山水城市的规划更是21世纪中国山水城市发展过程中的一个不可或缺的环节，值得研究、探索和实践。

③生态居住

陈易（2003）提出生态居住社区（ecological residential community或ecological community），作为随着人们生活水平不断提高，随着可持续发展思想日益深入人心之后提出的一种新概念，在建造人居适宜环境中应注重综合利用土地，在绿化设计中提倡生态绿化的概念，注重基础设施建设通过采用健康材料、高效利用能源与资源等方式建造生态居住小区，实现生态居住总目标。蔡杞添（2008）提出要充分发挥绿色在居住区环境生态中更深层的作用，建立人工生态植物群落，维护生态环境质量。建设生态型居住环境，要注重研究区内植被、微生物、动物和人之间的关系，强调自然与人的影响，通过植被的多样性、自然水资源的保护与利用来营造住宅区环境质量，通过植物配置群落化、发展立体化等途径改善居住区生态功能。顾林奎（2019）认为生态居住社区具有和谐性、可持续性和系统性的特点，指出其在环境保护、生态调节、社会凝聚和教化功能中的作用和内涵，对人类与自然环境之间的新问题做出了解答。

④可持续发展

1994 年出版的《中国世纪议程——中国世纪人口、环境与发展白皮书》，提出了城市可持续发展理论，第十章即为人类住区的可持续发展，并从城市管理、基础设施建设、开发能力和个人住房四个方面讨论了城市宏观人居环境的优化。

可持续发展是针对旧的“不可持续发展模式”的弊端和危害而提出来的，“高消耗、高投入、高污染”的发展模式，导致自然资源的过度消耗和生态平衡的破坏，从最终结果来看，它要么是以一部分地区的落后或贫穷来换取另一部分地区的发达，要么是以对未来发展潜力的破坏而换来当前短暂的繁荣，总之，是一种不可持续发展的生产和消费模式。进入 20 世纪 80 年代以来，经济、社会、环境的协调发展，越来越受到世界各国的重视。1987 年，国际环境和发展委员会在其出版的《我们共同的未来》报告中，系统地阐述了“可持续发展的战略”，并最终写入 1992 年联合国《里约环境和发展宣言》和《21 世纪议程》。在中共中央十四届五中全会上，中国政府明确提出“必须把可持续发展作为一个重大战略，要把控制人口、节约资源、保护环境放在重要位置，使人口增长与社会生产力相适应，经济建设与资源环境相协调实现良性循环”。城市可持续发展有两种内涵，第一种内涵是布伦特兰委员会在 1987 年提出来的，人们在满足当前需求的情况下不以削弱子孙后代满足同样需求为代价，这就是可持续发展。

⑤人居环境

以吴良镛教授为核心的清华大学人居环境研究中心于 1995 年 11 月正式成立，吴良镛与周干峙、林志群于 1993 年在分析当前建筑业的发展形势和问题后，首次正式提出建立“人居环境科学”，随后 1995 年 11 月在清华大学成立了以吴良镛教授为核心的人居环境研究中心，该中心以建筑学科为主，将理科、人文、经济、管理、社会等多种学科相融合，为人居环境研究开拓了新领域和新方法，并做出了大量卓有成效的研究，此后“人居环境”一词被越来越多的学科引用。随着住房制度的不断改革，人们越来越关注居住环境，因此客观上也促进了人居环境的研究。之后吴良镛教授于2001年在提出“人居环境科学基本框架”的基础上，发表了论著《人居环境科学导论》，为人居环境的理论研究作出了重要贡献。

随着对城市人居环境研究的不断深入，城市的宜居性和宜居城市建设也成为人居环境关注的重点。如张文忠（2007）认为居住环境由自然环境、空间格局、服务设施构成和人文环境四方面构成，同时对宜居城市的内涵、指标评价体系、居住环境的评价方法以及居住环境评价的目的进行了深入的探讨；李业锦（2008）系统梳理了宜居城市的理论基础，以大连市为例，对其城市宜居性的综合水平进行评价并探讨了宜居性评价结果与不同社会经济属性特征之间的相关关系；谌丽（2008）和任学慧（2008）对大连市的宜居性进行了定量测度，总结了各类型宜居性空间的总体特征，封志明（2008）、郝慧梅（2009）、魏伟（2008）等还详细探讨了中国不同尺度区域和城市的人居环境自然适宜性的空间分异特征。

（2）国内人居生态环境评价研究

2001年，吴良镛出版《人居环境科学导论》，强调人居环境建设应尊重自然、以人为本，并将人居环境从内容上划分为自然系统、人类系统、社会系统、居住系统和支撑系统五部分，基本上构建了人居环境科学学术框架。苏建民（2006）在人居环境理论的指导下，对阳泉市新区规划与开发建设中人居环境的营造展开研究，将规划的重点转移到人居环境与经济发展的平衡上来。宁越敏（1999）教授以上海市为例，从城市人居环境的构成要素入手，将人居环境分为人居硬环境与人居软环境。李萌和赵锦慧（2015）结合武汉市的实际情况，运用层次分析法分析，得出必须要注重生态环境的保护和改善的结论。

国内学者更加注重宏观视角的实证研究，并将其应用在宜居城市建设、生态文明建设、乡村振兴等国家与区域发展战略中，产生了积极的效应。王祎颖等（2017）以四川天府新区合江镇三峨湖村为例，从“公众视角”出发评价乡村人居环境，并提出优化意见。王茂军（2002）等重点关注了城市居住环境评价空间分异现象，建立居住环境评价的面源模型，认为居住环境评价基本遵循空间衰减规律，周边环境评价在很大程度上受地区特性尤其是城市用地类型的影响，社区文化环境存在不规则的空间分异，居住环境总评价在空间上则呈现出三个中心。张文忠（2007；2005；2003）等侧重于宜居城市、人居环境与居民行为的研究，系统研究了城市内部居住区位优势、居住空间分布以及居住环境评价，对中国宜居城市相关研究产生了重大影响。李雪铭等（2002；2012）重点研究拟态人居环境、人居环境意象等领域，详细探讨了城市人居环境可持续发展、城市人居环境质量时空分异、城市人居环境格局及演化规律等。杨晴青（2019）契合乡村振兴战略需求，以人地关系、人居环境科学理论为指导，对黄土高原半干旱地区乡村人居环境系统脆弱性演化与乡村转型进行系统研究。李星（2018）选取陕北黄土丘陵沟壑区为主要研究区域，通过实地调研、访谈和问卷调查等方式，研究其对乡村人居环境形成与发展的影响，探讨和分析了这些影响因素对乡村人居环境的具体改变，并以此基础上提出乡村人居环境整治策略。郑晨（2019）利用遥感影像数据优势，探索了一种基于遥感技术的城市环境宜居性综合评价方法，形成了城市建成区尺度的城市环境适宜性综合评价流程。

与此同时，随着经济的不断发展，人居环境与经济领域的关联关系也受到了众多学者的关注。熊鹰等（2007）对城市人居生态环境与经济协调发展评价中所面临的不确定性进行分析，提出了一套基于不确定性的综合评价方法模型，并将其运用到对长沙市的评价中，客观反映了城市发展的整体协调状况。顾成林（2013）对中国 329 个地级行政单元的人居环境与经济协调发展关系展开研究。罗丹霞（2018）对滨海旅游城市进行研究，提出要引导滨海旅游和关联性产业的发展，培养新的经济增长点。龚晓雪（2018）结合指标建构的原则，构建人居环境评价客观和主观体系，分析安徽省小城镇人居环境，提出要协调生态环境与经济环境，做到整个系统全面、可持续的发展。李贺（2016）通过分析白山市江源区人居环境得出结论：人居环境受经济发展的影响较多，人居环境优化应以生态城市为理想目标，实施生态城镇化建设战略。

（3）国内人居生态环境评价指标体系的研究

杨贵庆（1997）分别对上海大都市、大城市周边小城镇的可持续发展指标体系进行了研究。刘颂（1999）从建立可持续发展的城市人居环境评价指标体系的意义、原则入手，提出了一套人居环境可持续发展指标体系模式（HSSDD）。李雪铭（2002）以大连市为例，从城市居住、城市建设和城市发展三方面构建了城市人居环境可持续发展的指标体系。叶长盛（2003）以广州市为例，从城市生态环境、公共服务基础设施、居住条件和可持续性四方面构建了人居环境可持续发展的评价指标体系。李娜（2007）以兰州市为例，从居住建设环境、自然生态环境、社会生活环境以及支撑发展环境四方面构建了兰州城市人居环境可持续发展的评价指标体系。王佳等（2019）运用层次分析法（AHP）方法，构建人居环境质量评价指标体系，对石家庄市2007—2016年人居环境进行了较为详细的分析与评价。2004年，魏国孝等对甘肃省生态环境进行综合评价，将环境污染对生物的影响当成相关性最高的评价因子，将人口密度、居住情况、交通状况、土地利用、教育文化、社会服务及基础设施等方面纳入体系中加以考量。2006年，李健娜等通过探讨乡村人居环境评价指标体系构建原则，构建评价指标体系，建立德尔菲（Delphi）评价模型，对河南省内乡县的8个乡镇进行乡村人居环境评价。徐静等（2019）建立城乡人居环境综合评价指标体系，运用因子分析法对扬州市城乡人居环境情况进行研究。

杨兴柱（2012）以皖南旅游区为例，从基础设施、公共服务设施、能源消费结构、居住条件、环境卫生五个方面构建了乡村人居环境质量差异评价指标体系。张文忠（2003）以北京市为例，分析了北京城市内部居住空间分布的基本特征、居民居住空间偏好以及居民个人属性特征及居住空间偏好的关系。程金屏（2012）以广州市为例，通过问卷调查和非参数检验分析，揭示了不同主体人居环境要素需求特征，探讨了城镇人居环境要素需求差异性影响因素及不同群体要素需求的空间差异。赵万民（2016）针对重庆山地城镇日益严重的生态安全问题，通过设立PSR模型，构建相应的评价指标体系，针对重庆区县进行评估工作，从区域体系、产业布局、空间建设以及生态保护等方面提出了相应的管控策略，在规划层面对乡村生态安全问题进行控制。哈尚辰等（2014）从城市基础设施和公共服务设施、社会和谐、生态环境、居住环境四个方面构建评价体系，提出要从人出发，以人为本优化人居环境。陈小韦（2019）以“中国人居环境奖”获奖城市宿迁为例从民生建设、经济社会、生态环境和资源利用四个方面建立指标体系来衡量生态城市的建设。周兆军等（2011）选择经济、社会、生态、居住环境作为评价指标，用熵值理论和加权求和模型来评价人居环境质量。李雪铭和晋培育（2012）在周兆军的基础上加了公共服务环境指标构建评价体系，利用熵值法探析人居环境质量的时空差异。杨兴柱和王群（2013）认为乡村人居环境还受能源消费结构的影响，在居住环境、卫生环境、公共服务设施的基础上加入能源消费结构建立差异评价指标体系，探讨其质量特征。赵林等（2013）研究的点选在东北，同样研究人居环境的质量特征和时空差异。金星星等（2016）选取不同发展阶段的厦门市和平潭综合实验区作为研究点，构建评价体系，评价人居环境质量及变化。王一鸣等（2019）以山东省17个地级市为研究对象，选取

2007—2016 年相关数据，构建城市人居环境质量评价指标体系，通过熵值法计算各地级市权重并计算城市人居环境质量得分。吴威龙等（2019）通过建立人居环境的科学指标体系，利用熵值法对利川市 18 个传统村落 2014—2018 年的人居环境质量进行定量评价和分析。彭超和张琛（2019）从居住环境、公共安全和生态环境三个维度构建农村人居环境质量指标体系，评价中国农村人居环境质量的发展情况，并探究影响中国农村人居环境质量的重要因素。

第 2 章

城乡人居生态环境理论和方法

在城乡系统的外界环境与内在结构都空前复杂的背景下，世界发展出了不同学科背景的多元化的城乡人居生态环境理论，不同的理论从生态学领域延展至社会学、城乡规划学等领域，集结了多门学科的知识基础。

本章梳理了国内外人居生态环境较为成熟的理论，从城镇人居生态环境到乡村人居生态环境的理论，最后到综合性的城乡人居生态环境的相关理论和方法。可在多种学科的研究理论与方法中探索城乡人居生态环境发展的可能性，针对我国国情和制度背景，通过思考，比较分析各个理论体系在关注内容、目标以及方法等方面的异同，审视世界的城乡人居生态环境的发展背景与趋势，借鉴国内外优秀的理论和经验，拓展我国城乡生态环境研究的深度与广度。

理论阐述涉及城镇人居生态环境相关理论的溯源、发展历程、概念与内涵、模式与方法，为后文的章节对于城乡人居环境的分析与实践研究奠定基础。

2.1 城镇人居生态环境的理论与方法

2.1.1 生态城市理论

实现城市经济社会发展与生态环境建设的协调统一，是国内外城市建设共同面临的一个重大理论和实际问题。生态城市是联合国教科文组织发起的“人与生物圈（MAB）”计划研究过程中提出的一个概念，是城市生态化发展的结果；是社会和谐、经济高效、生态良性循环的人类居住形式，是自然、城市与人融合为一个有机整体所形成的互惠共生结构。“生态城市”的概念一经提出，就成为城市科学和城市规划研究的热点领域，各国都将生态城市作为未来城市的建设和发展目标（邓祥征、白雪梅，2014）。

生态城市是人类文明未来发展的主要空间节点与物质载体，在生态文明语境里早已成为持续升温的关注热点。作为人类发展的理想与目标，生态城市已经成为现代人居、生产和环境相互协调的重大社会实践。作为科学问题，生态城市是包含自然科学与社会科学众多学科交叉渗透的现代重大研究领域（方创琳，2014；顾朝林，2008；陈明星，2015；甄峰等，2012）。

苏联学者亚尼茨基（Yanitsky，1984）作为专家工作组主要成员，基于20世纪70年代各国城市生态问题的研究成果，率先系统阐述了“生态城市”的基本构想，综述了同时代众多学者研究成果后，指出生态城市作为人类未来的居区，社会与生态过程将以尽可能完善的方式得到协调。生态城市发展过程包括五个阶段：基础研究、应用研究、规划设计、设施建设、社会结构转型。他尤其强调，生态城市发展过程将一定是社会科学、自然科学、工程技术等领域跨学科合作与知识融合的过程。同时期，后来成为美国生态城市协会会长的雷吉斯特更多地从城市规划与建设效果角度强调生态城市就是“生态健康城市”（ecologically healthy city），其在空间上是紧凑有序的，便于人类活动，充满活力；在能源与资源利用上是节约高效的，能够与自然环境相协调（Register，1987）。

在中国生态城市研究与实践的过程中，也存在一些值得关注与思考的问题。目前中国生态城市研究与规划大多侧重于人居环境方面，普遍倾向于“后工业化”阶段的城市发展定位，这与中国目前总体的发展阶段有所脱节；从借鉴国外案例与经验来看，以人居环境优化为主要内容的居多，包括旧城区与废弃工矿区的改造利用等；以投资与技术为主要支撑的产业生态园区（又通称为生态城）发展中，或者存在阻碍中国技术引进的“技术壁垒”，或者存在高额知识产权费用的“经济壁垒”。另外，中国地域广阔，地域之间存在自然条件与经济社会条件的巨大差异，新型城镇化（陆大道、陈明星，2015）、主体功能区划（樊杰，2015）等正是基于这一国情现实而提出的，这是中国各地生态城市建设所必须要考虑的因素。

2.1.2 城市生态管理

（1）概念与内涵

城市生态管理（eco-management）是一种人类生存环境的可持续发展的管理方式，它强调经济与生态的平衡发展。生态管理于20世纪70年代起源于美国，90年代成为研究和实践的焦点。中国环境污染与生态破坏问题的症结在于管理问题，其实质是资源代谢在时间、空间尺度上的滞留或耗竭，系统耦合在结构、功能关系上的破碎和板结，社会行为在经济和生态管理上的冲突和失调（王如松，2003）。我国学者在对城市生态管理的概念及内涵理解时，一是强调基于城市及其周围地区生态系统承载力实施有效城市管理，实现城市及周边地区宜居、生态、可持续发展的目标；二是强调了城市的复合性，即城市是一个“社会—经济—自然”复合生态系统，即“生态城市”的构建应是城市社会子系统、经济子系统和自然子系统的全面生态化，而非单纯的城市绿化和景观美化（王如松、李锋，2006）。在复合的特性下，城市生态管理的宗旨是“将单一的生物环节、物理环节、经济环节和社会环节组装成一个有旺盛生命力的生态系统，从技术革新、体制改革和行为诱导入手，调节系统的结构与功能，促进全市社会、经济、自然的协调发展，物质、能量、信息的高效利用”（唐孝炎，2005）；三是强调城市生态管理的范围和多维尺度，即城市生态管理包括城市生态资产、生态代谢和生态服务三大范畴，包括区域、产业、人居三个尺度，以及生态卫生、生态安全、生态景观、生态产业和生态文化等五个层面的系统管理和能力建设（唐孝炎等，2005）。综合以往关于城市生态管理概念的理解，笔者认为生态城市的全面建设需要有完善和健全的生态管理制度，要制定相应的资源利用政策和生态环境保护措施与标准，要有合理的城市空间规划和产业结构布局，要有广泛的社会和群众参与，尽可能地促进城市资源的适度及高效利用和减少城市的代谢产物，实现城市的可持续发展。

（2）模式与方法

当前，城市生态管理模式还没有一套比较完整权威的定义。国内学者从城市规划、产业结构、资源政策、生态环境保护以及社会与公众参与形式等五个方面对城市生态管理模式进行解析，体现了生态城市建设中生态卫生、生态安全、生态景观、生态产业和生态文化的五个基本目标，同时兼顾落实生态管理模式到具体可循的层面和构建城市生态综合管理体系的现实需求（张倩等，2015）。

（3）基于生态环境承载力的规划先行

城市规划服务于一定时期内城市的经济和社会发展、土地利用、空间布局以及各项建设的综合部署、具体安排和实施管理（王祥荣，2001）。生态城市规划包含自然生态和社会心理两个方面，其目的是创造一种能充分融合技术和自然的人类活动的最优环境，以激发人的创造性和生产力提供高的物质和文化水平。

欧洲城市是奉行生态管理中规划先行的楷模。欧洲城市非常注重生态文明和城市建设发展的可持续性，其所编制的城市规划，一是坚持严格按城市规划实施；二是实施时间长，确保城市规划的稳定性；三是城中建筑不随便拆迁改造，确保城市规划的连续性；四是非常注意保护原始生态和自然环境，强化城市绿化。另外，欧洲人良好的文化修养和综合素质决定了他们对环境和生态的自觉保护、爱护和管理意识极强，这也是城市生态环境良好的关键因素。因此，国外良好的城市生态环境得益于这些国家城市规划中城市结构和功能的前瞻性科学规划和精心设计，以及对规划权威性的维护和执行（谢汉忠，2010）。

随着生态观念的深入人心，我国城市规划也从被动生态环境保护转向主动的宜居环境建设，一改过去让水、土、气、生物资源和能源等被动适应城市发展需要的状况，而更加强调用地的生态适宜性，重视城市空间扩张对生物区和生物多样性的保护和最小侵扰。从经济主导的发展规划转向民生主导的协调性规划。城市发展也不再只是注重自身利益，从孤立单一的城市自身规划转向城市—区域的共同协作与治理，实现整个区域的可持续发展（张倩等，2015）。

（4）基于资源环境禀赋的产业结构优化升级

现代城市负载着诸多的经济功能，联结着复杂的经济关系，从而构成了复杂的城市经济系统和城市经济结构。其中，城市产业结构是城市经济结构中的核心组成部分，一定程度上决定了经济增长方式。产业结构从生产角度讲，是资源配置器；从环境保护角度讲是环境资源的消耗和污染物产出的控制体。

基于可持续发展理念的生态城市概念的提出，为城市发展特别是城市经济发展提供了一种全新的生态化模式。生态城市发展模式的基本要求，是城市产业结构优化必须着力于协调产业结构比例，培育具有较高经济生态效益的主导产业结构，实现各层次产业共生网络的搭建，完成产业结构的升级和生态转型（陈诗怡，2015）。

我国正处于快速工业化阶段，其主要特征是以大规模基础设施投入推动快速城市化、产业结构由劳动密集型向资本密集型和知识密集型转化的过程。但同时高污染、高耗能的重工业、资源开发产业仍然是一些城市的核心产业，并畸形发展，导致资源集聚越多，环境破坏越严重。中国工业化的出路在于产业转型、清洁生产、生态产业园区建设和基于生产与消费系统耦合的循环型社会建设方法。相关研究指出，一个区域的产业结构对区域经济发展与资源环境具有决定性影响，区域产业结构调整的生态效益非常明显，产业结构的优化升级是减少资源消耗和环境损害的主要手段（赵西三，2010）。

（5）服务高效、节约利用资源的政策调控

改革开放以来，中国资源利用政策也从“亲资本”开始，转向“亲民生”，并进一步趋向于“亲环境”。良好的资源政策可以使资源得到良好的保护并朝着可持续发展方向迈进，使不合理的资源使用行为受到制约。党的十八大和十八届三中全会强调“生态文明建设”，也指出“要坚持节约资源和保护环境的基本国策”“着力推进绿色发展、循环发展、低碳发展，形成节约资源和保护环境的空间格局、产业结构、生产方式及生活方式，从源头上扭转生态环境恶化趋势”“建立系统完整的生态文明制度体系，用制度保护生态环境”“健全自然资源资产产权制度和用途管理制度，划定生态保护红线，实行资源有偿使用制度和生态补偿制度，改革生态环境保护管理体制”等（张倩等，2015）。

（6）面向生态环境保护的措施与标准的完善

各国在长期的实践过程中逐步形成了各自的环境保护法律和规章制度。我国针对生态城市建设，各级地方政府也将环境保护作为生态城市建设和管理的核心内容，制定了一系列地方性政策和法规。如江苏省无锡市、贵州省贵阳市均颁布和实施了建设生态文明城市的条例。生态学、经济学、管理学、环境科学等领域的专家正在积极探索面向保护城市生态环境及城市生态建设的规范化的标准体系，目前在中国尚未存在一套完整的标准体系及实施的具体措施指南（张倩等，2015）。

（7）针对更广泛参与的多元组织模式的探索

组织模式是实现城市生态管理的重要保障，目前城市生态管理过程中的主要组织模式可以划分为政府主导式、社会参与式及社会推进式。

政府主导式是指政府以市场化的财政手段以及非市场的行政力量，通过制定法律法规，组织和管理生态城市建设，典型实践形式包括：公交引导型城市发展模式、城乡结合型、循环经济型、碳中性城市、城市乡村型等几种。如丹麦的哥本哈根采用的就是公交引导型发展模式；新加坡采用的是典型的城乡结合模式；日本采用的是循环经济型建立循环型生态城市（马交国等，2006；李海峰、李江华，2003）。

社会参与式是指在生态城市建设过程中，个人通过一定的程序或途径参与一切与生态城市相关的决策活动，也可以组成社会组织并通过组织化的形式表达个人意愿，参加建设活动，使最后的决策符合广大群众的自身利益。如20世纪90年代澳大利亚怀阿拉市在生态城市的公众参与方面就是一个典范（黄瑛、龙国英，2003）；巴西的库里蒂巴市则通过儿童在学校的环境教育以及市民在免费的环境大学接受教育的形式开展公众参与；丹麦的生态城市项目包括了建立绿色账户、设立生态市场交易日、吸引学生参与等内容（黄肇义、杨东援 2001），这些项目的开展加深了公众对生态城市的了解，使生态城市建设拥有了良好的公众基础。

社会推进式是指社会内部由于各种条件成熟而首先形成的一种力量，然后自发的、自下而上地推动生态城市建设，美国生态城市伯克利的建设最能体现这一点。伯克利生态城市建设取得了巨大成功，被人们奉为全球生态城市建设的样板城市。

我国生态城市理论研究起步相对较晚，理论及科技支撑基础仍比较薄弱，目前主要以政府主导为主，公众参与程度还比较低，然而公众的广泛参与是保持城市生态建设良性发展的持续性推动力。探索如何充分激发群众参与城市生态建设的积极性和持续性是一个意义重大而又长期艰巨的任务（张倩等，2015）。

2.1.3 城市生态系统服务

（1）概念与内涵

1）城市生态系统的概念

城市生态系统指人类集中居住，或建筑物及各种人工基础设施大面积占据土地表面的区域（Pickett 等，2001）。城市生态系统可看作是一个生态系统，也可看作是由不同生态系统类型组成的城市景观（Wu，2008、2013、2014；Wu 等，2011）。在生态系统服务研究中，城市生态系统通常指城市内部能够为人类提供服务的绿色基础设施（urban green infrastructure）（Gómez-Baggethun、Barton，2013），即植被与水体，包括公园、墓地、庭院花园、菜地、森林、单株乔木、湿地、溪流、河流、湖泊、池塘（European Environment Agency，2011）。城市生态系统为人类提供了诸多的生态、环境、经济、社会与文化福利。

2）城市生态系统服务的概念

虽然生态系统服务的含义可以追溯到 19 世纪的一些论著，但该词的使用和其现代定义是 20 世纪才出现（Gómez-Baggethun 等，2010）。在 20 世纪 90 年代，生态系统服务研究得以迅速发展（Costanza 等，1997；Daily，1997），尤其是 2005 年出版的《千年生态系统评估》（MEA，2005）为生态系统服务研究的蓬勃发展起到了关键的推动作用。然而，城市生态系统服务的研究直到 21 世纪初才得到重视。1999 年，博伦德（Bolund）等初步阐述了城市内部生态系统服务的概念与分类，为城市生态系统服务研究奠定了基础。

生态系统服务指人类从生态系统中所获取的利益（MEA，2005）。相应的，城市生态系统服务指人类从城市生态系统中获取的利益（Bolund、Hunhammar，1999）。当然，作为人口集中、资源消耗巨大的城市，其所需的生态系统服务大多来源于周边或远地的其他生态系统。参考生态系统服务的分类体系（Costanza 等，1997；MEA，2005；TEEB，2011），城市生态系统服务可分为四类（Bolund、Hunhammar，1999；Gómez-Baggethun 等，2013；Breuste 等，2013）：①支持服务：提供生物生境、生物多样性、生物地球化学循环以及传粉与能量传播；②供给服务：食物供给、水源供给、木材供给与基因资源供给；③调节服务：气候调节、水质净化、噪声调节、极端气候调节、径流调节与废弃物处理；④文化服务：休闲旅游、文化教育、礼仪美学及精神需求。在城市生态系统中，支持服务仍旧是其他服务的基础与源泉，供给服务所占的比重较小，调节服务与文化服务占据较大的比重，对提高人类福祉有着重要作用（Gómez-Baggethun 等，2013）。

（2）模式与方法

提高生态系统服务是城市景观规划与设计的目的，景观规划与设计是增强生态系统服务的手段。未来城市生态系统服务的研究应密切结合景观的规划与设计，主要表现在：

①城市景观格局对生物多样性、生态系统功能以及生态系统服务的影响机制可为城市景观规划和设计提供理论基础。例如：保护城市大面积的湿地与植被，构建绿地生态廊道，是保护城市生物多样性的重要途径；增加城市绿地的平均斑块面积并降低绿地的破碎化是降低城市热岛效应的有效手段；增加城市绿地的可达性，可有效增加人们休闲娱乐的机会，提高绿地的社会文化功能。

②利用城市生态系统服务的多功能性特征，合理规划城市绿地的景观组成与结构，构建适应性与多功能性的绿地景观可以提高城市生态系统服务，促进城市社会、经济与环境的可持续发展（Lovell、Taylor，2013；Lundy、Wade，2011）。

③考虑到城市生态系统服务具有高度的空间异质性与社会经济属性（Tratalos 等，2007；Huang 等，2011；Jenerette 等，2011），可进一步协调城市不同区域或景观的绿地分布以及后续的管理，从而降低城市生态系统服务的不公平性。

④将城市生态系统服务评价与景观格局相结合，评价当前景观格局的生态系统服务效应，以评测当前景观格局的优劣；模型模拟并预测未来不同景观格局情景下生态系统服务的发展趋势，从而选择能够增加生态系统服务、提高城市可持

续性的适应性景观与最优景观，为城市景观规划与设计提供直接信息，这也是当前城市生态系统服务研究的前瞻性问题。

2.1.4 城镇人居生态建设

城镇人居生态建设是一项人类探索性工程，需要目标导向、问题导向与经验导向的综合思维，不可偏废于一端（仇保兴，2010），中国的城镇化进程是一个复杂的系统工程，是涉及社会、经济、生态和谐的长久发展过程，必须坚守“五个底线”（仇保兴，2014）。根据国内外城镇人居生态建设实践、相关理论研究，以及城市发展规律与生态学等基本理论，可以说中国未来城镇人居生态建设有四个基本问题需要进一步思考。

第一，城镇人居生态建设的本质应是实现城市精明增长，不是生态乌托邦、无限制地扩大城市建成区面积和范围。生态城市的核心目标是城市的可持续性，包括生态环境、经济社会与历史文化的可持续性。更是对以前城市建设中“非生态化”不可持续性的一种修正。

第二，城镇人居生态建设应该是一个“点—面”兼顾的空间体系。自然环境与经济社会的内在联系决定了城市不是孤立体，是存在影响区的，是与周边区域有着广泛而深刻联系的。因此在规划方面，应该高度注重规划建设区对区域经济社会与自然环境的影响；在管理方面，各类考评指标不应仅止步于城市建成区或规划区范围，既要包括中心城市，也要包含中小城镇。

第三，城市发展是经济社会发展的结果，是具有内在发展规律的，要正视中国现阶段的总体发展特征，绝大多数城镇将长时期处于工业化的发展阶段，生态城镇建设必须要顾及这一国情。生态工业示范园区不仅追求先进性，积极探索技术与制度创新，而且要注重区域的引领与示范作用，不能因投资、技术与政策的“高门槛”，而失去区域性的示范功能。

第四，城镇人居生态建设涉及经济、社会与生态，政出多门与地区竞争容易造成发展乱象。各地应在国家主体功能区规划的基础上，进一步编制有效的区域性主体功能区规划。生态城市建设涉及城建、环保与产业部门，这些部门的相关管理政策应该进行充分的沟通与协调，及时提供城镇人居生态建设所需要的公共知识工具，对以项目形式开展的各类生态城建设工程应该及时开展环境绩效的评估（蒋艳灵等，2015）。

2.2 乡村人居生态环境的理论与方法

2.2.1 乡村人居生态环境的系统

相对于城市人居生态环境受到学界的青睐，将乡村人居生态环境作为标识的国内外研究成果则比较少，对于乡村人居生态环境研究的内涵概念，不同的学者则有不同的见解。

当前，涉足乡村人居生态环境研究领域的包括建筑学、地理学、生态学等众多学科。从建筑学的角度上来说，乡村人居生态环境是村民住宅建筑和生活环境的有机结合；从地理学角度上来说，乡村人居生态环境可分为软环境和硬环境两大类，前者包括生活环境、经济水平、社会服务等，后者主要指居住条件和配套设施；从生态学的角度上来说，乡村人居生态环境讨论人与自然的关系，是围绕乡村居民的各类环境要素所构成的以人为主体的复合生态系统（周直、朱未易，2002）。

综上所述，笔者认为乡村人居生态环境是有别于城市的人类活动所需要的物质和非物质结构的有机结合体，既包括居住活动的有形空间，也包括贯穿其中的经济、社会、文化等要素。因此，可将乡村人居生态环境概括为乡村居民生产生活的人工环境，自然环境与人文环境三者的有机结合体，其中人工环境作为农民生产生活的载体，是农民进行一定的生产、生活、消费和交往等活动的核心区域，而自然环境和人文环境则构成农民生产生活的外部环境。

乡村人居生态环境究竟是由哪几部分构成的？道萨迪亚斯在“人类聚居学”中强调，要把包括乡村、城镇、城市等在内的所有人类住区作为一个整体，从人类住区的元素（自然、人、社会、建筑、支撑网络）进行广义的系统的研究。我国学者吴良镛先生将人居生态环境系统划分成了自然系统、人类系统、社会系统、居住系统、支撑系统这五大系统。

一般认为，人居生态环境可以分解为自然环境、人文环境和人工环境这三部分（左玉辉，2010）。自然环境是生物周围的各种自然因素的总和，通常情况下将其划分为大气圈、水圈、生物圈、土壤圈、岩石圈等五个自然圈，是生物赖以生存的物质基础，（余斌，2007）。人文环境是指人类在改造客观世界的过程中形成的精神文化、制度文化及其派生物的综合（谢俊春，2003）。人工环境是人地相互作用的物质结晶，其变化受到自然和社会规律的双重制约，三者相互结合构成人居生态环境（陈燕，2011；余侃华，2011）。

乡村人居生态环境有着与城市一样的空间内涵，都是由自然环境、人文环境以及人工环境这三部分组成，但两者所处的地域特征不同，所呈现的人居生态环境特性也不一样。城市人居生态环境有着集中、高效、便捷的特性，而乡村人居生态环境所呈现的是松散、缓慢、自然的特征。从自然环境来看，乡村有着丰富多样的自然资源、广袤的农业、生产空间；从人文环境来看，乡村是农业文明的发源地，具有充满地方特色的乡土文化；从人工环境来看，城市多是集中居住的小区、完善的公共服务设施，或是拥挤的道路、污染的环境、紧缺的资源，而乡村则分散在田野，乡村生活舒适缓慢，又或是匮乏的基础设施、贫瘠的村落。

综上所述，本书在已有研究的基础上，将乡村人居生态环境系统划分为乡村人工环境、乡村自然环境和乡村人文环境三大系统及其若干子系统，其中乡村人工环境和乡村自然环境属于硬质环境，而乡村人文环境属于软质环境（图 2-1）。

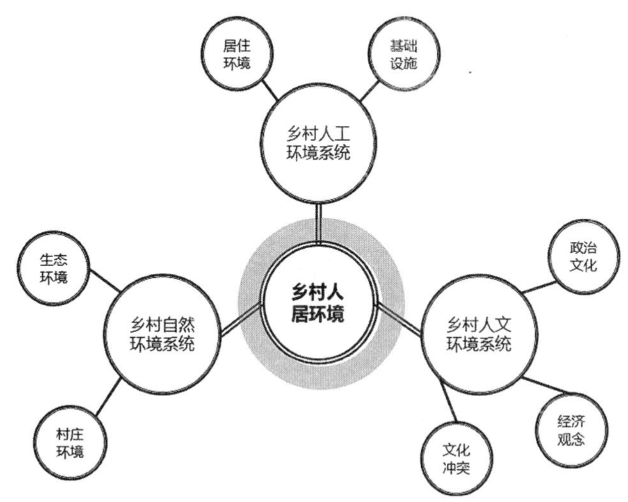

图 2-1　乡村人居环境的系统构成图

（图片来源：李小明.关中地区乡村人居环境整治规划策略研究 [D]. 西安：西安建筑科技大学，2018.）

2.2.2 村域规划的生态思想

国外大多数是从地理空间的角度出发展开对村庄整治的研究，研究村庄的构成基本条件和分布特征，探讨村庄结构形态、演变规律及其对周围环境的影响。在进行村庄整治的理论研究上，西方学者总体上侧重于对村庄的空间分布和地域结构演变等方面的研究。受中心地理论和区域发展理论影响，西方学者借鉴城市增长中心的构建及其相关理论，提出了培育农村的增长中心的观点，探讨城乡关系和城镇体系的发展方向。

早期是由霍华德在“田园城市”中探讨乡村与城市之间的关系，构建了城市与乡村串联起来的系统。约翰·弗里德曼在通过长期研究发展中国家空间发展规划后，提出了核心边缘理论，他认为发展中国家普遍拥有广大的农村地区，在进行城市化建设前，需要构建强有力的农村中心，这对处理城乡关系有着指导意义（杨欣，2018）。

（1）国内外村域规划研究

1）村域功能

①村域是落实国家政策的理想试验田。国家宏观发展政策最终是要落实到微观地域和微观个体上，村域可作为国家级政策的试验田。农业贸易政策对欠发达国家农村的农产品、家庭收入、人口迁移具有重要影响；印度政府推行的环境保护行动、沿海管制区域等要求落实到沿海相关的渔村中。可以说，国家政策的落实无不与村域经济发展息息相关，当政策适宜于农村发展环境时，便会大幅度地提高村域经济的实力，反之使村域经济发展处于停滞状态。

②村域是统筹城乡发展的重要途径。村域是可持续发展思想落实的理想单元。区域经济在可持续发展战略实施的过程中起到举足轻重的作用，要实现城乡统筹发展，必须落实到具体的区域上和行为主体上。因此，村域、农户需深入研究和高度关注。

③村域是实现可持续发展的基地。村域是乡村农产品的重要集聚地，是城镇中工业品的集散地，在城乡协调发展中扮演着重要角色。城乡之间存在劳动力、资金、技术、信息等多种形式的要素流动。城镇不可能脱离农村而孤立地存在，而是与农村进行着能量流动。

④村域是乡村经济的最小空间单元。农户是村域经济活动的主要行为主体。一般认为，农户规模与农业生产力之间存在着负相关关系。农业产业化是提升村域经济的重要方式。20 世纪 80 年代，我国农村家庭联产承包责任制使农户更容易进入产品市场和地方贸易，政府对乡村市场限制的减弱，大大激励了更符合我国乡村发展实际的农业政策的出台。随着中央政府权力的下放，村级政府在村域经济发展中的作用日益明显，村域经济在乡村地域中的地位越发重视（李伟，2010）。

2）村域人地系统

①村域农户活动。村域农户活动是村域人—地系统的“人”的部分，对村域人地关系状态与变化产生决定性影响，是人地系统的能动主体。根据目前相关成果及村域的发展特点，将人类活动划分为：农户生产活动与生活活动、农业生产活动、工业生产活动、其他活动四种类型（白明英，2007）。

②村域环境承载容量。中国农村环境发展态势不容乐观，多趋向于衰减态势。目前有关村域人口承载容量、土地负载力、地域容量、地域潜力等方面的研究虽逐渐有涉足，但关注度仍有待加强。村域人地系统是由地理环境和人类活动两个各不相同但又相互联系的子系统交错构成的复杂开放的巨系统。人地系统中人与地是对立统一关系，人口的发展、分布和密度受到地理环境优劣的影响，适度人口是开发利用环境的基本动力；过量人口对环境造成压力，是人地系统失调的主要原因。村域人—地系统是个开放的系统，既可以吸收来自外界的物质、能量等，又可以向外界输送着大量的物质和能量等（林风，2006）。

③村域资源环境。村域资源对村域经济发展起着支撑作用。村域资源包括村域土地资源、水资源、森林资源、旅游资源、生物资源、能源及其他资源（角媛梅，2006）。

英国的农村居民点或村庄相对周围农田腹地而言都是很小的。他们在镇村规划时特别关注今后扩张可供选择的地理方向，确保高质量农田的保护；特别注意保护乡村居民点的周边环境，考虑村庄的发展潜力，并参考当地的水源、学校、公共交通等条件；通常都会进行详细的规划，并保存肥沃的农田和环境资源，如河流、湖泊、小溪、沼泽、山坡、林木等。公路通常绕过集镇和村庄，利用旁道进入集镇或村庄，同时道路两侧的商业设施是受到严格控制的，不允许随意开设商店。当设计进入集镇或村庄的旁道时，考虑的是怎样减少道路对环境的影响、对粮田的占用和对植被的破坏。通过设计一定数目的转盘，使得车辆降低速度，进入村镇。他们通常采用三角式设计：旁道、转盘、放倒、转盘、旁道，再回到公路使车辆降低行驶速度，进入村镇（谨益、土波，2006）。

村域规划应统筹村域经济社会发展，因地制宜，结合当地历史人文环境、风俗习惯及居民的生活模式，使规划有机地融入整个环境中。

④村域空间结构演变规律。乡村聚落空间结构的发展总是以原有形态为基础，在相当长时间内逐渐发展形成的。乡村聚落空间结构的演化可划分为农业社会的乡村聚落、工业社会的乡村聚落、后工业化社会和高消费社会四个阶段。乡

村从低到高，各阶段逐次发展，循序渐进，呈螺旋上升的态势（李伟，2010）。

农业社会的乡村空间聚落分布形态呈现均质离散特征。平原地区乡村发展具有典型的形式。工业革命后，农村的产业结构发生变化，乡村聚落空间结构表现出非均质均衡和不稳定特点，整个区域的空间结构处于集中化发展过程中。后工业化社会阶段，农村的工业化已基本完成，农业的产业化水平已相当高；农业地域中形成了商品性农业生产地带，交通线路已网络化；聚落空间结构演化表现出复合的态势，乡村聚落空间结构有均质化、分散化的发展趋势。进入高消费社会后，特别是信息技术的发展，乡村社会生产及交流方式发生根本的变革。城乡居民要求居住环境更接近自然，城乡区域间分工协作变得更加协调独立。乡村聚落在现代联络网支持下，完全融成有机的整体，形成网络型的乡村群落。村落的分布向均质方面发展，形成相对稳定的空间结构，聚落的演化体现出分散化趋势（Jackson 等，2006）。

我国社会正处于工业化中期，乡村体系的空间布局结构正由同质的单一结构向异质的多元结构转变、由离散的均质结构向集聚的网络结构转变。从村域空间结构演变规律中，我们可以清楚地认识到，社会生产力的发展与变化是对村落撤并、村庄布局调整的根本动因，乡村聚落空间体系的重组对村域空间布局调整产生的影响。

⑤生态农村系统结构理论。朱跃龙等（2005）以“社会—经济—自然”复合生态系统理论为指导，结合“农业—农村”系统的自身特点，从庭院生态系统、村落生态系统、农业生态系统、经济生态系统、社会生态系统五个层次来分析生态农村复合系统的结构。由庭院到村落再到农业生态系统，是在空间上的划分，三者在空间上由上到下、由内向外逐渐扩展至整个村域，各系统间存在着频繁的能流、物流、价值流的生态过程，具有自然生态系统的属性；经济、社会生态系统是基于以上三个子系统的划分，虽不属于一个层面，但经济、社会生态系统融于其中，密切联系各子系统，起着管理、约束、协调的作用，共同构成了生态农村的“社会—经济—自然”复合生态系统。生态农村作为一个“社会—经济—自然”复合生态系统，具有生产、生活、生态的内部功能；作为一个开放的系统，还具有旅游、教育、示范的外部功能（Qiao 等，2006）。

国内学者李伟（2010）在生态农村复合系统结构理论的基础上，将村域系统划分为村落、农业、设施、社会、经济五个子系统。其中，村落、农业、设施三个子系统是村域空间上的划分，具有自然生态系统的属性；社会、经济与以上三个子系统不属于同一层面，但融于其中，共同构成了村域的“社会—经济—自然”复合生态系统。促进村庄功能多样化开发，实现生产、生活、生态功能的综合协同效应是今后村庄发展的重要方向，未来村庄应兼具生态农村的内部和外部功能。

（2）国内外乡村人居环境研究

1）乡村聚落

①探索阶段（20 世纪 50 年代至 80 年代）。20 世纪中期，希腊规划师道萨迪亚斯创建了人类聚居学理论，以多学科理论为基础深入探讨了人类聚居环境，揭示了其生长规律，初步将人类聚居环境划分为乡村和城镇两类。20 世纪 60 年代，乡村聚落研究开始大量出现。美国学者拉普卜特（1969）所著的《住屋形式与文化》以乡土建筑为视角切入，对种族聚居模式进行比较研究（拉普卜特著，2007）。

②深化阶段（20 世纪 80 年代至今）。80 年代以后，乡村聚落的相关研究逐步在亚洲兴起，主要涉及乡村聚落的形态变迁以及住宅形式等方面的内容，如日本建筑师原广司出版的《世界聚落的教示 100》集中展示了其对世界聚落的集中调查成果；藤井明（2003）的《聚落探访》对东南亚等地原始聚落的选址、形态、住居的特征研究（日藤井明，2003）。此外，安特罗普（Antrop，2005）、鲁达（Ruda，1998）从景观生态学、文化景观角度对历史文化村镇进行研究。在量化分析方面，基尼卡等（Kianicka 等，2010）运用扎根理论对村镇空间进行了量化分析。

2）乡村社区

罗吉斯和伯德格是最早提出乡村社区的概念，他们认为“社区是一个群体，是由彼此联系具有共同利益、共同地域的一群人所组成”，研究包括乡村社区变迁、类型、边界、权力机构及发展态势。李佩斯（Liepins，2000）提出“通过社区来寻找乡村性”，并且基于物质和意象构建了“社区”的框架，还分别从地理区位、发展阶段、经济水平以及社会人文四个维度对社区进行探讨。柴特和琼斯（Cater、Jones，1989）揭示了乡村社区变迁中所面临的主要问题，包括社会冲突、乡村贫困和乡村发展等。20 世纪 70 年代，面对全球日益严重的人口、资源及环境等问题，学者们提出了乡村社区的可持续发展理论。司各特等（Scot 等，2000）对新西兰北部地区进行调查研究，他认为乡村社区的可持续性受到种族、阶级和职业结构分化的严重影响，应采取更为宽泛的可持续政策指引乡村社区的建设。

3）乡村景观

20 世纪中期，欧美国家着手研究乡村景观，在融合多种学科的理论方法的基础上逐渐趋向成熟，乡村景观的理论与实践对世界乡村景观的发展产生了积极的影响，主要研究的内容包括乡村景观的保护、评价以及规划三方面的内容。

乡村景观的评价。20 世纪 90 年代，包括欧盟环境学在内的不同领域内的专家学者对乡村的可持续性进行研究，建构了生物环境质量、社会环境质量和文化环境质量三类评价指标体系（Onate，2000）。古林克（Gulinck，2001）利用西班牙马德里地区的土地利用覆盖数据，从完整性、多样性以及视觉性三个层面对其进行景观评价。

4）霍华德的“田园城市”概念

“田园城市”理论由英国社会活动家霍华德（Howard，1898）提出，其基本构思立足于建设城乡结合、环境优美的新型城市，即“把积极的城市生活的一切优点同乡村的美丽和一切福利结合在一起”。1898 年，霍华德在《明日：一条通向真正改革的和平道路》一书中，首先提出“田园城市”建设模式。此书后来更名为《明日的田园城市》（*Garden City of Tomorrow*），其思想对后世城市规划和建设产生了极为深远的影响，是城市规划和发展研究的里程碑。根据 1919 年英国田园城市和城市规划协会的定义，“田园城市是为了安排健康的生活和工业而设计的城镇；其规模要有可能满足各种社会生活，但不能太大；被乡村带包围；全部土地归公众所有”。

“田园城市”理论，把城市当成一个整体来研究，联系城乡关系，提出适应现代工业的城市规划问题，对人口密度、城市经济、城市绿化的重要问题都提出了见解。该理论针对工业革命后英国城市中所出现的问题提出了理想但又具有一定可行性的解决方案。换句话说就是，将人类既要享受现代文明的恩惠，又不愿意放弃贴近自然的原始本能的要求与当时的社会、经济环境以及城市发展状况创造性地结合在一起。因而，解决问题的唯一途径就是将这两者的优点结合起来，形成新型的“城市—乡村”聚居形式，即田园城市。

田园城市思想的主要内容是：①城市与乡村的结合具体体现为城市周围拥有永久性的农业用地作为防止城市无限扩大的手段；②限制单一城市的人口规模，当单一城市的成长达到一定规模时，应新建另一个城市来容纳人口的增长，从而形成“社会城市”；③实行土地公有制，由城市的经营者掌管土地，并对租用的土地实行控制。将城市发展过程中产生经济利益的一部分留给社区；④设置生产用地，以保障城市中的大部分人的就近就业。霍华德利用图示为我们描绘出田园城市的具体形象。

田园城市有别于其他理想城市方案的另外一个特点就是被付诸实践。虽然没有获得普遍意义上的成功，但田园城市的实际建设除了为其理论提供了一个直观的范本外，更通过实践影响到当时的一批建筑师，使“田园城市”理论发展为（或者说是被修正为）更具现实意义和普遍意义的田园郊外（Garden Suburb）和卫星城市理论。卫星城市理论主要针对20世纪初大城市的恶性膨胀这一现实条件提出来的，在解决现实问题的同时，“田园城市”理论所提倡的田园精神得到了进一步的发展。卫星城的理论在英国第二次世界大战之后的城市建设实践中得到了进一步的发展。

“田园城市”理论在现实的实践中并不十分成功，甚至在它产生后很长一段时间没有受到人们的重视，一方面是其具有一定的历史局限性，忽视了城市的经济效益；田园城市建设模式更适合在空地上建设新城，而对于已建成的大城市来说，整改成本是十分巨大的，一般来说是无法承受的，因而缺乏大范围实践的基础。另一方面则是由于这一理论容易被人误解和曲解。“田园城市”的英文名字是“Garden City”，所以有人译为“花园城市”，这就容易让人误以为这种城市只需要在花园般的城市躯壳上下功夫（事实上，霍华德的两个实验性的田园城市——莱切沃斯和韦林的建设，也正是犯了这方面的毛病，即过分强调了城市的田园性质，而违背了城市发展的集聚要求）。

5）约翰·弗里德曼的核心边缘理论（Core And Periphery Theory）

约翰·弗里德曼（John Friedmann）对发展中国家的空间发展规划进行了长期的研究，并提出了一整套有关空间发展规划的理论体系，尤其是他的核心—边缘理论，又称为核心—外围理论，已成为发展中国家研究空间经济的主要分析工具。弗里德曼利用熊彼特的创新思想建立了空间极化理论，他认为，发展可以看作是一种由基本创新群最终汇成大规模创新系统的不连续积累过程，而迅速发展的大城市系统，通常具备有利于创新活动的条件。创新以核心和边缘作为基本的结构要素，核心区是社会地域组织的一个次系统，能产生和吸引大量的革新；边缘区是另一个次系统，与核心区相互依存，其发展方向主要取决于核心区。核心区与边缘区共同组成一个完整的空间系统。

这个模式经过了高度的提炼概括而显得很简单。但实际上，一个国家有多个核心和由依赖关系的类型所决定的边缘网络。核心和边缘间的控制依赖关系是模式的基础，是内部（空间的）发展变化的根源。由于在边缘区可出现城市型聚落，在核心区也会有农村型聚落，因此，边缘区也可能变成城市化地区，不过并没有改变其对核心区的依赖地位。

一个空间系统发展的动力是核心区产生大量革新（材料、技术、精神、体制等），这些革新从核心向外扩散，影响边缘区的经济活动、社会文化结构、权力组织和聚落类型。因此，连续不断产生的革新，通过成功的结构转换而作用于整个空间系统，促进国家发展。

除了产生革新外，此模式还包括了四个基本的空间作用过程，联系空间系统中的核心区和边缘区：革新的扩散、决策、移民和投资。用宽窄不同的箭头表明作用力的大小。从核心向边缘和从边缘向核心的动态过程的作用力是不对称的，说明核心与边缘间的控制依赖关系不平等。这种不对称，在空间系统的组织中产生了一系列不均衡。从核心作出的决策控制边缘区的多，由边缘产生的决策对核心区影响少。大量的资本由边缘流入核心，而边缘区的人口也同时涌进核心。此外，革新不断地从核心扩散到边缘，不断加深了边缘对核心的依赖关系。

这四种不均衡的过程可能产生来自边缘区的社会政治压力，如果压力受到控制，不均衡状态就会维持下去，否则，空间系统的发展将停滞或完全被打乱。

每一个动态过程都会影响整个空间系统中的次系统：革新扩散改变了核心和边缘区的空间系统的社会文化类型；决策过程产生了核心和边缘区的权力关系类型；人口迁移导致了核心和边缘区的聚落类型的变化；投资过程影响到核心和边缘区的经济活动类型。

各种空间类型又是相互关联的。权力和社会文化类型的结合可形成现代化的空间组织，而经济活动和聚落类型的结合又产生了特有的经济空间组织。最后，这两个次一级的空间组织的结合就构成了整个社会的空间组织。

空间组织，不论哪个层次，都不可能不受外部影响。因此，模式还考虑了外生核心区对空间动态过程和空间类型的影响。所研究的整个空间系统，一方面是更高层次的外生核心区的边缘，处于依赖（或部分依赖）地位；另一方面又是较低层次的边缘区的核心区，处于控制（或部分控制）地位。

相信在研究一个国家的发展时，这个模式是有用的。一般来说，如果这四个基本过程取得成功，国家就能通过一系列结构转换，达到高水平的空间结合。国家地域的结合是国家发展的关键。

所谓空间结合可以有两个含义，第一个含义，是由于城市和区域相互交换的数量增加而形成一种复杂的有机结合的劳动地域分工。第二个含义是，在一定地域内有日益广泛的共同的社会生活基础，或者更准确地说，形成了一种全社会共享的社会文化结构，这里包括语言、文化价值、政治立法、政治制度以及市场经济等。第二个含义可以当作第一个含义的前提条件。

“核心—边缘”理论对于经济发展与空间结构的变化都具有较高的解释价值，对区域规划师具有较大的吸引力，所以该理论建立以后，许多的城市规划师、区域规划师和区域经济学者都力图把该理论运用到实践中去。现在看来，在处理城市与乡村的关系方面都有一定的实际价值。

6）景观生态学理论

①景观生态学的基本概念。景观生态学起源于20世纪50—60年代的欧洲，并于20世纪80年代在世界范围内蓬勃发展，是生态学研究中的一类核心理论。景观生态学理论以在较大的时空尺度上研究生态学问题为特征，以景观结构、景观功能、景观动态等为研究对象与内容，在概念框架、理论体系和数量方法上正经历快速的发展。景观生态学在人居环境科学研究领域的城乡土地利用规划、森林和牧场经营管理、环境和自然保护、旅游规划设计等方面已获得广泛应用，是生态学研究的重点发展方向之一。

②景观生态学理论在乡村生态适应性研究中的作用。一般看来，景观生态学的基本理论包括时空尺度理论、等级理论、耗散结构与自组织理论、空间异质性与景观格局理论、“斑块—廊道—基底模式”理论等。其中，时空尺度理论、景观格局理论以及“斑块—廊道—基质模式”等景观生态学理论可以为乡村人居环境宏观层面的生态适应性研究工作提供理论支持。

“斑块—廊道—基底模式”理论是基于岛屿生物地理学和群落斑块动态研究之上形成和发展起来的，为具体而形象地描述景观结构、功能和动态提供了一种“空间语言”。此外，这一模式还有利于考虑景观结构与功能之间的相互关系，便于比较它们在时间上的变化。“斑块—廊道—基底模式”理论可以为乡村人居环境的景观生态格局研究提供帮助。斑块，泛指与周围环境在外貌或性质上不同，并具有一定内部均质性的空间单元。这种内部均质性，是相对于周围环境而言的。具体讲，斑块可以是植物群落、湖泊、草原、农田或乡村村落等。因此，不同类型斑块的大小、形状、边界以及内部均质程度都会表现出较大的不同。廊道是指景观中与相邻两边环境不同的线性或带状结构，常见的廊道包括农田间的防风林带、河流、道路、峡谷及输电线路等。基底则是指景观中分布最广、连续性最大的背景结构，常见的有森林基底、草原基底、农田基底和村庄用地基底等。实际研究中，景观结构单元的划分总是与观察或研究尺度相联系，因此斑块、廊道和基底的区分体现出一定程度的相对性。

③生态景观理论。生态景观是生态与景观的结合，是指由无污染的、健康的不同类型土地利用镶嵌体形成的优美的、能够重温乡村记忆、给人以独特、唯一性感知体验的景观。生态景观承认并通过人为调控与管理，形成具有稳定的生态系统、较好的生态系统弹性与恢复力、能自行演替并承担文化传承与休闲游憩服务的可持续景观。与景观生态学相比，生态景观也研究景观结构和格局与生态过程间的相互作用，但更强调景观所能提供的生态系统服务类型与总量，并通过合理的规划设计与建设，提升生态系统服务类型的数量与总量。生态景观承认为实现生物多样性保护等目的而对自然景观、生态空间进行保护的必要性，也认识到人类生产、生活中所产生的诸如景观美化、空气净化等各种服务需求，它不单纯偏重于单一方面，而是寻求二者间的平衡与协同。乡村生态景观则是研究区域关注于乡村地区的生态景观，其研究范围以乡村地区为主，但并不将其作为一个与周围景观割裂的个体看待。在研究中，认识并重视其与周边自然景观及城市景观间联系的生态过程，并通过评价认识这些生态过程，通过规划设计保护与管理这些过程，以实现乡村自身及其周边系统的共同可持续发展。

④大地景观、乡村人居环境与乡村景观规划。生态破坏与环境污染已成为现今全社会所共同面对的社会公害，景观科学试图运用“宏观 + 微观”层面相结合的方式通过景观规划科学合理地规划我们所面对的环境，以实现人口、资源、环境的协调与可持续发展。

大地景观：L. L. 迈克哈格（IANL. Mcharg）的《设计结合自然》（1969）、J.O. 西蒙兹（John O. Simonds）的《大地景观》（1978）和 PH. 刘易斯（Philips H. Lewis）的《为明天设计》（1998），在提出大地景观的基础上，充分体现和发展了大地景观规划的思想，把国土和区域景观规划纳入大地景观规划体系。但由于我国特殊的发展阶段和落后的经济现实，大地景观规划并没有在理论研究和工程实践中引起较大的反响，随着我国经济水平的提高和城市化的快速发展，我国广大地区不仅产生了大地景观规划的需求，而且城市化产生的巨大冲击，迫使经济实力较强的广大地区开始关注大地景观规划。

乡村人居环境：乡村人居环境是以大地景观为背景，以乡村聚落景观为核心的景观环境综合体，涉及三个层次的内容：一是乡村聚落的单体建筑特征、宅院结构、聚落结构和聚落的宏观特征；二是涉及聚落外部空间环境与大地景观环境特征；三是涉及聚落与外部景观环境之间的连通体系与质、能量、信息的连接体系。形成以人为核心的乡村人居环境的认知、判断、评价、规划、设计、预测与反馈的景观价值体系。与大地景观思想不同的是，由于乡村人居环境的提出，揭示了社会发展的根本目标，提出了乡村人居环境改善、提高的根本途径与方法，能够被广大发展中地区所接受，成为重要的理论研究与规划实践领域。乡村景观规划就是在这种社会经济背景下进入理论研究与景观规划实践领域的。它是在综合大地景观和乡村人居环境理论的基础上，对乡村区域进行的综合景观规划设计。

乡村景观是具有特定景观行为、形态和内涵的景观类型，是聚落形态由分散的农舍到能够提供生产和生活服务功能的集镇所代表的地区，是土地利用粗放、人口密度较小、具有明显田园特征的地区。乡村景观首先表现为一种格局，是历史过程中不同文化时期人类对自然环境干扰的记录，景观最主要的表象是反映现阶段人类对自然环境的干扰，而历史的记录则成为乡村景观中最有历史价值的内容。主要表现在以下方面：从地域范围来看“乡村景观是泛指城市景观以外的”具有人类聚居及其相关行为的景观空间；从景观构成上来看“乡村景观是由聚落景观、经济景观、文化景观和自然环境景观构成的景观环境综合体”；从景观特征上来看，乡村景观是人文景观与自然景观的复合体，人类的干扰强度较低，景观的自然属性较强，自然环境在景观中占主体，景观具有深远性和宽广性；乡村景观区别于其他景观的关键“在于乡村以农业为主的生产景观和粗放的土地利用景观”以及乡村特有的田园文化和田园生活（David、Gilg，1978）。乡村景观是乡村资源体系中具有宜人价值的特殊类型，具有资源保护、开发、利用的产业化过程；是一种可以开发利用的综合资源，是乡村经济和社会发展与景观环境保护的宝贵资产。它的开发有利于发挥乡村的优势，摆脱传统的乡村观和产业对乡村发展的制约，重新塑造乡村功能，构建产业发展模式，推动可持续发展和城乡景观一体化建设。

根据景观生态学家肖笃宁先生的研究，景观规划是运用景观学原理，解决景观水平上生态问题的实践研究，是景观管理的重要手段。在景观规划设计中，把景观作为一个整体单位来考虑，从景观整体上协调人与环境、社会经济发展与资源环境、生物与生物、生物与非生物以及生态系统之间的关系。随着景观生态学的发展，景观规划与设计已发展到具有一般意义，经历了由定性描述到定量模型，从景观分化到景观综合，从局部到整体优化，从传统美学到现代生态美学，从常规方法到现代技术的发展过程。鉴于景观规划与区域可持续发展具有共同的目标，通过景观规划既保护了自然景观的完整性和合理的开发利用，同时又保证了经济的合理发展和社会在有序继承的基础上的创新与进步。因此，景观规划以保护为前提，以发展为目的，以改善人居环境和提高人民生活质量为根本（Lewis，1998）。景观资源在乡村环境属性中，具有效用性和稀缺性的双重特征，能够被广泛利用。但是稀缺性则需要在景观利用与预定目标之间建立协调的作用机制。景观规划就是在认识和理解景观特征与价值的基础上，通过规划减少人类对环境影响的不确定性。依据乡村自然景观特征，结合地方文化景观和经济景观的发展过程，将乡村景观视为自然环境、经济和社会三大系统高度统一的复合景观系统（刘滨谊，1999）。根据自然景观的适宜性、功能性、生态特性，经济景观的合理性，社会景观的文化性和继承性，以资源的合理、高效利用为出发点，以景观保护为前提，规划和设计乡村景观区内的各种行为体系，在景观保护与发展之间，建立可持续的发展模式（刘滨谊，2000）。

2.2.3 生态村庄的理论研究

在国外相关研究中，学者对宏观村域层面的生态规划思路在实质上是相似的，都是通过用地规划、能源利用、地域原生文化保护、城乡良性关系培育等方式，对村域生态环境进行控制并促使其可持续发展。部分国家在 20 世纪七八十年代基本解决了城乡二元矛盾，继而进入生态可持续发展的新阶段。英国、德国、日本、瑞典、美国等国家在村落生态化的规划方法、法规导向、田园景观、支撑技术等方面均获得较丰富成果。

在国内相关研究工作中，国内学者对于村域的研究重点经历了从建设用地布局、土地利用绩效到村域生态规划的转变。建设用地布局和土地利用绩效关注村域土地利用的布局结构和产业发展，具有明显的经济导向性。由于缺少对生态环境的保护而导致生态安全问题，当前研究开始呈现村域规划的生态化倾向。

（1）英国可持续发展村庄的生态规划方法

①建设历程

18 世纪初，英国乡村受到工业化浪潮的影响，农产品多依赖进口，农业发展逐渐衰落，两次世界大战让英国认识到农业振兴和耕地保护的重要性。1947

年英国出台的第一部《农业法》确立了农业补贴政策，重点强化对耕地的保护，这项政策促使英国农业的发展，农民生活质量的提高，但与之带来的问题是优厚的农业补贴政策让本国农产品过剩，为了减轻国家财政压力，政府出台政策限制农业补贴。这样，农产品过剩和农业补贴的减少造成了英国农村人口的减少，直接导致乡村地区的衰落，加之城市的拥挤问题让很多人逃离城市，向往优美的乡村田园生活，多方因素叠加加剧英国传统乡村地区的衰退（闫琳，2010）。

为了解决农业发展和乡村衰退等问题，1947年的《城乡规划法》明确提出要遏制城市向乡村扩张，乡村规划的核心是保护基本耕地，最典型的是通过“绿隔”和“国家公园”阻止城市向乡村蔓延，并且融入休闲娱乐功能，同时对乡村地区具有历史意义的建筑进行保护。2004年颁布了《乡村地区的可持续发展策略》，将其作为当前乡村规划管理的依据，强调规划编制要考虑乡村的可持续性，保护乡村的自然景观价值，保护农业生产价值，乡村地区已经成为实现综合可持续发展目标的重要组成部分（于立、那鲲鹏，2011）。

②经验启示

英国的乡建活动是全世界公认的典范，乡村拥有地方特色建筑和优美的生态环境，这归功于农村发展政策的实施以及乡村规划管理。首先是英国农村政策随着乡村生活的发展不断做出调整。然后是乡村规划管理也进行了相应的改变，注重乡村用地和建设规划，注重在提升乡村基础设施的同时保护乡村优美的环境及特色建筑，对乡村人居环境实施政策与规划管理有借鉴意义（李小明，2018）。

（2）德国乡村规划在政策法规导向下的均衡化与生态化

①建设历程

19世纪60年代，德国工业的发展对乡村建设造成一定影响。1936年，《帝国土地改革法》的颁布使得乡村建设有了法律的依据，由此结束了德国乡村无序发展的状态（常江等，2006）。

20世纪40年代，第二次世界大战之后德国的工厂企业选择了成本较低的乡村地区，这一现象给乡村地区的风貌带来破坏。1954年西德政府颁布的《土地管理法》明确了村庄更新的重点是集中建设新村和完善基础设施，提升了农村居民的生活水平。

20世纪70年代，工业污染激发了人们环保意识的增强，但随之而来的是乡村建筑密度过大、交通拥挤杂乱、土地使用问题突出。1976年修订后的《土地管理法》重点关注乡村自身发展特色，有效阻止乡村变为城市的复制品。

②经验启示

从德国的乡村建设经验可知，乡村人居环境建设需要统筹考虑，要制定完善合理的乡村规划法律法规，并从区域着手编制规划，统筹区域各类资源，分类分阶段实施乡村基础设施、环境综合治理以及传统村落的保护等重点项目，要注重村庄建设过程中的公共参与以及自上而下与自下而上的有效结合（李小明，2018）。

（3）日本“造村运动”

①建设历程

第一次乡村建设（20世纪50年代中期），1955年，时任内阁农林大臣河野一郎针对当时农民收入低、基础设施落后等问题提出新农建设的构想。1956年，开始实施新农村建设，建立新农村建设推进体制及加强对新农村建设资金的扶持力度。这一时期乡村建设改善了农村居住条件，提升了农业生产效率，促进了农民参与的积极性（李锋传，2006）。

第二次乡村建设（20世纪60年代后期），1967年，日本制定了“经济社会发展计划”，在农业及农村建设方面，继续加大农田水利等基础设施建设。在改善农村生活环境方面，提出了把农村建成具有魅力的舒畅生活空间为目标，提升农村居住条件，保护乡村自然环境，大力扶持教育、医疗等社会保障制度，解决农民就业。这一时期的乡村建设改善了村容村貌，提升了农民收入水平，加快了农村农业现代化建设的步伐（崔铁岩，2011）。

第三次乡村建设（20世纪70年代后期），1979年平松守彦开始倡导“一村一品”运动，其目标是因地制宜地开发特色农产品，发挥特色优势，振兴乡村经济。这一时期被称为日本“造村运动”，农村经济的快速发展基本消除了城乡差距，并且有利促进乡村人居环境的建设。

②经验启示

日本乡村建设的成功经验可以总结为两大方面，一是重视农村基础设施建设；二是重视乡村产业发展。我们可以看出，通过农村基础设施的建设，不但可以改善农民生活条件，提升农民建设家乡的积极性，还能为农业的发展提供良好的投资环境。乡村产业的振兴在增加村庄内生动力的同时，也保障了乡村人居环境的高质量建设。

（4）韩国的“新村运动”

①建设历程

1970—1980年是政府主导下的新村建设时期，韩国开展了以“勤勉”“自助”“协同”为基本精神，以改变韩国乡村人居环境和提高收入水平为目标，按照精神启蒙、环境改善和增加收入的路径向前推进新村建设，可分为基础、扩散和深化三个阶段。首先是开设新村研修院培训村建领导人，将建设重点聚焦到扩建道路，改善洗衣台、屋顶、厨房的卫生环境，改良耕地和农作物品种上，然后在此基础上加大改造力度，实施村庄基础设施整理以及农村产业的振兴，后期将村建扩大至更大区域，提高了新村建设的规模。

1980年开始转变为民间主导下的新村建设，分为国民自发运动和自我发展阶段。政府提供政策、财政、技术支持进一步强化乡村人居环境，鼓励农民农村发展的多元化。后期新村运动的自我发展阶段表现为政府职能机构弱化，村民自组织机构的加强（张薇，2014）。

②经验启示

新村运动建设成功经验包括以下三点：一是要建立激励机制充分调动农民自主参与的积极性；二是要建立完备的支援系统，注重新村建设人才的培养，并以村庄作为最基本的执行单元开展乡建活动；三是通过政府资助的方式支持村庄优先发展（李仁熙、张立，2016）。

2.2.4 乡村人居生态环境构建方法

乡村人居环境建设包含两个层面上的内容，即乡村人居环境体系规划和村庄整治规划。乡村人居环境体系规划是村庄整治规划的依据，一般以市域或县域为研究范围，进行村庄布点规划，根据村庄的撤并原则，确定需要保留合并和撤销村庄然后对保留合并的村庄进行整治规划。村庄整治规划是乡村人居环境建设的落脚点，将村庄整治作为乡村人居环境建设的重点，是因为乡村是村民日常交往活动的场所，村庄建设的好坏与村民有直接的关系，也最容易改造，而对于上一层次的村庄布点规划需要结合城乡建设统筹考虑。

总结以往乡村表面的、无序的治理与规划的不合理性，从乡村特性的分析中明确乡村规划必须基于村庄有机更新、乡村传统文化、人与自然和谐发展、新乡村治理结构四个方面，为实现本质的、有序的、可持续性的乡村规划，必须运用系统自组织思想理论研究乡村问题。在乡村人居环境规划建设方面，联系村民居住生活密切关注的六大问题：水、能源、环境、住宅、安全、社会交往，构成六大系统：水系统、能源系统、交通系统、建筑系统、环境景观系统、社会事业系统。而乡村人居环境的空间规划，就是六大系统自组织过程的空间落实和整合。

2.2.5 乡村人居环境体系规划

（1）基于村庄有机更新

我国乡村的村庄是经千年演变而成，大多数村庄具有丰厚的文化底蕴，也展现了农民的传统思想和生活习惯，是地方自然地理特征和传统文化特征的直接反映。合理规划建设乡村人居环境时，不仅仅要考虑为后代留下土地和生存空间，更要考虑如何为后人留下乡村传统生存空间的脉络，保护当地的文化特色和独特内涵，因此“村庄的有机更新”就成为理论构建的首要出发点。

所谓有机更新，就是将事物当作有生命的有机整体，在其生存发展过程中为适应自身的需要和环境的需要而进行的新陈代谢作用。针对城市街区街道改造时采取“大拆大建”模式使得原有城市肌理被破坏、街道生活空间的气息荡然无存的现象，吴良镛先生最早将“有机更新”的概念运用到旧城改造中，即采用适当规模、合适尺度，依据改造内容与要求，妥善处理目前与将来的关系，不断提高规划设计质量，使每一片的发展达到相对完整性，集无数相对完整性之和，促进城市整体环境得到改善，达到有机更新的目的。“有机更新”理论推崇传统的渐进式规划和小规模改建方式，主张“按照城市内在的发展规律，顺应城市之肌理，在可持续发展的基础上探求城市的更新与发展”。

同理，乡村与城市一样，从整体到局部都应该是有机的，彼此相互关联、和谐共处，乡村建设要基于村庄的有机更新，绝不能盲目大拆大建，必须顺应原有乡村聚落的脉络，遵从其内在秩序和规律进行可持续规划与建设。

（2）乡村村庄有机更新的基础：城乡共荣

乡村规划首先要放在城乡规划大背景中来看，城、镇、村三位一体，乡村同城市一起，作为区域的共同组成部分，有其自身的特点和优势。城乡一体化强调的消灭城乡分割状况，不是完全消灭城乡差别，更不是把农村都变为城市，而是在保留城乡各自特点的基础上，创造平等统一的新型城乡关系，营造城乡经济社会协调发展的环境。所以，乡村规划的正确出路必须从整个区域角度和与城市规划的互动层面中来统筹考虑。想创造理想的乡村人居环境首先要勾勒出一种和谐、共荣的城乡景象，使得城市更像城市，农村更像农村，各自充分发挥其在宏观区域的功能作用。

城市特点发挥的作用定位为：以工业、第三产业（集中型）互动为主体，集居住、工作、商贸、游憩于一体的集聚型功能区。农村特点发挥的作用定位：以现代高效农业为主体，利用观光农业与农村景观大力发展旅游业，形成以居住、劳作、生态保护为一体的田园式功能区。

（3）根本原则：可持续发展原则

思索乡村人居环境建设重要问题时，不只是建造环境优美的居住区，还要对乡村居民的需求进行分析，建设符合他们传统生活方式的理想生活环境，当然，更要保护农村地区的历史文化内涵，使原有的居住形态合理有序地延续下去，造福子孙后代。因此，乡村人居空间规划研究必须坚持可持续发展原则，这也是建设乡村人居环境应长期坚持的根本原则。首先需要认真分析乡村聚居区的演化过程，明确长远以后农村人口规模和人口分布，进而推断农村未来的居住模式和居民点的分布，现阶段在现有经济条件下，该如何规划引导，要为下一个层次乃至今后的发展规划留有余地，避免重复建设、资金浪费、破坏自然生态要素和人文传统，达到有序规划，可持续发展。这一原则又包括不违背经济社会发展规律原则、“大稳定、小调整”原则、因地制宜原则、继承和创新的原则，必须重视地域自然环境特点和历史文脉，塑造富有特色的乡村居住区。

（4）适用方法：渐进式阶段性规划

深刻认识到乡村建设是一项复杂而艰巨的系统工程，绝不等同于以往城市地区的规划建设。面对发展千年的文明古国，历史赋予的文化底蕴在快速城镇化进程中正处于严重破坏的危急时期，如今在进行农村建设时绝不能再为了暂时的“功绩”盲目建设，必须要走渐进式阶段性发展道路，认真制定有序的发展目标，正确引导乡村理想居住空间的构建。

基于村庄有机更新的乡村人居环境研究在空间规划方面必须考虑乡村居民点布局规划融合历史文脉、山水特色和现代文明，保护、挖掘和延续村落的自然、历史、文化、景观等特色资源，尊重乡村的自然形态特征和人文传统，注重保留历史凝重感和文化气息，彰显地方文化；对于产业有特色、布局有特色、建筑有特色或地方民俗有特色的村庄，都要进行挖掘保留，充分利用各自特点，建设有机的、有生命力的特色村庄。

（5）基于乡村传统文化

乡村文化不仅是农村居民的精神家园，更是中华民族赖以生存的重要精神家园。我国传统文化扎根于乡村，并在乡村中发展和传播，它是有别于其他文化的一种特定文化，其内容非常广泛，几乎涉及乡村社会生产、生活的所有领域，具体包括文学、艺术、体育、历史、科技等各个方面。引用文化结构的三分法，可将乡村传统文化分为乡村物质文化、乡村制度文化和乡村精神文化，这三个层次是乡村地区在长期的历史发展过程中，各种生产、生活要素的积累和沉淀。乡村物质文化是乡村生活所创造的物质产品及其所表现的文化，既包括具体的器物，也包括这些器物的生产、工艺和技术；是乡村居民集体或个体智慧的外在显现部分，具有可视性、可触性特点，包括乡村田园景观文化、乡村建筑文化、农耕文化、乡村饮食文化、乡村手工艺文化等。乡村制度文化是乡村地区在长期的历史发展过程中，为维护乡村社会的稳定、秩序而约定俗成了许许多多的伦理道德及礼仪规范所显现的文化，包括乡村权力制度、乡村礼仪文化和乡村布局文化等。乡村精神文化是指乡村作为一个稳定的共同体所具有的共同的心理结构与情感反应模式，通常表现为乡村居民的性格、价值观、哲学等，它潜存于物质文化里，包括乡村节日文化、乡村家庭生活文化和乡村艺术文化等。

乡村文化是农村社会一笔丰富的精神财富，发展和繁荣乡村文化，利于增强农民素质、改变农村面貌、丰富农民生活、凝聚农村人心，等等。然而目前我国乡村传统文化出现濒临枯竭、农民文化生活贫乏、受到腐朽和庸俗文化的冲击等问题，让人们意识到乡村文化迫切需要保护与延续。因此，乡村建设重在传统文化建设，本书研究的乡村人居环境空间规划必然也基于乡村传统文化的保护传承。

新村规划建设与村庄整治改造中运用传统文化思想进行物质形态的规划：乡村聚落存在、选址和空间布局都受到我国传统文化的影响，民间风水学说思想植根于乡村土壤之中。一是对于有乡村文化特质的村落布局、民居古建筑等物质文化遗存进行保护，尽快出台传统乡村文化保护相关政策，明确乡村文化保护传承的原则、目标、范围、内容、要求和法律责任，并加快制定全面的保护性规划工作；二是制定村庄建设的详细标准，增强乡村规划建设的可控性；三是加强乡村规划和实施的全过程监管。对有乡村文化特质的伦理亲情、民间文化、乡村风俗等非物质文化遗产发扬光大：注重民间文化艺术的挖掘、整理、保护和利用，充分发掘各地的人文资源、传统文化、民俗文化、民间艺术资源；利用农民自己的力量保护传承传统乡村文化：要通过引导农民正确认识传统乡村文化的价值和作用，充分挖掘农村传统民间文化的精髓，激发农村文化的活力。

（6）基于人与自然和谐关系

人在生产生活过程中取自自然界的资料几乎无所不包，比如水、土地、空气、各种植物、动物、矿物、石油、天然气、电力、核力等。对于乡村，自然不仅提供了居民生活必需的资源，还给予了极为丰富的生活空间，其形成发展都直接受自然地理环境的支配，所以乡村更是依附自然生态这个大系统而存在的。

人与自然关系是人类生存与发展的基本关系，人类的生存发展依赖于自然，同时也影响着自然的结构、功能与过程。人与自然的关系体现在两个方面：一是人类对自然的影响与作用，包括从自然界索取资源与空间，享受生态系统提供的服务功能，向环境排放废弃物；二是自然对人类的影响与反作用，包括资源环境对人类生存发展的制约，环境污染与生态退化对人类的负面影响。因此在乡村人居环境中，人和自然具有“唇亡齿寒”的生态关系。目前我国很多地区在乡村建设时大量侵占农田、引进污染严重的工业企业等，严重破坏了自然生态环境，使得乡村的生存存在极大的危机感。同时当代乡村聚落的规划建设，只依赖现代科技和城市规划的方法理论，放弃了传统乡土建设中结合自然、妙用自然的技术和概念，侵蚀着地域传统的乡土文化，破坏了人类的生存环境。面对这些经验教训，不得不明确乡村人居环境健康发展、人与自然紧密结合的建设方法，必须重塑结合自然、注重环境生态，人类生活与自然和谐共进的新型乡村。

因此，研究乡村人居环境空间规划同样必须基于人与自然的和谐关系。从宏观生态保护区、农业生产区的最大化保留，到中观的居民点布局遵循“天人合一”思想、充分利用无污染的自然资源，再到微观的节能建筑的设计等，都是从人与自然和谐共生的角度建设乡村人居环境、合理组织居住空间。

在此规划建设过程中，需注意和考虑以下几点：

①保护自然的空间构架。自然形态是环境运动漫长岁月中各种要素相互作用的结果，是自然选择及自然价值所在，乡村的发展与这种自然选择联系紧密。每一乡村其特定的地理、生态、资源条件及其空间组合也常会构成该地区特殊的人类建设背景，故乡村规划必须尊重这种选择和价值，顺应和维护这种状态。由于自然网络具有一定的稳定性，在一定范围内可以自我调整、自我适应，所以尊重自然进行建设的关键是不破坏自然的结构整体性和系统性。为达到自然框架的保护，乡村人居环境建设首先需要在区域整体的高度上建立一种生态安全格局，结合具体乡村的地域条件，以建立自然保护的整体空间格局。同时在规划中还要特别注意道路的布置不能破坏原有基地的基本框架，防止大填大挖，破坏自然构架。

②适应自然的聚落形态。只有适于当地自然环境与资源状况又体现地区特征的居住形式才是可持续和良性的。乡村的规划最好能使行政界域同河流、山脊形

成的天然地理单元相吻合，村落形态适应自然。具体设计中则应由地形决定聚落的平面组织形式，以街道、过境道路和自然边界来组织、布局与发展建筑组群，避免用生硬的几何图形破坏地区的自然结构。此外，聚落布局还要考虑结合自然状况选择用地种类的复杂程序、土地使用密度、道路网疏密、空地的部署等，努力达到使人工的建设围绕自然生态的完整性来进行。

③保存地形特征及开放空间。对于特有的地形地貌，建设时应充分从边缘后退，如以公共绿地为边界保护水体等。对于乡村已有的开放空间要素要尽可能保护。建设中不应损害山、谷、河流、水塘和沼泽；不应破坏已有自然形态与自然过程，如沙丘和河口，不应随意砍伐松树和已有林木，而应把建筑物布置在它们周围，给予其呼吸的空间。

④充分利用自然要素保护自然本身。山区林带可涵养水源防止水土流失，又可防风固沙，减缓自然风沙的侵袭；农田防护带可稳定农田生态系统，增加排水工程系统的缓解能力，又可减滞平原区的风沙，调节小气候。河边的植被对控制水土流失、保持分水地域、净化水质、消除噪声和污染控制等都有明显的经济效益。这些绿地也是维持生物多样性的基地。对于污染型或噪声型的工厂，绿带等开放空间要素可以隔离污染，同时这些绿带又可成为乡村与自然及乡村间彼此联系的生态通道。此外，自然景观对污染物质具有荷载作用，有效利用可以将有害排放限制在控制范围内。在乡村内部与周围建设生态缓冲带与缓冲地段，使景观要素在空间上形成连续地带，并保证一定的宽度，缓解人工污染对环境的破坏。所以，在规划时善于利用自然要素保护自然本身，也是人与自然和谐共存的基础。

⑤利用自然条件创造适宜人居的空间。保护自然并非完全禁止使用。自然资源是乡村发展的基础，规划应根据生态适宜性评价，依据不同自然要素的属性并结合当地的优势和特点合理利用。一个完美的人居环境必然会在文化和环境形式上与自然的地理、地貌和气候形成紧密联系，合理地利用自然。

这方面可以借鉴传统乡村的许多建设经验：在具体地段的乡村聚落营建上，合理利用自然指的是充分挖掘地区优势和地方传统，建设尽量结合地域特点，选用乡土材料，设计结合自然；在景观构成上，乡村建设应结合地方特点、体现地方文化，当地的水和山等地形自然的变化都是创造调和、丰富、舒适空间环境的最好景观资源。亲水化、绿化或美化都可以成为乡村的开放空间，结合自然设置绿带与步行的乡间小路，更是滋润乡村环境、延续地区文脉最具活力的空间。

⑥经济发展与环境协调。经济发展总是同资源、生态、环境之间保持相互联系、彼此制约的关系，而在乡村，这种关系则表现得更为明显。环境的特点及其变化常常会制约乡村产业类型的选择和发展的方向，为了持续稳定地发展经济、建立高质量的人居环境，乡村产业必须要以生态适宜性分析为基础，综合考虑地区的经济发展与保护生存环境安全的需要，充分发挥当地经济资源和区位等优势，调整并建立合理的产业结构。

总之在乡村地区，所有的规划建设方法都应以土地适应性分析为基础，充分理解自然需要，从乡村聚落布局、土地利用分配、绿化道路组织、住宅建造等方面有效保护并合理地利用自然条件。只有这样，才能发挥乡村的生态效应、建设优良的人居环境。

（7）基于新乡村治理结构

乡村社会学历来是学者们关注的重点，源于乡村社会结构及治理结构的特性对乡村发展有决定性作用。同样，乡村的规划建设如果不考虑社会特性，不顾及乡村社会治理结构，规划结果必然有违农民意愿，损坏乡村基层结构。

2.2.6 村庄整治规划

《村庄整治规划编制》一书中提到，村庄整治规划是指导和规范居民点旧设施和旧面貌的修建性详细规划，是对现有村庄各要素进行整体规划与设计，保护乡村地域和文化特色，挖掘经济发展潜力，保护生态环境，推动农村的社会、经济和生态持续协调发展的一种综合性规划（朴永吉，2010）。

村庄整治规划的核心是指导和规范村庄人居环境建设，通过实施村庄整治可以改善农民生产生活条件，提供农民生产生活所需的配套设施，逐步实现农村土地的集约化利用的目标，并且可以激发乡村活力，推动乡村经济、文化、生态、空间和谐共生。

2.3 城乡人居生态环境相关理论与方法

开展有效的土地利用空间规划是城乡人居生态环境保护中的关键内容之一，这方面的研究和实践主要包括各种形式的生态规划。此类研究在发达国家起源于19世纪末，并在20世纪80年代以后开始快速发展；在中国的传统文化中，居住环境的建设，无论城市、集镇、村落还是庭院，与自然的协调都是最基本的要求。但 20 世纪 70 年代以来，随着工业化、城镇化的快速发展，人与自然的传统格局被迅速打破，生态破坏成为全球性的问题，生态规划日益受到关注并不断发展。在我国现有文献当中，精明增长、反规划、生态基础设施和生态安全格局是此类研究中的焦点语汇。

2.3.1 精明增长理论研究（Smart Growth）

毫无疑问，有效控制建设的无序扩张是保护和改善自然土地生态的重要内容之一。在欧美发达国家，20 世纪 50、60 年代以来，随着战后经济复苏和快速发展，城市的低密度蔓延和郊区化成为普遍的发展趋势，汽车的使用量大幅增加，随之带来了一系列农田和生态空间破坏、空气和水体污染、健康受损以及社会疏离化等一系列的影响，这迫使相关政府部门开始反思其空间发展模式，并试图以更加集约和有效的建设空间利用缓解发展中的矛盾，诸如“精明增长”“紧凑型发展”“新城市主义”等相似的理念开始出现并逐渐形成了比较系统的政策体系。这里重点围绕“精明增长”作回顾和分析。

精明增长的理念出现于美国，并在北美地区得到了比较广泛的实践。事实上精明增长本身并没有非常精确的概念，不同地区的实践也存在一定的差异，但在对建设的控制和城市周边农业和生态空间的保护是基本一致的。在美国，德克萨斯州奥斯汀市率先提出了精明增长的蓝图，1997 年马里兰州提出“城市精明增长区法案”等以推动精明增长的实践，之后这一发展理念逐渐受到了普遍的接受和推行。对精明增长的概念，1994 年美国规划协会的定义是：“精明增长是旨在促进地方归属感、自然文化资源保护、开发成本和利益公平分布的社区规划、社区设计、社区开发和社区复兴；通过提供多种交通方式、多种就业、多样住宅，精明增长能够促进近期和远期的生态完整性、提高生活质量”（王丹、王士君，2007）。美国的精明增长组织认为精明增长可以保护开敞空间和农地，使社区重新焕发活力，使房价可以承受，同时提供更多交通选择的规划良好的发展。美国的环境保护部提出了精明增长的十项原则，即鼓励混合用地，紧凑的建筑物设计，创造各种住房机会，创造步行社区，建造富有当地特点的社区，保护户外自然风貌和环境景观，发展重点放在现在社区，提供多样的交通选择，发展决策要有预见性并注重公平，鼓励社区参与规划和相互合作等。这十项原则对各种不同的精明增长概念所具有的内涵事实上作出了较为全面的总结。

从这一理念出发，随之在操作层面产生了增长管理问题。美国城市土地协会（ULI）将增长管理定义为：政府运用各种传统与演进的技术、工具、计划及活动，对地方的土地利用模式包括发展的区位、方式、速度和性质等加以有目的的引导。增长管理实际上就是城市政府借由一定的措施和手段，对城市的发展速度、发展时序和发展总量实施有效的组织、协调、引导和控制的公共活动。

城市增长边界（Urban Growth Boundary）是增长管理的重要内容之一。这一理论被称为湖坝模型（Lakc and Dam Model）和河堤模型（Stream and Levee Model），二者分别作为城市边界和郊区边界，城市边界用以限制城市的增长，郊区边界则用以保护开放空间；其实质是通过规划引导城市沿交通廊道发展，剩下的楔形乡村地带则在交通廊道之间得以存留，这些乡村地带尽管不规则但却是连续的自然形态特征形成的系统；理论模式的具体做法包括三个方面的内容：①保护重要自然资源和生态敏感区域，划分非建设区；②强调对发展的引导，将增长引向最适合开发的地区；③区域协调与相应法规和经济手段的作用。

由此产生了三个方面的问题，在边界限制之下的城市内部的发展管理，城市外围自然空间的保护管理以及如何引导发展的问题。就城市内部管理，从前述对精明增长的定义中可以看出除土地利用的集约化外，还包括健康的生活方式和邻里关系等丰富的内涵，但从土地利用管理上看，如何高效利用存量的建设用地是一个关键。

关于如何引导发展的问题，除了相关规划和法规这些基础性的内容，TOD（Transit-Oriented Development，即以公共交通导向的发展）模式受到了普遍的强调。美国公交协作研究报告（TCRP）102 号（2005）通过研究发现，TOD 模式的推广通过减少私人汽车的使用，在改善空气质量、保留开放空间、创造宜人步行环境、减少城市蔓延、重塑城市发展格局方面作出了重要贡献，已经成为推进城市精明增长、调节经济发展、转变市场需求和生活方式的重要工具。当然，精明增长作为一种新的增长管理方式，与原有土地利用方式的矛盾也是难以避免的。这里很多问题可能在中国也会出现，比如农村居民点的整理受到的阻力、规划执行力弱等，跟踪国外实践的发展对我国当前的土地利用规划决策也具有重要的参考价值。

在加拿大，特别是在包含大多伦多、汉米尔顿、尼亚加拉在内的“金马蹄”地区（The Greater Golden Horseshoe Region）开展的精明增长实践也得到了普遍的关注。这一地区是加拿大最大的人口、工业和农业集聚中心，同时具有极高的生态价值，但在早期的低密度发展过程中也付出了生态破坏和人类健康受损的代价。

尽管上述国家提出精明增长的背景与中国存在显著的差异，双方的社会、文化、资源享赋也存在很大的不同，但由于所面对问题的相似性，以及精明增长理念的发展实践与中国发展的同步性，精明增长在中国国内受到了较多的关注，并成为一段时期研究中的热点语汇。许多学者据此开展了广泛的实践研究，比如许学工等（2006）在山东半岛的案例研究中提出了一个精明增长的政策框架，包括在规划顺序上应首先构建土地支撑的区域安全格局，在规划方案上应具有刚性与弹性结合的多种总量控制设计，在空间布局上强调功能的限定与兼容，突出功能区的划分、分区管制与兼容，在机制政策上强调沟通、参与、公平、多赢。付海英等（2007）构建了城市发展偏好模型和耕地损耗模型，以此判别泰安市“精明”的空间扩展方向。并分析泰安城市不同发展方向的景观格局，探讨平衡城市发展与耕地保护的规划方法。任奎等（2008）则提出了精明增长指导下区域土地利用结构优化配置的内涵，构建了土地利用精明增长度测度体系，接着通过灰色多目标动态规划模型对区域土地利用结构进行优化，采用灰色关联度分析及主成分投影相结合的方法进行备选方案择优，以最终确定土地利用结构优化方案。此类研究进行了积极和主动的探索，特别是试图通过量化的方法为精明增长在我国的实现提供操作性的科学路径具有积极的意义。但同时应该引起反思的是，这种量化的研究是否抓住了精明增长的核心内涵，或者说抛开精明增长这一用语后同其他类似的研究是否存在不同，这有助于此类研究的继续深化和发展。

也有研究者直接从国外经验提出了对我国的启示。李景刚等（2005）从对中国土地利用规划工作的借鉴角度提出，加强规划环境影响评价，最小化环境损失；在城乡交错区利用基础设施服务的可获得性来引导土地开发活动；积极发展公共交通系统，加强公众参与；划定城市增长边界，建设土地监控系统，采取土地发展权转移的手段等实现精明增长的建议。诸大建和易华（2005）从本体论、方法论、价值论视角探讨了城市规划的核心理论问题，并基于从增长导向到可持续发展导向的转变，就资源稀缺条件下的城市发展模式提出了精明增长的发展理念；认为精明增长的城市，一方面需要由交通轴合理地引导城市空间的扩张，另一方面需要由生态轴严格地限制城市空间的蔓延：基于精明增长战略还需要实行“3R”原则（Reduce，Reuse，Recycle）。Reduce 即尽可能减少城市建设的土地消耗；Reuse 即要充分利用和延伸原有建筑和城市空间的功能；Recycle 即对于废弃的城市土地要注意恢复再利用。

很显然，精明增长是以土地资源的合理利用促进人类整体生活质量改善的可持续发展的一种重要实践，不仅包含了对人类经济建设的约束，也包括在现有居住空间内如何创造更健康的生活方式的多层次内涵。尽管精明增长涉及区域整体的空间利用协调，但精明增长不可能解决所有的问题。

著名规划学者梁鹤年对精明增长的解读中，认为其重点应该是在建设空间的高效利用和营造健康、和谐的社区生活方式方面。但正如前文已有文献中提到的内容，增长的边界如何划定？特别是城市外围哪些区域应该得到优先的保护？农田的保护尽管存在这样那样的实施效果问题，但在我国已经受到了普遍和有效的重视，并建立了数量繁多的政策体系。

2.3.2 反规划理论研究（Negative Planning）

反规划是针对传统规划模式的不足而出现的以生态优先为基本特征的规划理念，反规划中生态保护的重点区域即生态基础设施，区域各类生态基础设施形成的生态保护的整体网络即生态安全格局。

所谓“反规划”，即“Negative Planning”，从字面意思可以理解为“反方向的规划”，是相对于现行规划的编制思路、方法和顺序而言的。应该强调的是，这里的“反”并非“反对”的意思，也不是不要规划，只是强调规划思路和顺序的转变，部分文献将之翻译为“Anti-Planning”是很不恰当的。反规划还不能称之为一种成熟的或相对独立的规划理念，这一概念最早由俞孔坚提出，简而言之，它是城市规划及设计的一种新的工作法，这种方法首先从非建设用地的规划和设计入手，而不是传统的从建设用地的规划入手（俞孔坚、李迪华，2002）。这一概念的提出缘于对现行规划模式的反思，俞孔坚和李迪华（2005）认为导致系统性的、全国性的城市性危机和城市功能与结构混乱的主要根源之一是计划经济体制下形成的以“规模—性质—空间布局”为模式的空间规划编制方法论，基于现行方法论的城市空间发展规划建立在不确定的基础之上，不明智的土地利用和工程建设使大地的结构和功能受到严重摧残，表现为大地景观破碎化、自然水系统的严重破坏、生物栖息地和迁徙廊道的丧失等；而“反规划”途径试图通过建立保障自然人文过程安全和健康的景观安全格局，以之引导和框限城市的空间发展，从而综合地解决国土生态安全问题、城市的功能结构问题、交通问题、城市特色以及城市的形态问题。反规划理念的产生在很大程度上基于对人地关系和谐的反思，其规划理性建立在确定的土地生命和自然系统之上，而非城市阶段性的发展目标之上。

自然景观的设计和保护在东西方都有着非常悠久的传统。在近现代的发展史上，“反规划”所体现的对自然生态和文化遗产等进行优先保护的规划思想在西方国家一百多年前的建设发展过程中事实上已经存在了，比如众所周知的19世纪60年代在美国开始的国家公园建设运动。

在中国，反规划理念的出现和现有规划体制在保护自然生态与建设适宜的人居环境的不足紧密相连的。周干峙（2002）认为城市是一个动态的复杂巨系统，用以确定城市用地规模和功能布局的相关变量（如人口等）大多难以预测，导致规划往往显得滞后和被动，而一些所谓“超前”的规划则造成土地大量闲置和资源的浪费。陈锋（2004）则指出随着市场经济建设的深入，我国的城市规划体制面临迫切的转型需要，城市规划转型的实质是从逐渐建立市场经济条件下作为政府实现经济发展目标的技术工具，向完善市场经济条件下政府公共政策的转变。戴海蓉（2010）认为现行规划根据城市化水平预测城市人口规模，继而预测城市用地规模、城市用地发展方向、城市功能布局等，而并没有考虑城市用地的地理情况、环境容量以及周边生态环境；肆意地扩张和乱建破坏了亿万年形成的自然环境，这种代价不可取。从规划的本质及其要求上看，尹稚（2008）认为公共政策的核心在于价值观的多元认同和决策过程的民主化，作为公共政策的规划更本质的是民主协商的成果，而不是术推演的产物，特定的公众参与、民主决策程序是规划权威性的真正来源。刘向南和许丹艳（2005）认为土地利用规划的经济内涵包括对未来不确定性的抵消、减少土地利用结构的负外部性、体现土地利用的公共品特性等内容。从规划的本质和其经济内涵看，土地生态的保护都构成其基本的考量。俞孔坚等（2009）则将现行土地利用规划中存在的生态问题总结为仅将土地作为可利用的资源，规划编制以满足当前经济社会发展的需要为主，忽视了土地本身是一个生命系统；规划空间布局以基本农田保护和土地利用结构调整为主，轻视土地利用的空间布局和区域统筹；规划方法上偏重垂直生态过程，而缺乏对水平生态过程的分析等方面。

由于生态系统的自组织性和不以人类意志为转移的客观性，这意味着人类如何认知和对待生态系统是决定生态系统对人类服务的关键。仇保兴（2004）明确提出当前规划和管理的重点应从开发建设项目的确定，转向对各类脆弱资源的保护和合理利用，以及重点基础设施的合理布局，比如对绿地、水体、文化遗产的管制等。显然将现有规划体制从单纯服务于经济建设的需求向维护和增进公共利益转变已经成为普遍的共识，而其中生态环境的保护是重要的目标之一。

反规划的思想也得到了广泛的实践，比如俞孔坚等（2009）就以北京市东三乡为例，探讨了基于“反规划”思想的土地利用规划方法和将生态基础设施与土地利用规划相结合的具体途径，其主要内容是建立不同安全水平的生态基础设施，进行土地控制分区，并制定相应的土地管理导则，同时，依据不同生态过程的景观安全格局和土地控制分区，调整各土地利用类型的空间布局，使之符合土地生命系统的内在机制。杨茂胜和米文宝（2009）则从“反规划”的角度对我国新出现的整个国土尺度的主体功能区规划的内涵进行了系统分析，他们认为规划是与自然过程、生物过程、遗产保护、游憩过程紧密相关的系统的、综合的永久性网络过程，强调优先对不建设区域进行控制，并提出“反规划”途径和生态基础设施是“获得可持续的生存和生活的实践”。叶小群（2007）则认为在中国社会经济环境与人、地关系的现实和城市建设的巨变条件下，探讨建立“反规划”的抽象理想和价值是不现实的，“反规划”是一种逆向的思维，是对“正规划”的一种校正，其成果应该被整合到现行编制体系当中，但不能形成“反规划”对“正规划”的异化的局面。

在中国当前的发展阶段，城市的外延扩张情况仍将在一定时期持续，粮食供给的相对紧张局面可能会长期存在，发达国家通过经济和产业退出进行生态重建与保护的经验未必完全适用于中国，但毫无疑问，反规划的思想和实践是对现有规划体制的一个重要补充和完善。保护基本的自然的山水格局、重要的农田和文化遗产，不仅是可持续发展的内在要求，也有助于通过外在的约束促进建设用地利用效率的提高，更好地实现经济建设和自然保护的协调。

2.3.3 生态基础设施（Ecological Infrastructure）

生态基础设施顾名思义就是为社会生产和居民生活提供基本生态服务的公共设施，在本质上主要是一些重要的生态用地。生态基础设施的概念是联合国教科文组织在其 1984 年的 MAB 报告中提出的，这里生态基础设施主要是指对城市具有持久支持能力的自然景观和乡村腹地。

对生态基础设施的内涵，学者们有基本一致的认识，即相互连接的自然生态系统的网络。在美国，生态基础设施通常也被称为绿色基础设施（Green Infrastructure，简称 GI）。由于精明增长虽然对城市土地的集约利用和开放空间的保护产生了积极作用，但其本身难以防止城市用地的扩张，并保证土地资源的可持续利用，精明保护思想由此成为精明增长的有益补充，而绿色基础设施就是实现精明保护的重要途径，其规划理念对美国的城市增长管理、自然保护和土地利用规划等都产生了重要影响；美国的绿色基础设施可以总结为由各种自然生境和其他开放空间相互连接而成的网络，其主要功能在于维护生态过程的连续性和生态系统的完整性，通过提供良好的生态产品和服务，以保护人类和其他生物的多种利益。

在我国，俞孔坚等人对生态基础设施的研究具有较好的代表性，他们认为生态基础设施本质上是支持城市可持续发展的自然生态系统，是为城市及其居民持续提供新鲜空气、食物、游憩以及审美教育等各种自然服务（nature services）的基础；它涵盖一切能提供上述服务的绿地系统、森林和农业系统，以及各种自然保护地，还可以扩展到各种与自然紧密联系的文化遗产。俞孔坚等人在对生态基础设施的研究中，非常注重将生态结构（ecological structure）与生态系统的服务（ecosystem services）和生态的"基础性"价值相联系，从而形成了相对完善的理论体系，并使生态基础设施在区域生态保护中具有了更加清晰的内涵。相比较生态基础设施，我国现行规划体系中生态用地规划主要表现为城市总体规划中的绿地系统规划，但其存在明显的不足：第一，绿地系统规划往往作为城市总体规划的一个专项规划，是总体城市布局基础上的后续规划，是建设用地的一部分，这是当前绿地系统规划中的根本性错误；第二，绿地系统的综合生态功能较低，甚至导致大量土地的浪费；第三，绿地系统作为城市的一部分，缺乏与大地生态系统的有机联系，生态上的价值不高；第四，缺乏连续性和稳定性（俞孔坚等，2010）。杜士强和于德永（2010）认为生态基础设施的概念具有两方面的突出优点：①突出了生态用地的重要性；②强调了将不同类型生态用地有机连接成为一个整体性网络的形态特征：公园、森林、河流、沼泽、滩涂等多种生态用地均属于生态基础设施，通过有机连接不同类型的生态用地，形成区域整体性的生态基础设施格局，可以有效保护其间的不同生态过程及其功能。

20 世纪 90 年代以来，在欧美发达国家，生态基础设施的建设在实践上获得了较快的发展。在荷兰的自然政策规划研究中，主要通过过程导向的方法以建立生态基础设施（Ecological Infrastructure，简称 EI），还提出了在不同空间尺度上 EI 设计的层次性，强调在区域尺度上通过自然和人文过程相联系的生态保护网络使自然更加接近人们的生活。2000 年前后美国一些州相继开展了不同名称的绿色基础设施规划，包括生物、农田、林地、自然文化遗产、游憩资源保护等。2001 年美国环保署完成了美国东南部的生态框架计划，在鉴别美国东南部关键生态区域的基础上，构建了整个区域的绿地基础设施网络，并就在不同尺度上如何保持其连续性开展了研究。这些实践都反映了自然保护从传统的以物种为中心向以生态系统为中心、建立整体性保护网络的转变。

在我国，以吴良镛、俞孔坚等为代表的规划学者提出了生态基础设施构建的比较系统的原则和思路，并产生了较为广泛的影响。吴良镛（2002）指出城市建设和规模在不断发展，但其对河流、湿地、森林、绿地等生态用地的需求是始终存在的。俞孔坚等（2001）总结了城市生态基础设施建设的十大景观战略：①保持和改善城市整体生态格局的连续性；②维持和恢复多样化的本土生态系统；③保持或重建河流和大海岸线的自然形态；④保护和恢复湖泊、滩涂、沼泽等生态系统；⑤有机连接城市外围的林带和城市内的绿地系统；⑥建立社区无机动车绿色通道；⑦建立开放的公共绿地，完善城市绿地系统；⑧使城市中的公园实现与城市环境的融合；⑨使城市与优质农田实现有机的融合；⑩加强乡土物种的留存和保护。围绕生态基础设施这一核心概念，规划学者们也在不同地区的生态保护规划中进行了积极的实践。如俞孔坚等（2007）以山东东营市为例，通过建立生态基础设施来整合相关的生态过程与景观结构，放弃了就事论事的单一分析和工程途径，具体包括三个步骤：①通过政策德尔菲法实现问题的综合与多目标的确定；②通过建立生态基础设施，综合解决多个生态环境问题，实现多个目标；③评价生态基础设施对解决多目标问题的作用和效益，并为修正方案提供依据。其中特别是以政策德尔菲法为基础，在确定主要问题和规划目标方面为规划中的公众参与提供了良好的参考典范。另外彭德胜（2005）在湖南沅江市城市总体规划中还对污水处理基础设施的生态化改造进行了探索，即将污水有控制地投放到人工建造的类似于沼泽的湿地上，通过水生、湿生和荫生等多种湿地植物、土壤及其中微生物交互的理化过程，有效实现对水质的净化；其建设成本及运营成本都是传统二级污水处理厂的1/10～1/5，湿地植物具有回收利用价值，同时排放到自然水系的水无富营养化问题。但从类似实践探索也可以发现，不同地区生态基础设施的构建受到其自然、人文、经济等客观条件的限制，具有明显的差异性，如何积极借鉴国外土地利用规划与决策过程中生态基础设施构建的理论框架建立起符合我国实际的生态基础设施建设的一般性的土地利用规划方法框架体系，仍然是一个需要不断探索深化的重要问题。

2.3.4 绿道（Greenway）

绿道概念发展为“绿道是一个线性景观要素网络，通过规划、设计以及管理实现包括生态、休闲游憩、文化、美学以及其他促进可持续发展的多种目标”（Ahem，1995）。当前美国佛罗里达州将绿道定义为：绿道是一个线性开放空间，这种线性开放空间包括沿着河边和河谷等自然廊道、边界线，或者是转化为休闲用地的铁路两侧、运河、风景道路以及其他路线分布；还包括为徒步、自行车、骑马等（European Green Ways As Sociation，2000）穿行的自然及景观类型。

2.3.5 生态安全格局研究（Ecological Security Pattern）

在区域生态保护的研究文献和规划实践中，生态安全格局是与生态基础设施紧密关联的一个概念，在许多情况下，两个概念的内涵实际上是相同的。但在事实上还存在差异，简单而言，生态基础设施在空间中的有机组合构成了特定区域的生态安全格局。生态安全格局的分析方法在很多情况下则用于确定生态基础设施。从这个意义上，生态安全格局更偏重于生态保护的整体性空间格局，而生态基础设施是其中最基本的组成部分。

20 世纪 90 年代，生态安全格局作为保护区域生态环境的空间格局概念被提出来，因为生态安全格局和景观生态学关联，实践中也经常看到景观安全格局（Landscape Security Pattern）的概念。俞孔坚（1999）认为，景观中不同的空间单元在特定生态过程中具有不同的功能，其中有一些单元及其形成的空间结构对自然的生态过程具有关键的影响，通过对这些空间结构的保护就能够有效维系区域的生态安全；这些空间单元本质上就是区域的生态基础设施。就两类格局的关系，俞孔坚等（2010）认为，生态安全格局是景观安全格局的一种；景观安全格局主要考虑如何有效维护区域土地上的多种自然生态和人文过程。马克明、傅伯杰等（2004）将区域生态安全格局定义为能够有效保护和恢复生物多样性、维持生态系统结构和功能的完整性、实现对自然生态有效控制和不断改善的区域空间格局；他们认为区域生态安全格局是景观安全格局内涵的延伸；相比较景观安全格局，它更强调区域尺度生态环境问题的发生与作用机制，强调区域生态环境问题的尺度性和层次性，通过对这两方面要素交叉产生的问题及应对策略的研究，试图从区域总体角度通过空间格局的规划设计，以实现对区域生态安全的保护。从这里可以发现，景观安全格局的研究比生态安全格局具有更加广泛的内容，涵盖了更多人类活动与文化的因素，生态安全格局则更加关注于自然生态过程的控制与保护。但事实上，景观安全格局的研究中最重要和基本的仍是其中对自然生态过程的保护，而生态安全格局的研究也必须深入考虑人类活动的因素，所以在很多情况下二者的研究往往是重合的。

生态安全格局（景观安全格局）作为新兴的生态保护规划理念，对其研究仍在不断发展当中。主要的参考方法来自基于景观格局优化的规划和基于干扰分析的规划方法，并广泛借鉴了预案研究（情景分析）的思路和方法（黎晓亚等，2004）。黎晓亚等（2004）通过对景观生态规划基本原则的增补确定区域生态安全格局的设计原则，包括针对性原则、自然性原则、主动性原则、异质性原则、等级性原则、综合性原则和适应性原则，并将区域生态安全格局设计的方法整合为如下几个步骤：①区域生态环境问题的分析；②预案研究（或称情景分析），获得不同干扰水平下生态安全的预案和评价结果；③针对不同区域确定安全层次和总体规划目标；④区域生态安全格局设计；⑤适应性管理。这些研究都为区域生态用地的保护提供了有效的逻辑框架。

我国目前对区域生态保护格局的研究和实践还在探索之中，尚缺乏根本性的制度建设和整体性的规划设计。王德铭（1993）认为城市规划中应确保所有居民有接近野生生物生境的可能，并要提高尚未开发的土地对野生生物的适宜性，保护和加强开阔地及生物走廊基本网络，要防止对生物资源保护来说有价值的地点向不利方向发展，把有效地保护重要地区和充分利用一切可能开展城市生态系统生物资源保护的机会，看作是包括生活质量和城市持续发展的重要内容。俞孔坚等（2009）在北京东三乡的规划实践中，提出通过对生态过程潜在的空间分析，可以判别和设计景观安全格局，从而实现对生态过程的有效控制，并将基于景观安全格局分析的生态用地的研究框架分为三大部分：①关键生态过程的识别，主要包括地表水文过程、生物物种空间运动、风的流动和灾害扩散过程等；②景观安全格局分析，针对具体目标，如防洪排涝、水源涵养和生物保护等，基于RS/GIS的空间分析方法和技术体系逐一进行景观安全格局分析；③生态用地的规划，综合分析基于各种生态需求的景观安全格局，并根据社会经济发展需求，确定最小生态用地的数量和空间分布。在俞孔坚等人的研究中，基本生态系统服务是其确定生态安全格局的重要出发点。俞孔坚等（2010）认为对城市而言，生态安全的底线是能够维持最低限度的基本生态服务，要以此为基础探讨什么样的空间格局能够提供这些基本服务。在其以北京市为例的研究中，选取了水文、地质灾害、生物、文化遗产和游憩等五大过程进行了规划实践。更进一步，俞孔坚等（2009）提出了国土尺度生态安全格局的概念，认为它是由湿地、河流、森林、草原、物种栖息地等自然区域构成的生态网络，它通过维持自然生态过程、保护生物的多样性，为国家和区域提供基本的生态服务，并促进居民生活质量的提升；这些重要的生态过程主要包括江河源区水源涵养、洪水调蓄、沙漠化防治、水土保持和生物多样性保护等五个方面，以此分别进行系统分析评价并加以叠加，就综合构建了我国宏观国土尺度上的生态安全格局。李宗尧等（2007）认为生态安全格局的构建主要具有两重目标：最大限度地减缓开发对自然的压力，以及为经济的快速增长提供生态保障与环境支撑；其中主要的途径是对重要生态功能区实施优先保护，以大型的自然植被斑块、水面和水源涵养区等重要生态功能区为主体，维护生态系统的稳定性；生态保护重点地区主要通过生态系统敏感性和生态服务功能重要性分析加以确定，同时通过经济发展潜力分析，确定主要的经济优先开发地区，在此基础上构建由生态源、生态廊道和生态斑块、生态楔组成的生态安全空间格局。张小飞等（2009）则依据城市景观功能与结构特征，将城市空间结构分为支持社会经济功能的红色景观，维持能源、资金、产品与信息流通的灰色景观，保持生物多样性与调节区域环境的蓝色景观及绿色景观；并通过功能网络连通性及其相互作用的角度分析城市景观格局、功能流路径与不同功能流在空间上的相互作用，以获得生态功能冲突与环境敏感区域的空间位置；最后，从功能整体协调发展角度对研究区进行主体功能的分区。

生态安全格局的规划实践对促进我国自然土地生态的保护具有积极的意义。但应该注意的是，对一个地区主要生态服务以及自然生态系统与其服务功能内在关系的认识对空间格局的形成具有重要的影响，而生态系统及其功能的关系本身是一个复杂、动态和具有不确定性的问题，对其认识和界定的准确与否将直接决定生态空间格局的服务质量。同时，空间格局研究如何与具有法定空间约束力的现行的土地利用规划之间相衔接也值得重点关注，否则此类研究很难对当前的土地利用规划与决策实践产生有效的影响。

第3章

城乡人居生态环境评价与监测

本章构建了城乡人居生态环境评价体系。首先，明确构建评价指标体系的原则，确定以人为本、全面性、层次性、可操作性和独立性五种原则；其次，依据原则选取与设计评价指标，分别从自然环境和居住环境两个方面进行分析，再从主观与客观两个视角进行评价，客观评价体系选出23项要素，主观评价体系选出17项要素，它们相互补充相互印证；再次，对主客观两种评价体系采用德尔菲法和层次分析法对评价体系中的各层次指标权重进行计算；最后，针对主客观两个视角的评价体系进行评价，为城乡人居生态环境制定发展战略和发展规划提供理论依据。

3.1 评价的原则

人居生态环境评价指标体系是评价人居生态环境的基础，指标体系中的指标是衡量人居生态环境的尺子（白嘎力，2014），评估质量的好坏取决于指标体系涵盖是否全面、层次结构是否清晰。因此，明确构建原则是建立一个有效的评价指标体系的第一步，并根据构建原则合理设计人居生态环境评价指标体系的框架结构与指标内容，最后确立指标计算方法和数据的获取方式。在人居生态环境评价指标体系构建过程中需遵循以下几个原则（郭晔，2019）。

（1）以人为本原则

人类社会（人）、人工环境（物）、地域环境（地）是构成人居环境的三大要素，这三大要素间关系紧密，其中，“人”居于首要地位，没有人及人类活动的聚居环境，就不能称之为“人居生态环境”，而仅仅是客观意义上的“空间”。人居生态环境的主体是人类居住，而人类居住是一个动态的发展过程，要着重体现与人类居住活动密切相关的要素，要体现居民对环境的要求和需求（牛雪飞，2013）。城市人居生态环境建设的根本目的就是给居民创造一个舒适、安全、愉悦的生活空间与工作环境，因此在建立指标体系时要充分体现以人为本的思想，选取与居民生活有关的要素（赵延德等，2009）。

（2）全面性

选择的指标体系要能全面地反映人居生态环境的各个方面，既要有生态环境质量、生活基础设施建设水平等类别的指标，又要有反映以上各类别相互协调的指标（赵延德等，2009）。

（3）层次性

城市人居生态环境是由多层次因子所构成的复杂系统，因此，要按照系统本身的结构来划分层次，选取能够全面反映城市人居生态环境建设的指标，按照合理的结构构建层次分明的指标体系，主要类别包括生态和居住两方面，避免各类别之间的交叉和重叠。这样既能反映各子系统的协调关系，又能全面反映研究系统的整体程度（李莉，2017）。

（4）可操作性

评价的各项指标都对应于相应的数据，评价的顺利进行必须以数据作为支撑。首先在选择指标时，要尽量选取那些能用具体数字表示的指标，这样这一指标能够对整个评价的影响用数字具体地表示出来。其次，选择的指标要具有共性和相对性，因为各个城市之间在发展速度、水平方面各不相同，所以在选取城市人居生态环境评价指标时，要选取那些基本的、统一的、具有相对意义的指标，才能更有效地执行、检查和评价城市的人居生态环境质量。由于城市人居生态环境本身比较复杂，描述系统状态的指标往往是较难操作的定性指标居多，即使有一些是定量指标，想获取数据或对它们计算也极为困难。所以，在选取城市人居生态环境评价指标时，要尽可能挑选一些容易获得的、易于量化计算的、便于操作的、可靠性强的综合指标（牛雪飞，2013）。

（5）独立性

要保证城市人居环境的可持续发展，就要求在任何一个时期，城市人居生态环境质量、城市的经济发展水平和城市的社会组织形式以及城市环境承载力之间都处于协调状态。由此，在选取表征城市人居环境任何方面的水平和状态的指标时，要保证选取的评价指标不能数目太多而导致信息重复，为降低信息的冗余度，选择的各种指标应力求保持其独立性，即选取的各种指标要遵循独立性原则（牛雪飞，2013）。

3.2 评价指标体系

人居环境质量指标评价体系的构建直接关系到人居生态环境质量的评价结果。评价指标的选取与设计是人居生态环境质量评价的前提和基础。人居环境评价指标体系是用一定的标准衡量和检验人居生态环境的建设水平，是科学的、完整的、可量化的、十分必要的。构建人居生态环境评价指标体系是综合评价人居生态环境发展质量的重要依据（李贺，2016）。

评价体系是用于定量描述和评估某种事物的量化指标集合，在构建城乡人居生态环境评价体系的过程中，一个重要的问题就是指标的遴选是否科学合理，这将直接影响到评价最终结果，合理完善的评价指标体系在获得可靠数据结果的同时，也是评价过程科学性的有力体现。本书以建设可持续、适宜的城乡人居生态环境为基础，结合研究专家的系统思维过程，构建人居生态环境评价体系，用以检测和揭示人居生态环境建设发展过程中的制约因素，分析各种影响因素产生的原因，评价人居生态环境发展水平，引导政府更好地制定因地制宜、切合区域实际的发展政策（许倩雯，2019）。

3.2.1 基于统计数据的客观评价体系

（1）评价指标体系的构建

城乡人居生态环境客观评价体系是反映城乡生态环境和居住环境二者平衡可持续健康发展的标尺。本书在研究其他学者已建立的评价指标体系的基础上，依照评价的原则，构建人居生态环境客观评价体系。该指标体系一共包括三个层级，分别包含生态环境和居住环境两个高度概括的一级指标，下设 10 个具有概括性的二级指标和 23 个具体的三级指标，具体内容见表 3-1。

人居生态环境客观评价指标体系 **表 3-1**

一级指标	二级指标	三级指标
生态环境	空气环境	A1 二氧化硫排放量
		A2 烟（粉）尘排放量
		A3 年降水量
		A4 年最高温
		A5 年最低温

续表

一级指标	二级指标	三级指标
生态环境	绿化环境	A6 绿化覆盖率
		A7 人均公园绿地面积
	水环境	A8 城市污水处理率（%）
	声音环境	A9 城市区域噪声平均值（dB）
		A10 道路交通噪声平均值（dB）
	光环境	A11 日照时长
	其他	A12 生活垃圾无害化处理率
		A13 清扫街道面积
		A14 化肥施用量
		A15 年末实有耕地面积
居住环境	基础设施	B1 城市公共厕所拥有量
	区位交通	B2 万人拥有公共交通运营车辆
	公共设施	B3 万人拥有卫生机构的数量
		B4 每千常住人口医院床位数
		B5 教育支出占财政支出的比重
		B6 人均教育文化娱乐支出
		B7 百人拥有图书馆藏书的数量
	房屋环境	B8 人均住房建筑面积

（2）评价指标内容及指标释义

①生态环境指标

人类作为生活在地球上的生物，其最基本的生存和繁衍都离不开健康、完整、平衡的生态系统，随着对更高生活标准的需求日益增强，更加离不开良好的生态环境作为支撑和保障。本书在进行生态环境评定时，综合考虑城市的环境现状，选择出最具统一性和最适合的六个概括性指标。现有的自然环境水平是城乡发展建设的基础，也是维持发展建设可持续性的屏障；环保力度是用来反映城乡为控制污染所做出的努力，污染控制不好会影响城市和乡村的环境容量；人工绿化程度是反映城乡建设过程中人工生态环境营造的水平，人工景观和自然风貌要协调统一。针对乡村特殊的环境，还增加了耕地面积、化肥施用量这几个特殊的指标。生态环境所包含的 15 个单项指标的具体含义和作用如下所示（龚晓雪，2018）：

A1 二氧化硫排放量：是工业污染物排放量之一，反映工业污染程度具有典型性，同时从侧面反映空气质量水平。

A2 烟（粉）尘排放量：是检测空气质量水平的重要指标之一。

A3 年降水量：常用年降水量来描述某地气候，是除气候类型之外的一个重要指标。

A4 年最高温：中国气象学上一般把日最高气温达到或超过35℃时称为高温。高温天气能使人体感到不适；同时，高温天气也会对农业生产造成较大影响，因此是检测环境是否适宜的重要标准。

A5 年最低温：适宜的温度是生物存在所必需的条件，但各种生物对温度变化的适应能力有很大的差异；在环境温度发生剧烈变化时，可以引起一定的损伤或疾病，因此是检测环境是否适宜的重要标准。

A6 建成区绿化覆盖率：该指标表示建成区中的各种绿地的面积与建成区面积之间的百分比，反映城市的绿化状况、生态维护和建设能力，是判断城市生态环境水平的主要指标。

A7 人均公园绿地面积：该指标表示每个城市居民平均每个人拥有的各种公园绿地的全部面积。它是反映城市生态环境的一个主要指标。

A8 城市污水处理率（%）：反映城市生活污水的处理能力，能体现城市生态环境维护能力。

A9 城市区域噪声平均值（dB）：噪声能干扰休息和睡眠、影响工作效率，还会对人体产生生理影响，还对动物、建筑物有损害，在噪声下的植物也生长不好，有的甚至死亡。它是检测人居生态环境是否适宜的主要指标。

A10 道路交通噪声平均值（dB）：交通噪声干扰范围大，影响面广。是声污染的重要来源，是检测人居生态环境是否适宜的重要指标。

A11 日照时长：阳光是植物和农作物生长的重要因素，是农业生产方面的重要指标。

A12 生活垃圾无害化处理率：该指标表示生活垃圾的无害化处理量占生活垃圾总量的比率，体现对生活垃圾无害化处理的多少，同时也体现出生活环境维护和将垃圾转化为资源的能力。

A13 清扫街道面积：该指标通过图纸计算法、地图判读法、仪器测量法、GPS 求积法等方法综合运用，记录成果后交由城市环境卫生行政主管部门组织验收和抽样核查，测量单位根据出现的问题对结果做出进一步的修正，适用于城市道路的清扫、保洁面积的测算和统计以及其他道路、城市广场和绿地清扫、保洁面积的测算。

A14 化肥施用量：指本年内实际用于农业化工生产的化肥数量，包括氮肥、磷肥、钾肥和复合肥等，要求按折算纯量或所含主要成分折算后计算数量。

A15 年末实有耕地面积：指经常进行耕种的土地面积，一般包括熟地、当年新开荒地和休闲地等。随着各地城市建设的高速推进，越来越多的耕地用于非农经济建设，耕地数量逐年减少的现象普遍存在，因此对于年末实有耕地面积的统计与把控至关重要。

②居住环境指标

基础设施是维系城乡经济平稳健康发展的保障，更是城乡各种物质的和非物质环境的支撑体，人居生态环境的优劣与基础设施的完备程度有着极其密切的关系。以人为本是适宜性人居生态环境的核心所在，因此社会的公共设施越来越成为评价人居环境的重要因素（牛雪飞，2013）。居住环境所包含的 8 个单项指标的具体含义和作用如下所示：

B1 城市公共厕所拥有量：是反映城市基础设施建设的重要指标。

B2 万人拥有公共交通运营车辆：表示人均拥有的公共交通车辆的数量，是城市公共服务环境的一个重要指标，它反映出城市的交通发展程度与方便程度，对优化公共服务环境起着重要作用。

B3 万人拥有卫生机构的数量：该指标是反映城市医疗条件的重要指标，能体现城市医疗设施的现状。

B4 每千人常住人口医院床位数：该指标是反映城市医疗条件的重要指标，能体现城市医疗设施的现状。

B5 教育支出占财政支出的比重：教育支出指用于教育服务各项事业的支出总额，教育支出比重指用于医疗教育支出占当年城市的财政支出中一般预算总支出的比例，反映城市政府部门对教育的投入情况。

B6 人均教育文化娱乐支出：人均教育文化娱乐费支出的高低能从侧面反映居民能享受到的教育水平和精神生活质量的高低。教育事业除能对社会产生巨大的社会效益之外，还对整个地区经济的增长产生推动作用。

B7 每百人拥有图书馆藏书的数量：让阅读真正地进入民众的日常生活，是在提炼和升华城市精神的同时也改善整个城市的道德气候的利民举措，因此图书馆数量乃至每百人拥有藏书量都是衡量城市生态文明环境的重要指标。

B8 人均住房建筑面积：人均住房建筑面积是按居住人口计算的平均每人拥有的住宅建筑面积，是衡量城乡人口居住水平的一个重要指标。

3.2.2 基于居民体验的主观评价体系的构建

人居生态环境的本质是为人民服务的，因此人是人居生态环境的核心。人居生态环境包括人居生态硬环境，还包括非物质形态的人居生态软环境，二者的评价方法不尽相同，从心理层面出发的人居生态软环境有其复杂性和难以基于数据度量性。单纯通过客观数据评价人居生态硬环境是不太全面的，难以准确反映居民对人居生态环境的切实体会和需求，因此，建立基于居民体验的主观评价体系，引入问卷调查的形式来进行深入了解居民的最真实感受，以克服普通客观定量分析所不能达到的综合性和真实性。为了体现出主客观都基于同一个分析视角，主观评价体系仍参照客观评价体系的一级指标。主观评价体系中具体一级指标下的二级指标区别于客观评价体系的详细统计过的数据，取而代之的是居民对日常生活中具体事务的评判和满意度，所选指标尽可能贴近现实，并且尽可能兼顾到生活需求的方方面面（牛雪飞，2013）。

除去可以定量分析的客观指标外，从居民体验来看，可以从感官感受出发进行评价，包括一些日常生活可以直接判断出的方面，因此主观评价指标在设置单项指标的时候完全在居民的理解和可接受范围内（表 3-2）。

城乡人居生态环境主观评价指标体系　　表 3-2

一级指标	二级指标	三级指标
生态环境	空气环境	A1 空气质量
		A2 降水情况
		A3 气温情况
		A4 工业对环境的污染情况
	绿化环境	A5 道路绿化水平
		A6 公园绿化水平
	水环境	A7 水污染状况
	声音环境	A8 噪声污染情况
	光环境	A9 光污染状况
	其他	A10 生活垃圾处理情况
		A11 化肥农药使用情况

续表

一级指标	二级指标	三级指标
居住环境	基础设施	B1 公共厕所建设情况
	区位交通	B2 交通出行便利状况
	公共设施	B3 就医便利状况
		B4 文娱设施状况
		B5 购物便利程度
		B6 孩子上学状况
		B7 通信设施状况
	房屋环境	B8 住房舒适度

（1）生态环境指标

A1 空气质量：空气质量是居民每天都最能直观感受到的一点，但是居民很难用客观的表述去衡量这一指标。

A2 降水情况：降水量过多或过少都会对居民生活产生影响，是衡量居民生活舒适度的一个重要指标。

A3 气温情况：高温天气和低温天气都会使人体感到不适，这一指标是检测环境是否适宜的重要标准。

A4 工业对环境的污染情况：虽然居民不能客观地表达出工业的污染情况，但是还是可以直观感受到由于工业带来的污染，工业是影响环境质量的元凶之一。

A5 道路绿化水平：居民日常看到的绿化大多来源于道路绿化，因此道路绿化水平是衡量生态环境优良的指标之一。

A6 公园绿化水平：公园是居民日常休息娱乐最常去的地点之一，公园绿化水平是反映城市生态环境的一个主要指标。

A7 水污染状况：水污染包括河道污染、下水道污染等多种类型，水污染带来的直观感受就是河流垃圾堆积、散发难闻的气味等，非常影响居民的生活环境质量。

A8 噪声污染情况：噪声会影响居民的身心健康，是检测人居生态环境是否适宜的主要指标。

A9 光污染状况：光污染包括一些可能对人的视觉环境和身体健康产生不良影响的事物，是影响居民生活环境是否适宜的重要指标。

A10 生活垃圾处理情况：生活垃圾及时处理有利于提升城市环境质量，是评价居住区环境的重要指标之一。

A11 化肥农药使用情况：化肥农药是农业生产必不可少的因素之一，但是化肥农药也会对生态环境产生破坏。

（2）居住环境指标

B1 公共厕所建设情况：是反映城市基础设施建设的重要指标。

B2 交通出行便利状况：居民出行是否便利，是城市公共服务环境的一个重要的指标，它反映出城市的交通发展程度，对优化公共服务环境起着重要作用。

B3 就医便利状况：是反映城市医疗条件的重要指标，能体现城市医疗设施的现状。

B4 文娱设施状况：体现居民能享受到的教育水平和精神生活质量的高低。

B5 购物便利程度：购物是居民日常生活中必不可少的环节，购物的便利程度也体现了居民居住环境的优异。

B6 孩子上学状况：是否是学区，已经成为居民买房的考虑条件之一，因此孩子上学状况也从侧面凸显了居民的居住环境。

B7 通信设施状况：随着现代通信设备的发展，通信、网络已经成为居民生活中必不可少的一部分，因此通信设施是否健全关系到居民居住环境的优异。

B8 住房舒适度：住房舒适度是最能直观体现居民居住环境的一个指标。

3.3 评价标准

3.3.1 基于数据统计的客观评价体系

（1）数据来源和数据无量纲化处理

本书拟采用的客观统计数据来自于统计年鉴或者政府工作报告中可以得到的数据。由于各项指标的量纲不一样，不能在同一标准内进行分析和比较，因此需要对所有指标中下属的数据进行同一的标准化处理，将指标的实际值转化为能够将置于同一个判断标准内的评价值。本书选择标准化法（Z-score）：

$$y_i = \frac{x_i - \overline{x}}{s}$$

上式中，y_i 为标准化处理后的数值，x_i 为未标准化处理前的实际值；下式中 $\overline{x}$ 为 i 指标的平均值，s 为 i 指标的标准差，n 为数据的数量，i 为第几个数据。

$$\overline{x}=\frac{\sum_{i=1}^{n}x_i}{n}$$

$$s=\sqrt{\frac{\sum_{i=1}^{n}(x_i-\overline{x})^2}{n-1}}$$

标准化后的数据中负值表示与平均数据相比偏低，正值表示与平均数据相比偏高。

（2）确定权重

确定指标体系中各项评价指标的权重值是进行评价的主要步骤，权重的确定对评价结果的准确性和科学性具有很大的影响。在计算指标权重时可以用到的指标体系评价方法很多，一般有简单加权和法、德尔菲法、主成分分析法、层次分析法等，每种计算方法都有它自己的优点和缺点，当前学者们运用相对多的是主成分分析法和层次分析法。本书在对城乡人居生态环境评价时采用德尔菲法和层次分析法相结合来计算出各项评价指标的权重。

1）德尔菲法（罗丹霞，2018）

德尔菲法，也叫作专家调查法。20 世纪 50 年代，由美国兰德公司创建。它是一种基于专家会议法和个人判断法而发展的以匿名方式直接预测和判断的研究方法，专家匿名填写有利于自由发挥意见，避免专家之间相互影响。该方法是给一组专家发放问卷征询意见，经过多次征询后，要使得这组专家意见大体一致，得到大概的预测结果。具体操作过程如下：

第一，评估小组成立。对待评价的事情进行编制，合成表格；选择相关领域的专家组成评估小组。

第二，根据待评估事件确定主题，提出问题，从而设计评估调查表。

第三，组织专家评估，多次反馈。将研究的背景材料、调查表等发给专家，专家深入了解所研究的事件并填写调查表。组织者收回全部调查表后，整理、修改调查表，再次将调查表发给专家，专家再进行填写。多次反馈，直到各位专家对结果保持一致态度为止。

第四，分析处理得出的调查结果，从而下结论。

第五，写出预测报告。

2）层次分析法（白嘎力，2014）

层次分析法也叫 AHP 法，是 20 世纪 70 年代由美国的运筹学家萨迪提出的。

具有将定性分析与定量分析相结合的优势，将人的主观评价用数量方法体现出来，从而科学合理地进行数据处理，能较准确地反映研究对象的情况。而且，层次分析法不但有比较好的理论研究基础，而且计算过程也比较简明清晰，容易被人掌握和使用。所以，层次分析法常常被运用于要素多、层次多的复杂地理研究中。层次分析法是一种研究者将研究的指标系统进行条理化的过程。运用这种方法把研究问题中的各种因素通过划分为相互关联的有序的层次使之有逻辑并有条理，再通过对各个要素进行互相比较得到其重要性，设定相对应的比较标准，构造判断矩阵，以确定同一级相关要素之间相对重要程度。然后在检测计算结果是否具有一致性，排除误差，并得出不同要素的相对重要性权重值。层次分析法的具体步骤为：

①明确问题。明确所研究包含的要素和各个要素间的相互关系，从而充分地了解研究问题。本书所要研究的内容是城乡城市人居生态环境评价，因此围绕这一命题选取指标，进行分析。

②建立层次结构模型。在这一个步骤中，要求将各不同级别的要素进行分层，按照不同层次的形式建立层次结构模型。将各因素按照因素之间的关系分类到各层面的下面。最后划分出分层结构图，建立层次结构，将评价指标层次化（图 3-1）。

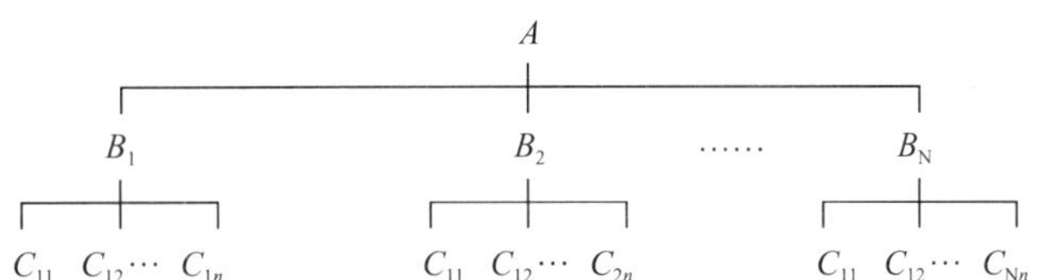

图 3-1　评价指标阶梯层次结构图

③构造判断矩阵。构造判断矩阵是层次分析法的主要内容，判断矩阵表示针对与高一层次的一个要素，确定其下一层中的这些要素的相对重要性。根据评价指标体系中的不同层次，对所有各层的指标构建判断矩阵。方法为将同一层中各个要素相对于他的高一层中的一个要素而言进行同级要素之间的互相比较，对其进行打分，从而构成判断矩阵（表 3-3）。

AHP 法判决矩阵　　　　**表 3-3**

B	C_1	C_2	…	C_n
C_1	C_{11}	C_{12}	…	C_{1n}

续表

B	C_1	C_2	…	C_n
C_2	C_{21}	C_{22}	…	C_{2n}
…	…	…	…	…
C_n	C_{n1}	C_{n2}	…	C_{nn}

其中，C_{ij} 表示针对高一层 B 层 i 因子与 j 因子进行比较而得到的相对重要性数值。可以看出，对于所有矩阵都应该满足条件：

$$\begin{cases} C_{ii}=1 \\ C_{ij}=\dfrac{1}{C_{ji}} \end{cases}$$

由对各要素进行相互的两两比较并判断得出各要素相对于上一层的重要性是层次分析的一大特色。在对 C_{ij} 赋值时通常采用萨迪提出的 1 ～ 9 个等级取值来表示。具体解释见表 3-4。

判断矩阵取值及其含义　　表 3-4

C_{ij} 的取值	含义
1	C_i 与 C_j 具有同等的重要性
3	C_i 较 C_j 稍微重要
5	C_i 较 C_j 明显重要
7	C_i 较 C_j 强烈重要
9	C_i 较 C_j 极为重要
2、4、6、8	含义分布于 1 ～ 3、3 ～ 5、5 ～ 7、7 ～ 9 之间
倒数	C_j 比 C_i 的不重要程度

④权重值的计算。

计算每一行各元素的乘积：

$$M_i=\prod\nolimits_{j=1}^{n} C_{ij}\ (i=1,2\ldots n)$$

计算 M_i 的 n 次方根：

$$\overline{W}_i=\sqrt[n]{M_i}\ (i=1,2\ldots n)$$

将向量 $\overline{W}=[\overline{W}_1+\overline{W}_2+\overline{W}_3+\cdots+\overline{W}_n]^T$ 归一化：

$$W_i = \frac{\overline{W}_i}{\sum_{i=1}^{n} \overline{W}_i} (i = 1, 2 \ldots n)$$

则 $W=[W_1, W_2, W_3 \cdots W_n]^T$ 为得到的特征向量。

⑤一致性检验。

由于计算过程中会产生一定的误差，所以在对指标重要程度的判断上难免会出现误差，在一般情况下要求所有指标的重要性权重都能具有绝对一致性即 $\lambda_{max}=n$ 是达不到的。我们需要做到不可以有过大的误差，所以要对判断矩阵进行一致性检验。

判断方法如下：

计算最大特征根：

$$\lambda_{max} = \sum_{i=1}^{n} \frac{CW_i}{nW_i}$$

计算各权重矩阵一致性指标 CI：

$$CI = \frac{\lambda_{max} - n}{n - 1}$$

其中，C 为 C—B 判断矩阵，n 为判断矩阵阶数，λ_{max} 为判断矩阵最大特征值。

判断矩阵一致性越好，CI 的值就越小。如果，当 $CI=0$ 时，判断矩阵就有完全的一致性，相反，CI 的值越大，判断矩阵的一致性就越不好。为了验证判断矩阵的一致性，我们将 CI 与平均随机的一致性指标 RI 的比值。RI 已经由理论计算得出，一至十阶的矩阵 RI 取值见表 3-5。矩阵一致性指标 CI 与同一阶的 RI 之比称为矩阵的随机一致性比例 CR，当

$$CR = \frac{CI}{RI} < 0.1$$

时，可以认为判断矩阵通过了一致性检验；否则，当 $CR \geqslant 0.1$ 时，就要对其做出调整，直到通过一致性检验为止。

RI 值 **表 3-5**

阶数	1	2	3	4	5	6	7	8	9	10
RI 值	0.00	0.00	0.58	0.90	1.12	1.24	1.32	1.41	1.45	1.49

在通过检验以后，为了更加精准切合实际，也为了防止指标本身选择失误，

因此邀请专家进行打分，在经过加权计算后得到最后的矩阵形式。

⑥计算结果。在进行完统计数据的标准化处理和指标的权重确定工作以后，即可通过公式计算求得评价结果，公式如下：

$$F=\sum_{n} y_n W_i$$

其中，y_n 为标准化处理后的数值，W_i 为指标所对应的权重值。

这里需要注意的是，层次分析法的核心在于分层处理问题，即由下一层次向上推及上一层次，因此计算过程应该为：指标因子（即二级指标层）的标准化数值与其对应的判断层（即一级指标层）中的权重相乘，得到判断层（即一级指标层）的分值，再用各个一级指标层的分值与其在整个评价体系中所对应的权重相乘，得到最后的综合评价值，所用到的计算方法均为上述计算公式。

3.3.2 基于居民视角的主观评价体系

本书在客观评价指标体系的基础上设计主观评价体系。主观评价体系是客观评价体系的另一种体现形式和补充，采用主观评价体系可以补充客观数据难以获得或难以衡量的指标，也可以对比同一指标在居民心中和客观评价标准之间的差异。

（1）数据来源

基于居民视角的主观评价的宗旨在于了解居民最真实的评价和意见，因此依据主观评价体系建立调查问卷。问卷的打分制参照五种等级，很满意、比较满意、一般满意、不太满意和很不满意，分别对应 9 分，7 分，5 分，3 分，0 分。

（2）确定权重

主观评价的权重确定方法参照客观评价所用的德尔菲法和层次分析法相结合的方法，因为德尔菲法中的打分制能够真实反映居民对人居生态环境的看法。

（3）计算结果

鉴于居民评判打分不同于客观数据，较为模糊并且难以量化，因此主观评价运用多层次模糊综合评价法。具体步骤如下：首先分别建立一级指标层和二级指标层的权重向量；然后建立评价矩阵，矩阵中参照调查问卷，从左到右依次为对该二级单项指标感到很满意、比较满意、一般满意、不太满意和很不满意的居民所占的比重，从左至右加起来为 1；最后计算结果，上一层的评价结果由下一层的结果运算得来，利用二级指标层的向量和其相对应的矩阵相乘的方法求得各个一级指标层呈现为向量的形式的结果，再利用各一级指标所对应的向量与各个满意度所赋予的分值相乘得到最终一级指标的评价得分结果，再最后利用各一级指标层的评价得分结果乘以一级指标所对应的权重得到总目标的综合评价得分值（牛雪飞，2018）。

3.4 综合评价

人居生态环境研究与人民的生产生活息息相关，正确认识城乡人居环境现状，明确其发展方向，使居住环境从质的方面提高，在当今社会中具有重要的意义。在进行城市人居环境的评价时，建立科学合理的评价指标体系往往关系到评价结果的正确性。

客观的城市人居环境评价指标体系通过一系列科学可行的分析方法进行指标的提炼、筛选和整合，将主观感受的定性指标转化为客观分析的定量指标，权重的确定也具有客观性和代表性；这些都是科学的评价方法，得到的评价结果也往往是与实际情况相符合的，因而被许多研究者所采用。而主观的评价体系通过问卷调查把普通居民的意见和专家的意见较好地结合起来，主观评价中对诸如绿化环境、基础设施、区位交通等具有主观性和任意性、无法量化的定性化指标进行了微观层面的分析，将详细规划与实际建设项目进行挂钩，弥补了客观定量评价的不足（魏忠庆，2006）。

然而，两种评价体系在各有所长的同时，也不可避免都存在相应的漏洞和误区。整体而言，目前所建立的客观指标体系往往受到学科的限制，许多数据是从统计年鉴和政府相关网站得到的，因此反映的多为从整个城市和乡村范围出发的用以量化整体情况的较为宏观的数据，无法与居民的日常生活产生联系性，难以全面反映城乡环境中不同需求主体的生态宜居需求特征，且大多数研究是从大众视角出发，难以满足不同居民个体和群体的人居环境要素供需关系的差异性，以及居民社会经济属性对人居环境要素需求的影响等微观层次研究需求（吴箐，2013）。

而在主观评级指标体系中，指标体系的设计和综合方法中掺杂许多主观因素，严重影响了分析结论的可信赖性和说服力，这一方面是由于它们局限于对人居环境现状的空间评价，另一方面是由于它们在空间评价中没有充分考虑社会和人文因素的影响，虽然在一些案例中采用了包含社会和人文评价因子或者居民满意度因子的评价指标体系，但是由于人文社会因素对人居环境评价的作用主要是内生关系，因此将它们作为外生的评价要素，不能在评价结果中反映出居民对各种人居环境属性的价值观的差异。此外，现有研究采用的方法基本相似，即建立包含若干要素或统计指标的评价体系再加以综合。为了减少随意性，一些研究利用居民问卷调查结果或专家咨询意见对指标体系进行优化，然后进行分析和综合。这种评价方式虽然可以反映出不同城市或地区的综合人居环境水准，却无法确定环境的价值，因而反映效果有所欠缺（高晓路，2010）。

上述的对比结果表明，虽然客观评价的指标选择较为宽泛，但还是能够从较为宏观的角度反映现象本质，还是能够发现从主观视角出发也能够反映出的问题，不存在互相矛盾或者一方优于另一方的情况，相反的，客观评价中一些普通居民平常不关心不甚了解的，但又能有效表达人居环境质量的可以量化的指标可以弥补主观评价的不足。因此，客观评价和主观评价是相辅相成、缺一不可的。我们可以通过比较相同的指标在主客观评价体系中得到的结果来判断评价的真实性，这样不会因为客观评价反映出该项指标的长处而忽略主观评价体系中这一指标却得分较低的情况，从而全面真实地反映城乡人居生态环境现状（龚晓雪，2018）。

综上所述，在今后的城乡生态环境评价体系建立工作中，应当着力确立更加客观的分析方法和准则，注重主客观结合，从与居民日常生活休戚相关的方方面面出发，加强价值化评价的研究，强化人居环境评价作为交流工具和作为分析、决策工具的功能，发挥其交流工具的作用（高晓路，2010），并在此基础上将之提升为分析和决策的工具，从而进行更加紧密、直接以及真实的评价。也要注重丰富空间表述的研究，把空间评价与人文和社会因素结合起来：要解决研究尺度的问题和研究方法的客观性问题，在已经建立起来的评价指标体系和数据的基础上，开发新的定量化评价的研究方法，例如，利用居民满足度的调查数据对人居环境要素的价值进行评价的方法或在提高价值化分析精度的基础上，将研究成果用于政策效果的分析等，以期达到更好的评价效果。

第 4 章

城乡人居生态环境保护与修复

人居环境是人类工作劳动、生活居住、休息游乐和社会交往的空间场所。人居环境科学是以包括乡村、城镇、城市等在内的所有人类聚居形式为研究对象的科学，它着重研究人与环境之间的相互关系，强调把人类聚居作为一个整体城乡人居生态环境是我们一直关注的重点。

城乡人居环境研究是人居环境学科的重要组成部分，也是社会主义新农村建设的核心内容之一，其研究有着极其重要的意义。本章从国土区域生态系统的保护与修复、国家公园与自然保护地的保护、城乡自然生态系统的保护与修复、受损污染场地的修复与再生、乡村自然文化遗产的保护与更新五个方面，来具体说明城乡人居生态环境的现状、问题与解决措施，以此提高我们对城乡人居环境保护与修复重要性的认识。

4.1 国土区域生态系统保护与修复

国土空间的生态保护修复是帮助受到损坏的生态系统恢复或大体恢复到原来状态的过程，它起源于 20 世纪初的欧美。随着全球和区域社会经济的迅速发展，人类活动已对自然资源和生态环境可持续发展构成了巨大威胁。因此，需要自然或者人为的干预并开展生态保护与修复活动，生态修复逐渐成为研究热点。党的十八大以来，人与自然和谐共生是新时代发展中国特色社会主义的总体方略，生态文明建设上升为国家战略，国土空间生态保护修复也成为自然资源部的新任务，国家将国土空间优化与生态保护修复放在前所未有的重要位置，山水林田湖草系统生态保护修复受到高度关注。山水林田湖草是相互依存、相互影响的系统，如何从生态系统整体性、均衡性出发，落实山水林田湖草生命共同体理念，因地制宜地推进生态系统修复和综合治理，识别生态安全关键区域并加强生态保护提升生态系统服务整体功能，构建国土空间生态保护修复格局，是当前国土空间生态保护修复系统工程所面临的严峻挑战，对系统维护国家生态安全具有重要意义（伍业钢、斯慧明，2018）。

国土空间整体保护与综合治理应以维护生态服务功能为核心，以统筹管理污染防治与生态修复、保护生态系统多重服务价值为生态保护修复的核心理论基础，运用生态学理论解决发展与保护的问题。

4.1.1 国土综合整治与生态文明建设的内涵

随着生态系统改变，人类经济得到实质性进展，但却为此付出了生态系统诸多服务功能退化的代价，随着经济全球化发展，区域生态问题逐渐突出。如果没有生态系统提供的服务功能，人类每年需用 33 万亿元人民币的资金补偿损失，这足以说明生态系统的价值。国土综合整治是通过综合性措施规范设定区域自然资源开发利用等活动，确保自然资源可持续利用。现阶段各方对生态文明建设理解存在差异，生态文明主要指人类经过原始社会、工业文明发展后，对自然与人类发展关系有了全新认识，生态文明建设是新时期发展理念的体现，以全新角度看待人与自然发展的关系。国土综合整治是对人类土地关系进行协调，按照客观需求及技术水平提升与实际资源情况，统筹安排人地关系，发达国家考虑到国土综合整治，将其作为生态文明建设的主要方式（沈国舫，2016）。随着我国对生态文明建设重视度提升，生态文明建设中的国土综合整治进入全新发展阶段，成为生态文明建设的重要手段，推进国土综合整治成为生态文明建设的重要举措。

4.1.2 国土区域生态系统保护与修复的缘由

（1）国土空间具有先天脆弱性

中国国土面积的 65% 是山地、丘陵或高原，33% 是干旱地区或荒漠地区，70% 每年受到季风气候的影响，55% 不适宜人类的生活和生产，35% 受到土壤侵蚀和沙漠化的影响，30% 的耕地属于 pH 值小于 5 的酸性土壤，20% 的耕地存在不同程度盐渍化或次生盐渍化，17% 构成了全球的世界屋脊，世界大陆平均海拔高度 830m，中国陆地平均海拔 1495m，是世界均值的 1.8 倍。据《全国主体功能区规划》，中度以上生态脆弱区域占全国陆地国土空间的 55%，其中极度脆弱区域占 9.7%，重度脆弱区域占 19.8%，中度脆弱区域占 25.5%，国土空间呈现先天脆弱性（郧文聚，2019）。

中国与国土面积大于750万平方千米的俄罗斯、加拿大、美国、巴西、澳大利亚相比，年均化肥使用量（565.30kg/hm^2）比其他5国的平均值（94.42kg/hm^2）高4.98倍，谷物平均产量（5.90t/hm^2）比其他5国的平均值（4.08t/hm^2）仅高1.44倍，而平均每千克化肥的生产力（15.26kg）仅为其他5国平均值（44.42kg）的1/3。究其原因，除与施肥、灌溉等农业活动操作技术相关外，国土空间的先天脆弱性是重要原因（高世昌，2018）。

（2）人类活动剧烈

中国铁路、公路、矿产、能源资源开发等生产建设项目对生态系统扰动剧烈。例如，1949—2017年，铁路运营里程数由2.18万千米提升到12.70万千米；铁路网密度由22.71千米/万平方千米提升到132.29千米/万平方千米；公路运营里程数由8.08万千米提升到477.35万千米；原煤年生产量由65.94百万吨提升到34.98亿吨；原煤年消费量由42.90百万吨提升到35.20亿吨；原油年生产量由0.44万吨激增到1.91亿吨；原油年消费由3.00百万吨激增到6.1亿吨；天然气年生产量由24亿立方米激增到1457.59亿立方米；天然气年消费量由0.1亿立方米激增到2386亿立方米（中国地理学会，1983）。

生产建设活动加剧了国土空间生态用地的占用和破坏。据《全国主体功能区规划》，2010年，直接损毁地表面积在5hm^{2}以上的矿产开发点约5.26万个，分布于全国1774个县（市、区），在25个国家重点生态功能区中24个有矿产开采，占全国矿区总面积的15.5%。2015年，采矿场面积0.88万平方千米，较2010年增长44%。加之铁路、公路、砖瓦窑、大型水利水电等生产建设以及自然灾毁等原因，至2015年累计损毁土地约10万平方千米；预计至2020年、2030年累积损毁土地分别约12万平方千米、17.33万平方千米（周立三，1982）。

（3）新型城镇化与乡村振兴的压力

中国城市和区域发展跨越了发达国家百年以上的历程，城镇化水平由1978年的17.92%（贫困国家的水准）达到2017年的58.52%（中等发达国家的行列）。就其增长、发展格局变化幅度而言，如果按照半个世纪作为时间尺度，再加上500万～1000万平方千米的地域范围，很难举出比中国过去40年经济地理格局发生的变化还要显著的先例。生态承载能力的维系与提升直接关系到整个生态域的可持续发展，过快的经济社会发展常导致资源环境子系统的巨大破坏，从而影响生态与经济的协调与可持续发展。据《全国主体功能区规划》，2010—

2015年间，城镇生态系统面积由25.42万平方千米增至29.47万平方千米，增加15.9%。方创琳等研究表明，2006—2030年的25年间中国城市化水平每提高1%所消耗的水量、所占用的建设用地、所耗费的能源分别是1980—2005年的1.88倍、3.45倍和2.89倍（吴传钧，1984）。

中国城镇化和乡村振兴导致了未来城市化进程将面临日益严重的资源与能源环境压力。乡村有生活、生态、文化、社会等多项功能，同时具有自然、社会、经济特征的地域综合体，与城镇互促互进、共生共存，共同构成人类活动的主要空间（马世俊、王如松，2018）。乡村生态空间是具有自然属性，以提供生态产品或生态服务为主体功能的国土空间。中国仍处于并将长期处于社会主义初级阶段的特征很大程度上体现于乡村。因此，乡村振兴和新型城镇化双轮驱动，统筹城乡国土空间开发格局，优化乡村生产生活生态空间，分类推进乡村振兴，延续人和自然有机融合的乡村空间关系，是解决新时代中国社会主要矛盾、实现“两个一百年”奋斗目标和中华民族伟大复兴中国梦的必然要求。

4.1.3 国土区域生态系统保护与修复反思

长期以来，国家在履行部门指导、协调、监督工作职责时，生态要素分设在不同管理机构，存在管理体制不健全、全社会共同监督机制不完善、生态监测监控网络不统一、生态大数据集成应用未建立等突出问题，以致难以准确监测中国重要生态区域生态环境状况，也不便及时发现和控制重大生态破坏和环境污染行为，直接影响生态系统的复合功能与可持续利用。相悖案例反思如下。

（1）人为活动导致黑土地的退化

世界上仅有的三块黑土平原是美洲的密西西比平原（约120万平方千米）、欧洲的乌克兰平原（约190万平方千米）、亚洲的东北平原（约103万平方千米）。国外两大黑土区相继发生过破坏性极强的“黑风暴”。1928年，“黑风暴”几乎席卷了乌克兰整个地区，一些地方的土层被毁坏了5～12cm，最严重的达20cm以上。1934年的一场“黑风暴”卷走美洲的密西西比平原3亿立方米的黑土，当年小麦减产51亿千克。中国“北大荒”变成“北大仓”，是国家重要商品粮基地。然而，“北大仓”面临的尴尬就是其所能骄傲与自豪的黑土地越来越少，黑土层厚度已由1950年的50～70cm降到2010年的20～40cm。究其退化原因，一是缺乏对黑土的科学认知。从土壤发生学原理考虑黑土的形成过程就不难发现：黑土是温带半湿润（或湿润）季风气候森林草甸或草原化草甸植被下形成的自然土壤。二是主管部门因“粮食安全”压力，由于黑土地长期面临高强度的耕种、输出大于投入、水蚀风蚀严重等现代集约化农作制度用养脱节所造成，大自然无情地向人们开出了巨额“罚单”——“林草休养而生”的黑土可能“因粮而退”，甚至丧失产粮功能。要想改善黑土地目前的状况，我们还是要从黑土地形成的原理入手：强化腐殖化、抑制矿质化。国外两大黑土区曾投入大量人力、物力和财力，围绕合理规划土地和建立科学耕作制度等开展研究，营造农田防护林，采取保土轮作、套种、少耕、免耕等方法，已见成效。中国《全国农业可持续发展规划（2015—2030年）》已对东北典型黑土地提出“实施保护性耕作、推行粮豆轮作”的对策，但应长期跟踪监测其演变的效应。

（2）盐碱地改良失败

中国盐碱地广布西北、东北、华北及滨海地区在内的17个省区。长期以来，盐碱地作为重要的耕地后备资源，开发成效显著，但也不乏失败案例：一是改良了流域内某一片区盐碱地却引发了另一片区土地盐渍化；二是改良片区重返盐碱。近年来东北地区又出现通过开采地下水种植水稻来改良利用盐碱地、西北地区用咸水灌溉改良盐碱地甚至发展“海水稻”的热潮。国内专家李保国给相关部门建议：①盐碱地和咸水在干旱区和沿海地区的分布有其自然规律，与山地、沙漠、戈壁一样，是一种自然现象或生态系统，咸水的形成也是一种水文地质过程，是不可更新的资源；②任何农作物的生长需要吸收消耗很多的淡水量，绝大部分植物只吸水不吸盐，即使盐生植物，也只吸收极少量的盐，盐碱地进行农业开发利用，必须有充足的淡水资源或降水量；③中国内陆的东北、华北、西北，特别是西北地区，如果利用咸水资源开发盐碱地，咸水资源被利用完后，土壤会更加盐渍化甚至变成盐漠，这会在短时间内造成极大的生态灾难。内陆地区严禁开发地下水进行水稻种植改良盐碱地，尤其是西北地区水资源已过度开发利用，应优先保护这个地区脆弱的自然生态系统，以免发生短期的小规模改良利用而带来永久的大规模生态灾难（陆大道，2016）。

以上这种现象的出现，一是科学认知问题，尚未认知到某一片区自然形成的盐碱地正是为了维护另一片区土壤不发生盐渍化的生态功能；二是注重化学改良的短期效应，忽视了地球化学的决定作用，堵塞了盐分的天然运行通道；三是单方面重视了耕地建设、忽视了地下水的生态功能，顾此失彼。这种具有长期生态影响的盐碱地开发利用问题，首先应从流域角度进行盐碱地可开发的片区与必须保留的片区的空间布局，其次才是改良问题。

（3）河漫滩盲目开发

河漫滩是位于河床主槽一侧或两侧的滩地。多年来，一些山区、丘陵区农民自发地在河漫滩上进行小规模土地开发，利用较高的地下水位和河流进行灌溉，就地解决缺粮少菜问题。因地块面积小，尚未影响河道正常行洪与居住安全，洪水时被淹没，水退后又露出地面，适当修整后继续使用。而国家近 20 年来投资的土地开发整理项目，不乏有选在河漫滩上的，少则几十公顷、多则上千公顷。大面积的地形改造，虽增加了耕地面积，但尚未系统考虑所在流域的汇水面积，有的也无匹配的河流改道工程，不仅影响了汛期河岸两侧居民的生存安全，而且已开发的耕地在雨季极易受损，若恰逢五十年一遇甚至百年一遇的暴雨，整体工程受损（陈传康，2016）。这种在前期河漫滩开发耕地选址缺乏充分的科学论证，盲目在河漫滩上大造农田的现象，造成后期水利部门与国土部门因尚未处理好“耕地增补”与“行洪安全”的矛盾发生争执，又不得不拆除新造农田地面配套设施的典型案例，是以往部门行业分头管理的弊端所致。

（4）工矿用地损毁导致环境污染

工矿用地直接损毁好似有界，但生态环境影响却难以确界。据《全国土壤污染状况调查公报》，工矿业等人为活动是造成土壤污染或超标的主要原因。在调查的 690 家重污染企业用地及周边的 5846 个土壤点位中，超标点位占 36.3%；在调查的 81 块工业废弃地的 775 个土壤点位中，超标点位占 34.9%；在调查的 146 家工业园区的 2523 个土壤点位中，超标点位占 29.4%；在调查的 188 处固体废物处理处置场地的 1351 个土壤点位中，超标点位占 21.3%；在调查的 13 个采油区的 494 个土壤点位中，超标点位占 23.6%；在调查的 70 个矿区的 1672 个土壤点位中，超标点位占 3.4%；在调查的 267 条干线公路两侧的 1578 个土壤点位中，超标点位占 20.3%。

目前中国有 10 万多个矿山，纳入全国绿色矿山名录进行公告的矿山仅 607 家。固体废弃物堆放场有几十万处，矿山损毁土地点—线—面—网扩展达数千万亩。这些损毁的土地若得不到及时复垦，将会对周边环境造成巨大威胁，尤其是金属矿山。因高质量的农田大都分布在低洼平地，其周边常又分布着若干矿山，暴雨期污染物会随着地面径流或地下水迁移转化，严重污染农田。农田一旦污染，修复成本极高，有的只能被动改变土地利用用途、降低土地功能。这种一边划定基本农田保护区或一边投资巨额造地，却因矿山废弃土地得不到及时复垦又造成划定的基本农田或新造地受到污染的典型案例，也是以往环保、国土、水利等部门行业分头管理的弊端所致（吴传钧，2016）。

（5）沙漠防护建设

水是影响陆生植被或生态系统平衡与演化的控制性因子。水最多的时候表现为湿地的格局，湿地的水分减少了则退化为森林生态系统，森林生态系统的水分再减少则退化为草原生态系统，草原生态系统的水分再减少则退化为荒漠生态系统，反之亦然。荒漠生态系统随着水分的逐渐增多可不断演化。

防沙治沙是中国重要的生态建设任务之一。50多年来，沙漠治理研究成果丰硕，有效支撑了中国防沙治沙工程建设，相关案例有成功的也有失败的。成功案例之一是杨文斌团队近十年创新的“营造植树占地15%～25%、空留75%～85%的土地为植被自然修复带的固沙林”的低覆盖度治沙体系，从理论上充分考虑了植被防沙治沙的生态用水和自然修复，具有调节湿润年与干旱年水分补给不均衡作用，缓解了“卡脖子”干旱导致的衰败死亡现象。这一重大科技进步对持续控制固定沙丘退化为半固定沙丘、半固定沙丘再次退化为流动沙丘具有重要的实践指导意义。失败的案例是尚未充分考虑生物气候带特征，造成后期固沙不可持续，例如由于当时认知水平有限，“三北防护林杨树”大面积死亡；还有不少利用人工灌溉营造大片森林甚至园艺性景观的工程，尚未从水土耦合角度考虑人工固沙林应该是一种“长寿命生物沙障”，造成人力、物力和财力的浪费（关君蔚，2016）。

（6）河流湖泊的末端利用

农业面源污染已成为河流和湖泊氮、磷污染的重要污染源。水体中过量的氮、磷等营养物质会导致水体的水质下降，产生富营养化问题，危害水生态系统健康。农业面源污染是美国河流和湖泊污染的第一大污染源，导致约40%的河流和湖泊水质不达标，欧洲国家由于农业面源污染而排放的磷占地表水污染总负荷的24%～71%，中国的农业面源污染造成的水体氮、磷富营养化也显著超过来自城市的生活点源污染和工业点源污染。据《第一次全国污染源普查公报》显示，农业污染源（包括种植业、畜禽和水产养殖）是总氮、总磷的主要来源，其排放量分别为2.7×106t和2.84×105t，占排放总量的57.2%和67.4%，化学耗氧量（COD）排放量为1.32×107t，占总量的43.7%。近30年来，中国25个被调查典型湖泊中有80%湖泊水体富营养化水平有所上升，农业面源污染已成为江苏、云南和东北三个地区湖泊营养物的最主要来源。这与中国水土流失面广、农田化肥施用量大、人畜粪便入河多有关。

人类过去面临的水问题主要是供水不足、洪灾涝灾以及水土流失、河道淤积等，解决方案单纯依靠自然水循环过程进行调控。而现在的水问题，一是规模过大、资源有限、用水效率不高；二是水污染严重、河流黑臭；三是生态水被挤占及栖息地破坏。空间和时间上的末端治理问题突出。例如当前的洪涝防控，集中在位于产汇流末端的河道和平原低洼地区开展，且重点采用的是工程防控形式，未能从流域产汇流全过程的角度进行层层调控（夏方舟等，2018）。再如当前的水污染防治，集中在位于社会水循环末端的排水环节，未能从用耗水过程这一真正源头进行减排，亦未在用耗水工艺过程中进行层层拦截。这种空间上的末端治理模式加重了处理单元的压力，风险难以得到有效控制或疏解，并加大了系统的外部不经济性。

（7）流域生态连续性遭破坏

健康的流域应具有格局完整性、过程连续性和功能匹配性。流域生态格局的完整性表现在特定时空尺度下，内部生态功能体类型的齐全和相互之间的有机配置，流域格局完整性越高，其稳定性越好。流域生态过程连续性，表现在水流动时发生的泥沙和营养物的迁移、积累，以及陆地坡面与水域之间的物质与能量交换等生态过程连续通畅，上游供体为下游受体提供生态功能，没有阻碍。流域生态功能是指生态供体在特定的生态格局和生态过程条件下提供生态服务的能力。对流域来说，除了关注为人类提供直接利用的水资源外，更要注重维持流域生态健康和安全所需要的多种功能，如保持土壤、涵养水源、调蓄洪水等，否则流域内生态过程与生态安全格局将受到威胁，上中下游区域之间的协调会被打破。如长江中上游由于过度放牧、陡坡地开垦、森林植被砍伐和湖泊湿地围垦等不合理的人类活动，流域内生态格局合理性被破坏，进而影响整个流域生态过程，并最终成为导致 1998 年特大洪水灾害的重要原因之一。

完整的水循环过程包括“大气—地表—土壤—地下”等垂向过程、“坡面—河道”等水平过程和“取水—输水—用水—耗水—排水—再生处理与利用—回归”等社会水循环过程。以往的垂向水循环过程分属在气象、水利、农业和国土等不同部门管理，针对坡面调节和河道调蓄的相关技术导则，未能进行有机衔接；社会水循环更是分散在多个部门，且存在重复管理（郧文聚等，2018）。在流域层面，上下游、左右岸往往进行分离式的水问题治理，步调不一，未能充分遵循流域水循环的完整性。与此同时，将水循环过程、水生态过程、水化学过程和水沙过程进行分离式管理，未能充分融合多过程间的多向反馈作用机制，忽略了水循环是主循环和主驱动的客观事实，最终导致相关应对措施缺乏长效性。

4.1.4 国土综合整治与生态保护修复的转型趋势

以生态文明理念为指导思想。土地整治以“粮食安全”理念为指导思想，目的是增加耕地数量、提升耕地质量，兼顾追求节约集约、生态保护。而国土综合整治与生态保护修复是以新时代生态文明理念为统领，坚持生态文明战略举措，优化国土空间开发格局，全面促进资源节约，加大自然生态系统和环境保护力度，加强生态文明制度建设，统筹兼顾、整体施策、多措并举，全方位、全地域、全过程保护整治修复国土空间要素，系统治理“山水林田湖草”生命共同体。

更强调提升国土空间品质。土地整治的目标是土地的保护性开发，坚持“数量、质量和生态”三位一体，以粮食安全为引领，提升耕地数量质量。而国土综合整治与生态保护修复的目标是提升国土空间品质，其含义是在以人为本的基础上，因地制宜调整空间布局，选择最优的国土空间要素比配，提高区域资源利用效率，修复退化受损的“山水林田湖草”生态系统，打造宜居生活空间、宜业生产空间（郭仁忠，2019）。

对象涉及国土空间全要素。土地整治的对象是未利用、不合理利用、损毁和退化土地，虽强调“田水路林村”综合治理，但仍以耕地为核心。国土综合整治和生态保护修复的对象扩展到国土空间全要素，其内涵是国家主权管理地域空间内土地及其上的资源综合。整治修复对象涵盖“山水林田湖草”生命共同体之下的土地、矿藏、水流、森林、山岭、草原、荒地、海域、滩涂各类自然资源，也包括耕作农田、村庄屋宅、废弃矿山、城市景观、道路设施等非自然要素。

范围涵盖全地域、全流域。土地整治在国家重大发展战略背景下，针对生态问题、粮食安全问题区域，安排整治工程项目，但项目分散，整体性、系统性不足。而国土综合整治与生态保护修复以“四区一带”为基础，推进全地域、全流域整治保护修复，协调时间空间、统筹陆域海域、兼顾地上地下，“山上山下同治、地上地下同治、流域上下游同治”，形成纵向统一、横向联动、条块结合的格局。

更加注重整体施策、多措并举。土地整治关注工程技术手段，土地整治四大工程包括土地平整、农田水利、田间道路、生态环境保持。而国土综合整治与生态保护修复将破除单一的工程思维，更强调统筹兼顾、多措并举。在全域范围内以自然恢复为主、人工修复为辅，在保护优先的前提下，充分尊重自然规律，封山育林、育沙育草、补水保湿，发挥自然恢复的潜力。同时，将自然恢复与人工修复相结合，系统运用工程技术、农艺技术、生物技术、生态技术等整治修复手段解决自然恢复力不能及等问题（中国科学院可持续发展研究组，2000）。

投融资机制更具多样性和创新性。土地整治资金以财政资金投入为主，社会投入、金融投入为辅。财政资金通过一般公共预算安排，专项用于高标准农田建设、土地整治重大工程和灾毁耕地复垦等土地整治，主要来源于新增建设用地有偿使用费、土地出让金、耕地开垦费、土地复垦费和增减挂钩收益。而国土综合整治与生态保护修复将结合中央预算安排下的重点生态保护修复治理资金，探索多元融合的投资机制，多渠道筹集生态环保资金，鼓励政府与政策银行设立生态基金、发行绿色债券，激发利益相关者与义务人的内生动力，引导群众无偿投工投劳，形成整治修复投融资新机制。

4.1.5 国土综合整治与生态保护修复重点

空间结构调整与资源利用相互联系，整治修复制度体系建设是调整空间结构、修复生态系统的基础。以空间结构调整提升国土空间的适宜性，以高效利用资源提升国土空间承载力，在整治修复体系建设保障下，相互补充连接，提升国土空间质量。

以空间结构调整优化国土空间功能。空间结构调整针对国土空间的不合理利用和生态空间、生产空间、生活空间的矛盾冲突，以结构调整发挥国土空间有利作用，优化国土空间功能。主要包括两部分内容：一要化解国土空间结构布局矛盾，二要调配国土空间结构要素比配。在整治适宜性评价基础上，确定整治规划，划分重点整治区域，明确整治目标，调配空间自然、非自然要素比重，调整区域范围内生产、生活、生态空间布局。有针对性地实施城乡建设用地增减挂钩、耕地占补平衡；实施退耕还林还草还湿，退养还海；实施低效建设用地再开发，处置城中村、棚户区、搬迁低效工业用地；调整凌乱的居民点布局。最终优化国土空间功能，提升国土空间适宜性，满足人们对舒适生产生活和优美生态环境的需要。

以资源高效利用提升国土空间质量。资源高效利用是针对耕地、建设用地、矿山等自然资源和非自然资源的利用不合理、闲置低效等问题，在城市化地区处置闲置建设用地、盘活低效建设用地，促进高度城市化地区土地节约集约利用；在农村地区整治空心村、改造危旧房，调整农村居民点，提升农村建设区域空间利用效率，同时整理破碎田块形成粮食生产合力，整治坡耕地、贫瘠耕地、干旱、涝洼等生态脆弱型低等耕地，提升耕地的产量效益；在矿山资源开发集中区复垦再利用矿山废弃地，转用用途，还绿还林；在海岸带海岛地区调整海陆联结区域的土地利用结构，充分利用存量码头港口等闲置用地，提升空间利用效率。

以生态系统保护修复打造美丽生态国土。生态系统保护针对轻微受损的自然生态系统，主要通过封山育林、育沙育草、补水保湿、封育自然生态系统发挥自身生态恢复力。生态系统修复针对区域流域范围内严重受损、退化、崩溃的生态系统，包括矿藏、水流、森林、山岭、草原、荒地、海域、滩涂等自然资源系统。生态系统修复可概括为成层递进的五个部分：一是地貌重塑，包括地面沉降、塌陷的防治和整治，坡耕地宜耕条件的改善，侵蚀沟渠治理以及水源涵养区域的江湖连通，生态脆弱地区的石漠化治理和侵蚀海岸海岛岸线的整治；二是土壤重构，针对污染土地、盐渍化、沙化土地等生态脆弱性土地以及沿海地区滩涂围垦区土壤的整治；三是植被重建，通过生物技术种植绿色林草在城市化地区拓展绿地面积，在重要生态功能区种植防护林防止风沙侵蚀，在海岸带海岛地区修复退化红树林等植被生态系统；四是景观重现，改善或重构景观，打造“美丽乡村、绿色城市、绿色矿山、蓝色海湾”的景观格局；五是生物多样性重组，改善生态系统地貌、土质、植被、景观，打造适应生物生存繁衍的栖息地，使区域生物多样性提升。

以整治保护修复制度体系建设筑牢美丽国土根基。一是统一的国土空间整治修复规划与实施制度，以下一轮的国土整治规划为引领，以国土整治修复功能区为基础，以开发、整理、复垦、修复为手段；二是多元融合的资金投入保障制度，要协调财政、金融、社会保障资金来源，整合涉农资金，鼓励政府、银行、企业创立生态基金、发行绿色债券；三是统筹协调的组织管理制度，在全区域、全流域整治背景下，建立多部门统一领导的整治协调机构和统筹推进机制；四是权责明确的监督管控制度，旨在建立项目进展台账和责任制，开展经常性或专项督查，创新监测监管机制；五是奖补结合的生态补偿制度，对个人或组织在国土整治修复项目过程中的正外部性进行价值补偿，并以法律明确；六是公正严明的整治修复绩效考评制度，以新形势下整治修复成效指标体系为基础，创新监测手段，衡量整治修复效益和自然资源资产提升状况（中国科学院可持续发展研究组，2002）。

空间结构调整和资源高效利用两者相互联系、相互作用，空间结构调整成为资源高效利用的重要形式，资源高效利用成为空间结构优化调整的重要效果。整治修复制度体系建设是空间结构调整、资源高效利用、生态系统修复的基础和保障。以空间结构调整和生态系统修复提升国土空间的适宜性和美丽度，以资源高效利用提升国土空间承载力，拓宽国土空间功能及容量。在整治修复制度体系建设的保障和支撑下，三部分内容相互补充，相互联结，从而优化国土空间功能、提升国土空间质量、打造美丽生态国土。

4.2 国家公园与自然保护地保护

4.2.1 国家公园与自然保护地的发展历程

人与自然和谐共生的“天人合一”思想，是中华传统文化的主体，也是世界各国社会共同奉行的思想观念。19 世纪 70 年代随着第一次工业革命结束，较早完成工业革命的欧美国家开始探索建立各种类型的自然保护地，已有近 200 个国家和地区结合本国或本地区生态环境特点建立了各自的自然保护地体系。通过总结分析不同国家和地区建立的保护地体系特点，世界自然保护联盟 1994 年出版《自然保护地管理类型指南》，被国家社会广泛借鉴和参考。1872 年，为了保护独特的自然景观、生态系统以及濒危野生动植物，美国政府建立了世界上第一个自然保护地——黄石国家公园，也成为其他国家和地区建立自然保护地学习的成功范例（周睿等，2016）。因此，国家公园成为自然保护地体系的主要类型之一。

美国、德国、英国等国家形成了比较成熟的自然保护地体系，其中，国家公园是主要类型之一。在美国，自然保护地体系主要是国家和州两个层级，类型主要有国家公园系统、国家森林系统、国家荒野保护系统、野生动物庇护系统、国家景观保护系统、海洋保护区等 10 多种。在英国，自然保护地体系相对比较复杂，层级上涵盖了全球、欧洲、国家等 4 个等级，类型多达 30 多种，主要包括世界遗产地、国家公园、乡村公园、森林公园、林地公园、地质公园、敏感区、风景区和各种类型的保护区等。在德国，按照联邦自然保护法、各州自然保护法及有关国际协议，建立自然保护区、国家公园、景观保护区、自然公园、生物圈保护区、原始森林保护区、湿地保护区和鸟类保护区等各类保护地。自 1956 年建立第一个自然保护地——鼎湖山自然保护区以来，我国自然保护地体系逐步建立和形成（赵智聪等，2016）。

随着国家生态文明制度逐步完善，为了推进自然资源科学保护和合理利用、促进人与自然和谐共生，2017 年 9 月，中共中央办公厅、国务院办公厅发布了《建立国家公园体制总体方案》，国家公园是我国自然保护地体系的继承和发展，是生态保护协同管控制度的传承和创新。2019 年 6 月，中共中央办公厅、国务院办公厅发布了《关于建立以国家公园为主体的自然保护地体系的指导意见》，将逐步形成以国家公园为主体、自然保护区为基础、各类自然公园为补充的自然保护地分类系统。世界自然保护地管理和研究历经 140 多年发展，我国自然保护地管理和研究也历经 60 多年发展，经过历代生态保护相关领域学者的科学研究和成果积累，国内外学者在自然保护地的内涵界定、自然保护地监测评估、自然保护地治理体系、自然保护地文化等方面取得了丰硕的理论研究成果和管理经验。

4.2.2 国家公园与自然保护地的作用

国家公园是我国现有保护地制度的传承与创新。1956 年，我国在广东省建立了第一个自然保护地——鼎湖山自然保护区。历经 60 多年的实践和发展，我国自然保护事业发展迅速，形成了以自然保护区为核心，以风景名胜区、森林公园、地质公园、文化自然遗产为主要组成，以重点生态功能区、生物多样性保护优先区为重要补充的自然保护地体系，成为国家生态安全基本骨架和重要节点，各类保护地面积约占陆地国土面积的 50% 以上。随着生态保护力度的不断加大和分区分类管控政策的继续推进，国家正在实施的生态红线和国家公园战略，必将进一步丰富我国自然保护地体系，显著推进国家生态安全格局构建（王伟等，2016）。

“以国家公园为主体的自然保护地体系”的多元内涵。党的十九大报告指出，构建国土空间开发保护制度，完善主体功能区配套政策，建立以国家公园为主体的自然保护地体系。如何正确理解“主体”二字，是推动国家公园体制建设的关键之一。“以国家公园为主体的自然保护地体系”可以有着多元化的理解和内涵，可以是数量上的，也可以是面积上的，至少应该包括但不局限于“数量为主体、面积为主体、制度为主体”的内涵。一方面从不同自然地理分区或者生态分区角度，将代表性和典型性的区域划定为国家公园而实现国家公园在数量和面积的主体；另一方面从自然保护地类型或者管理制度角度，特别在国家公园建设初期，更应该体现以面积为主的特点。因此，在自然保护地规划建设中，只有充分尊重自然生态的分区分异规律和尊重自我恢复为主的生态修复模式，从数量、面积和制度三个方面着手形成“三位一体”的格局，才能真正构建起以国家公园为主体的自然保护地体系（彭琳等，2017）。

国家公园是区域生态保护协同管理制度体系的核心。按照“山水林田湖草”的理念，以自然地理为基本管控单元为主，摒弃同一地理单元建立不同类型自然保护地的割裂性保护方式，实现对区域生态系统及其生态过程的整体性和系统性保护。以中国武夷山地区为例，它是世界文化与自然双重遗产、世界生物圈保护区、全国重点文物保护单位、国家级自然保护区、国家森林公园、国家水利风景区、国家生态旅游示范区、国家重点风景名胜区等各类自然保护地。如何实现自然保护地管理制度的互补效应，构建形成以国家公园制度为核心、其他各类保护地体系为有效补充的生态保护协同管理制度体系，形成区域生态保护合力，是区域生态保护制度和以国家公园为主体的自然保护地体系建设的重大命题，存在两个关键点：一是按照国家公园是国家事权的基本原则，国家公园的全民所有自然资源资产所有权由中央政府直接行使或者委托省级政府代理行使。同时，逐步通过租赁、接管、赎买、征用等不同方式，实现国家公园土地所有权形式由国家所有和集体所有的混合形式逐步转变为国家所有的形式。二是建立国家公园协同管理机制和监督管理机制，明确中央和地方的责权利，明确自然资源管理部门和自然生态监管部门的责权利。

4.2.3 国家公园与自然保护地的问题

历经 60 多年发展，我国已经建立形成了包括自然保护区、风景名胜区、森林公园、地质公园、湿地公园等 10 多种类型的自然保护地。自然保护地为保护我国生物多样性、自然景观、自然遗迹，维护国家和区域生态安全，保障经济社会可持续发展发挥着重要的作用。但是，由于缺乏顶层设计和统一规划，我国自然保护地建设和管理中存在三大主要问题：一是种类多、数量大，彼此缺乏有机联系；二是范围交叉重叠、多头管理、权责不清、生态系统完整性被人为割裂等；三是保护与开发利用矛盾日益突出。《建立国家公园体制总体方案》要求，以加强自然生态系统原真性、完整性保护为基础，以实现国家所有、全民共享、世代传承为目标，理顺管理体制，创新运营机制，健全法律保障，强化监督管理，构建以国家公园为代表的自然保护地体系（李博炎、李俊生，2017）。国家公园在管理过程中，可以较好地处理保护与开发之间的关系，在保护生态环境的前提下有效推进资源可持续利用。尽管国外各类自然保护地的管理职能也存在交叉重叠现象，但是不同管理制度之间衔接和协调性较好，国家公园管理理念、数量和面积在自然保护地中都占据着优势地位，生态保护与社会经济的协调发展程度相对较高，因此值得借鉴。

4.2.4 国家公园与自然保护地的保护措施

党的十九届四中全会通过的《中共中央关于坚持和完善中国特色社会主义制度推进国家治理体系和治理能力现代化若干重大问题的决定》提出，“构建以国家公园为主体的自然保护地体系，健全国家公园保护制度”。这标志着我国国家公园体制试点进入了新阶段。党的十八大以来，我国先后选择三江源、东北虎豹、大熊猫、祁连山、神农架、武夷山等10个国家公园体制试点区，试点工作取得阶段性成效。建立国家公园体制，并非是在原有自然保护区基础上建立几个国家公园，而是突出“尊重自然、顺应自然、保护自然”的生态文明理念，通过“试点先行、重点突破、带动全局”的思路做好系统整合、利益均衡与部门协同，根除“九龙治水”顽疾，以国家名义推进自然资源科学保护和合理利用，促进人与自然和谐共生，推进美丽中国建设（黄宝荣、马永欢，2017）。

第一，应该坚持生态保护第一、坚持国家代表性、坚持全民公益性作为我国国家公园体制建设的三大理念，既是总体要求，也是衡量国家公园体制是否成功的标尺。《建立国家公园体制总体方案》明确提出国家公园的三大理念。坚持生态保护第一，就是要保护国家公园自然生态系统的原真性、完整性。这是建立国家公园的根本目的，这要求国家公园的管理始终突出自然生态系统的严格保护、整体保护、系统保护，把最应该保护的地方保护起来。坚持国家代表性，指的是国家公园代表国家形象，是国家名片，只有生态价值最高，原真性、完整性、代表性最高的地区才可建立国家公园。这是建立国家公园的基本前提。作为国家名片，从管理上就要求国家公园的管理主体是国家、管理责任在国家、管理标准高起点。坚持全民公益性，就是指国家公园为全民共享。这是建设国家公园的发展方向，也就要求国家公园的管理要以人为本，在生态保护的同时提高社会效益，鼓励公众参与，调动全民积极性（马允，2019）。国家公园的三大理念从根本目的、基本前提、发展方向三个维度提出了国家公园建设与管理的总体要求，国家公园管理体系要从落实三大理念出发，开展系统完整的制度设计，避免国家公园异化为经营“公园”，由公益性转变为营利性，由国家标志蜕变为地方经济增长点，甚至成为私营资产。

第二，统筹制定系统完整的国家公园管理制度体系。国家公园管理体系需要从布局、建设、管理等方面统筹制定，全面落实“三大理念”的总体要求，让国家公园真正成为全民共享、世代传承的自然资产。一是加快研究制定国家公园设立标准和空间布局，这是落实国家代表性的重要环节。在建立我国自然保护地体系的基础上，明确国家公园准入条件，研究提出国家公园总体布局，制定国家公园建设与发展规划，确定每个国家公园的建设目标。二是加快建立国家主导的管理机制。国家公园由国家确立并主导管理，避免出现以往自然保护地“划而不建、建而不管、管而不力”的问题，体现国家所有、全面共享。三是建立以财政投入为主的多元化资金保障机制。这是立足国家公园的公益属性的必然要求。合理确定中央与地方事权划分，通过财政经费保障国家公园的保护、运行和管理。四是建立以社区共管为重点的公共参与机制。推动当地居民和社区发展与生态保护相协调，是以往我国自然保护地建设面临的一个重要难题，也是影响保护成效的重要因素。国家公园的保护、建设、管理、运营，需要考虑创新社区共管机制，让社区共同参与保护国家公园周边自然资源，引导社会共同参与国家公园保护（吕忠梅，2019）。

第三，提高对国家公园的重视程度。国家公园体制是中央对我国新时代生态环境保护做出的重大决策部署。就目前来看，我国已经试点的国家公园，分布在我国生物多样性丰富的区域。例如，三江源是长江、黄河、澜沧江的发源地，也是亚洲最重要的生态安全屏障和全球最敏感的气候启动区之一。祁连山和秦岭地区是中国重要的生态功能区、西北地区重要生态安全屏障和水源涵养地。因此，各地应提升对国家公园试点工作的理解和认识，相关部门应主动研究国家公园规划设计、发展路径以及需要完善的法律法规，从国家工作大局尤其是中华民族永续发展的高度出发，实现经济发展与生态环境保护的共赢，给子孙后代留下足够多的自然遗产（彭建，2019）。

第四，及时完善国家公园法律法规。目前，我国国家公园管理的法律法规体系尚未建立，建议借鉴先进的国际经验，适时出台国家公园管理方面的专门性法律法规和具体实施办法，推动国家公园管理的法制化、规范化。例如，应完善国家公园内行政执法制度，创新联防联管机制。目前而言，国家公园的行政执法是有林政执法资格的工作人员和森林派出所民警共同承担，执法人员远远不够。国家公园周边的社区居民应该是行政执法的参与者，通过建立网格化的管护机制，让护园监督成为社区居民日常生活的一部分，形成人人参与、人人负责的监督机制，创新国家公园行政执法联防联管机制。又如，应完善经济补偿机制。国家公园内往往有一部分原住民，应充分考虑他们的生产生活发展，解决实际困难，完善经济补偿机制。如有必要，可适时考虑建立一部国家公园法。

第五，建立健全国家公园奖惩制度。从国家层面来讲，应建立国家公园管理评价制度。每隔几年，国家可评选表彰一批工作突出的单位和个人。同时，在国家公园系统内，应建立一套国家公园入园人员信息管理系统。这套系统应能够实现所有国家公园互联网共享，能监测园内人员的实时情况。此外，还应探索建立公众入园行为奖惩档案，实现公众一次性注册个人信息，做到所有国家公园通用，鼓励公众通过做义工等形式换取免费入园游憩、学习的机会，并且对破坏园内生态环境的人，将有条件地限制其入园（杨月等，2019）。

第六，系统构建国家公园生态风险防范体系。国家公园的自然生态环境系统具有高度的脆弱性和敏感性，以前的自然保护和开发利用过程中积累一些生态环境问题，各类自然生态破坏及环境污染频繁发生，其表现形式多样：人为活动破坏、自然灾害胁迫、气候变化影响、水气土壤污染、水土流失、生态退化、公园群体事件等。造成这些问题的根源也十分复杂：公园周围居民生活、公园内部及周围资源开发、公园游客行为等。国家公园的生态环境风险具有高度的多样性、复杂性和区域性，逐渐累积的生态环境风险不容无视。习近平总书记指出：要把生态环境风险纳入常态化管理，系统构建全过程、多层级生态环境风险防范体系（王金荣等，2019）。因此，国家公园的生态环境风险防范是一个系统和完整的体系，按照自然生态系统整体性、系统性及其内在规律，从单一风险防范向综合生态环境风险防范转变，减轻生态风险向提高风险防御能力转变，全面提高园区生态风险防范能力及应对模式。建立国家公园生态风险评价标准体系，围绕“风险源—生态受体—生态终点—暴露性—风险表征”等方面加强园区生态风险评价。建立全过程多层级的国家公园生态风险防范管理体系，加强国家公园的整体保护、园区监管、综合治理、系统修复、风险评价、风险预警和风险防控（陈剑波、刘古月，2019）。

4.3 城乡自然生态环境的保护与修复

4.3.1 城乡自然生态环境的内涵

城乡生态环境一体化研究的对象是关于城市和农村如何统筹生态环境建设，

这是城乡一体化的重要内容。城乡生态环境一体化建设是要把城市与农村的生态环境视为整体，要明确城乡之间资源利用以及环境建设等多方面的异同之处，对于相似的部分要采取措施共同管理，而对于出现的不平等现象要想办法解决、弱化，从而达到城乡生态的稳定均衡，不断改善生态环境。城乡生态环境一体化的核心是：确立生态优势在促进经济社会可持续发展、改善人民生活条件等方面的主导作用，以期能够加快城乡一体化的步伐。把城乡生态环境建设和保护结合起来的关键在于抛弃那种发展经济必然破坏环境的思想，要充分融合与协调经济与生态环境的关系，实现可持续发展（杨维友，2019）。而对于城乡生态环境建设来讲，整体性原则要求我们把城乡生态系统放在一起规划，共同建设良好的生态环境，对于区域协调发展是非常重要的。

总而言之，城乡生态环境一体化的含义是：城市与农村在生态环境的结构、功能、质量以及环境保护系统的投入、管理等方面实现平衡发展，主要包括由城市与农村特有的生产方式和生活方式决定的生态环境结构及质量一体化，以及由政府主导的对城市与农村环境保护和污染治理的政策及投入一体化，从而达到城乡环境污染治理科学合理、城乡节能减排顺畅、城乡生态绿化发展、城乡生活环境良好的和谐状态。

4.3.2 城乡自然生态环境一体化的原则

城乡生态环境建设需遵循以下三条基本原则：公平性原则，城乡生态融合发展、相互合作原则，生态环境保护与经济社会发展相协调的原则。

（1）公平性原则

城乡生态环境建设的公平性原则主要体现在三个方面：政策制定的公平性、资源配置的公平性以及城乡居民环境权利的公平性。其中，政策制定的公平性是指政府在进行城乡生态环境规划和建设过程中，制定的政策应该基于城乡发展的实际情况，政策制定不偏向于城市地区，要给予农村建设同等的重视程度和政策支持。资源配置的公平性是指在配置资源过程中，应持着无地区差异、无贫富之分的准则，将社会公共资源平等分配给城市和农村。城乡居民环境权利公平性是指无论是城市居民还是农村居民，都应拥有同等的生存权和对环境资源的支配权。城乡生态环境建设公平性原则的本质是：运用生态系统连接城市居民与农村居民、城市地区与农村地区，不能够只考虑城市环境而不管农村地区，应该持有共同发展的理念，在生态环境建设过程中给予城市和农村同等待遇，从而推进美丽城市与美丽乡村建设一体化（宋惠芳，2016）。

（2）城乡生态融合发展、相互合作的原则

城乡生态融合发展是城市与农村地区基于生态补偿机制而形成的一种生态环境发展状态，是以不破坏城乡生态平衡为前提，尊重自然、保护自然，并且采取科学合理的措施进行城乡生态合作，进而能够获取城乡所需的正当利益。快节奏的城市在加强自身经济建设的同时，不能过度开发利用自然资源，应该注重城区生态环境的保护，要保存一定的生态绿地以增强环境承载能力；慢节奏的农村地区在发展乡镇企业的同时，更应保护好本地区优良的自然生态环境。在城乡一体化进程中，城市和农村都要注重自然资源与环境承载力的关系，实现城乡生态融合发展，协调人和自然的关系（孙加秀，2009）。

（3）城乡保护生态环境和促进经济社会发展互相协调的原则

城乡一体化涉及多个方面，经济发展一体化是其中重要的内容，而生态环境的一体化能为经济发展一体化提供重要的生态保障。在推进经济社会发展的同时，必须把生态环境的保护工作协调统一来进行。如果不考虑环境而盲目地进行经济扩张，会导致经济发展的不可持续性甚至最终衰败。因此，首先要提高城乡居民的环保意识，在经济活动中时刻不忘环境保护；其次，一旦所开展的经济活动对环境产生负面影响，要负责任地采取相应的措施进行污染治理；再次，城乡要充分利用自然资源及社会资源，提高资源配置的效率；最后，在规划城乡经济布局时，要将经济活动的环境成本考虑在内，加强对生态环境的优化，使生态系统更加稳固（侯伟，2009）。

4.3.3 城乡自然生态环境保护的规划

城乡环境保护规划是城乡规划的重要组成部分，它是城乡总体规划中在城乡的性质、规模、发展方向的基础上，依据对城乡环境质量现状的调查分析所制定的以保护人类的生存环境、减少污染、节约资源为目标的规划体系。城乡环境保护规划应进行以下几个方面的工作。

（1）环境的保护

划定城乡集中式饮用水源保护地，加大保护力度，确保饮用水源的水质达到国家标准。加强农药、化肥的安全管理，推广高效低毒和低残留化学农药，防止不合理使用化肥、农药、农膜和超标污灌带来的化学污染和面源污染，保证农产品的安全。控制规模化畜禽养殖业的污染，鼓励建设养殖业和种植业结合的生态工程。加大农业面源污染控制力度，鼓励畜禽粪便资源化，确保养殖废水达标排放。禁止在公路、高压输电线及人口集中地区焚烧秸秆，推广秸秆汽化、还田等综合利用措施（汤飞，2014）。

（2）土地资源开发利用的生态环境保护

为保护基本农田保护地，对土地承包者明确生态环境保护的责任，冻结征用具有重要生态功能的草地、林地等，重大建设项目尽量减少占用林地、草地和耕地，防止水土流失和土地沙化。

（3）水资源开发利用的生态环境保护

在水资源开发利用时，应统筹兼顾生产、生活和生态用水的综合平衡，坚持开源节流并重、节流优先、治污为本、科学开源、综合利用。严禁向水体倾倒垃圾和建筑、工业废料，加快集镇（村）污水处理设施、垃圾处理设施的建设（萧敬豪，2014）。

（4）植树造林，改善生态环境

要切实搞好各类水源涵养林、水土保持林、防风固沙林、特种用途林等生态公益林。对毁林、毁草开垦的耕地和造成的废弃地，要按照"谁批准谁负责，谁破坏谁恢复"的原则，限期退耕还林、还草。加强森林防火和病虫害防治工作，努力减少林业资源灾害性损失，大力发展科技，利用可再生能源技术，减少樵采对林木植被的破坏。

（5）保护生态环境

城乡域内停止一切导致生态功能继续退化的开发活动和其他人为破坏活动。改变粗放生产经营方式，走生态经济发展道路。各类自然资源的开发，必须依法履行生态环境影响评价手续，资源开发重点建设项目，应编报水土保持方案，否则一律不得开工建设。

4.3.4 城乡自然生态系统保护的发展现状

"环境保护"是当今社会发展关注的热点话题，据调查显示，现今社会面临着环境污染严重、生态环境失衡等问题，粗放型经济的发展以透支生态环境为代价，使绿色草原变成荒漠，河流湖泊遭到污染，地下水污染及空气污染对人们的健康造成严重的影响。自然灾害的发生对人类社会造成的危害是触目惊心的（曹雅楠，2014）。针对城乡生态环境现状，我国采取了相应的保护措施，如严格控制农药化肥的使用量，禁止焚烧秸秆，禁止私自占用具有生态功能的湿地及林地，科学处理城市生活垃圾，建立天然防护林等。但是这些举措在实施过程中效果并不明显，具体原因如下：

（1）城乡生态环境的保护和修复思想落实不到位

很多城乡政府没有意识到生态环境保护的重要意义，将工作重点放在了城市工程建设上，建造了大量的城市广场、人造自然景观，不仅耗时耗力，还对自然环境造成了一定的破坏。

（2）缺乏完善的监管机制

经调查显示，很多城乡地区在城市规划过程中没有建立专门的监管部门，导致生态环境保护及修复措施在运行过程中偏离方向，出现问题时得不到有效的解决。

（3）部分地区环境保护机构的不健全

由于农村及城镇缺乏生态环境保护方面的专业技术人才，城乡生态管理理念陈旧，没有建立健全相关机构，导致城乡生态环境规划过程中，各个部门之间不仅没有相互合作，而是相互推诿责任，使生态环境保护措施无法实施和推行，严重阻碍了城乡生态环境保护及修复工作的顺利进行。

（4）城乡生态环境破坏严重，导致自身效能低下

由于各地方政府长期对生态环境的不重视，导致我国很多地区的生态环境遭到严重破坏，即便采取修复措施进行治理，也无济于事，生态环境的恢复过程仍旧十分缓慢。

4.3.5 城乡自然生态环境保护中存在的问题

（1）城乡生态环境保护与修复的宣传工作不到位

城乡生态环境保护需要全民与全社会的参与，因此宣传工作不到位会使得城乡居民的相关意识难以明确地树立，从而对于城乡生态环境保护与修复的工作重视程度不足。意识不明确，城乡居民与企业在行为中对生态环境保护以及环境修复也缺乏有效的促进措施，因此对城乡一体化的建设程度配合有所不足。

（2）相关的机构设置存在问题

在城乡的生态环境保护与建设中，需要有专门的部门负责，并且在其之下设立相关的下属机构，执行各种细节性的工作。然而，由于目前我国各个地区之间的发展不平衡，行政工作水平之间也存在着差异，难以应用统一的标准对工作进行限制于规定。因此，在一些地方中，相关的机构设置存在着问题，需要因地制宜。

（3）某些地区保护与修复难度高

在一些地区的经济发展中，以环境的牺牲作为经济发展的条件，因此，在相关的治理制度出台，治理意识发展之前，地区就面临着较为严重的环境问题。在目前的条件下，地区的经济发展依然需要利用原有的发展基础，这将会造成持续的环境破坏，这使得地区在发展中面临着经济建设与环境建设之间的矛盾。同时，由于在发展的前期地区对环境的破坏较为严重，因此在修复中也面临着技术的难题（陆翼，2013）。

4.3.6 城乡自然生态环境保护的修复策略

（1）加强相关的宣传工作

在城乡的生态环境保护中，需要对宣传的工作进行关注，使得城乡居民以及各个单位、企业，能够从意识中对城乡的生态环境修复工作进行重视。在城乡的生态环境保护工作宣传中，需要应用合理的策略。可以拍摄相关的宣传纪录片，对城乡环境污染的危害进行宣传，同时，在其中指出人们在日常的工作与生活中需要以怎样的具体方式，支持城乡生态环境的保护与修复，例如，应用自行车与公交车等代替私家车等类似行为（邵荷花，2017）。此外，在宣传的过程中，需要重视城乡之间存在的差别，应用统一的理念以及不同的方式，对生态环境的保护进行宣传。在相关的理念宣传上，需要应用先进的理念内容，使得相关的环保工作以及工程中应用理念能够得到普及。运用可持续发展的理念，将对自然界的尊重及规律结合到环保工程的规划设计中，从生态环境保护和修复的角度对工程规划加以补充和具体化。

（2）进行全面的工作机构与监督机构设置

在工作机构的设置，需要重视工作机构与监督机构的同步设置。监督机构能够保证工作机构，在工作中能够按照相关的标准，提升自我工作的执行能力，使得工作能够与工作的目标设定之间更为吻合。在一些乡村地区的生态环境保护工作中，由于环境保护与经济发展之间存在冲突，将会给乡村民众的经济生活带来一定的不良影响（周兰，2011）。同时，在城乡地区的企业中，也将会受到相关的影响。因此，无论是在退耕还林等乡村地区的环境保护与修护中，还是在企业的污染治理中，都需要给予相关的利益损害者以一定的赔偿。这样能够使得地区经济的发展与环境保护之间存在的矛盾得到缓和。在这个过程中，全面管理相关事务的工作机构，对相关问题的解决具有直接的影响。在地方性的机构设置中，需要参考不同地方的发展状况，进行灵活的地方机构单位设置，能够使机构做到事有所管，责有所追。

（3）应用先进的技术，对严重地区的污染进行治理

在环境的治理中，地方需要与中央的决策保持一致，应用严格的标准对地区的经济发展进行管理。在地区的经济发展中，需要对环境的保护进行优先的考虑，及时制止以环境破坏作为代价的生产行为，责令其在有限的时期内进行整改，在整改不合格以及环保技术不达标的状况下，需要对企业责令停止经营。同时，需要关注环保技术的研究与发展，及时引进相关先进技术，促进地区环境保护技术与环境保护整体水平的提升。在治理污染的过程中，环保技术的应用依然具有极高的价值，需要对此进行重视。促进企业的生产与研究的结合，应用企业的内部力量解决其内部的环境污染问题，这种方式能够促使企业进行更为主动的转型（罗志勇，2013）。此外，全国资源型城市通过采取产业延伸、产业更新、产业复合等多种模式，积极推进产业转型，经济增长对采掘业的依赖逐步降低，产业结构不断优化，接续替代产业得到进一步发展。产业的多元化发展，推进了经济结构的优化，对城市经济发展的带动力不断增强。同时也能够应用环保型的经济产业，代替原有的地区中污染的产业，对地区经济的发展具有重要作用，能够兼顾生态文明与经济建设。

（4）调整城乡环境政策

当今的生态环境政策已经不能适应社会发展的需求，适当地调整城乡环境政策很有必要，树立和落实科学发展观，统筹全局、突出重点，因地制宜地制定适合城乡生态环境发展的政策。统一城乡环境保护设施，根据城乡二元结构特点，结合创建新农村的具体要求，对污水排放设施进行科学、合理的布局规划，建立垃圾中转站，对污染物及排放物进行集中化处理和排放，确保基本服务设施配套化、均衡化。对城镇及乡村的生态功能区域进行定位划分，合理布局自然环境保护区域、天然林保护区域、城市绿色屏障、名胜风景区、水资源保护区等，积极发挥各生态功能区的作用（方创琳、方嘉雯，2012）。对税收政策也要进行适当的调整，建立和完善合理的环境价格体系，对企业生产加工过程中造成的水污染、空气污染、排放物及固体污染等现象征收一定的污染税，对浪费自然资源及能源征收资源税。

（5）建立健全生态环境保护机制

①优化城乡生态资源能源配置，建立健全生态环境补偿机制。生态环境补偿

机制的不完善，会导致生态环境的保护者及破坏者、受益人与受害人之间的权利、利益、责任不统一，保护者不能有所回报、受害人不能有所补偿。因此，必须建立健全环境保护机制，根据生态区域分类指导原则，推行国家重点补贴退耕还林还草、天然林保护等生态项目；部分企业开发重要生态功能区征收生态补偿金，专项用于修复和保护一系列生态环境问题；国家对重要生态项目给予政策、制度、资金上的大力支持（李雪娇，2018）。

②完善环境保护管理机制。加强环保部门与相关部门、社会各方的协调配合工作，建立各部门之间的协调机制。

③加强生态环境保护的执法力度。严格执法、依法办事，追究责任制，做到“有法可依，有法必依，执法必严，违法必究”。

④建立环境监测预警系统。整合城乡生态资源，建立城乡一体化的生态环境监测预警系统，全面掌握生态环境的变化和发展趋势，推进城乡的可持续发展。

（6）必须抓住科学编制的关键环节

目前进入新一轮城市总体规划修编期，各地正在组织编制建制镇规划和村庄整治规划，组织好规划编制是建设系统的责任。解决城乡规划编制问题的关键，是按照党中央要求，全面贯彻落实科学发展观，进一步转变发展观念，在方法上研究完善城乡规划指标体系，明确约束性指标和强制性内容，将其作为规划编制和实施的“铁律”。能源、水资源、土地资源节约利用和保护等资源指标，环境设施建设、环境质量等环境指标，是一个地区经济社会发展的限制性条件，应当作为强制性内容。同时，规划编制中要落实控制性的“四线”等管理制度，这是科学编制城乡规划的最基本要求。建立完善的规划实施组织机构、管理体系和法律架构。应建立专门的实施生态城市建设规划的组织机构，负责规划的分解、执行、建成、考核、协调和调整。规划实施的管理体系建设应包括行政管理、监督管理和协调管理三个方面（赵婉伊，2015）。在规划实施的行政管理体系中，各级政府是规划实施的主要领导者、组织者和责任承担者；规划实施的监督管理主要由环境保护职能部门进行，依据法律和环境保护管理制度来实施规划；在规划实施过程中必须注重各部门和各地区间的行动协调，主要体现在任务分配、资金筹集与投放、环保实施的建设与运行等方面。加快政府职能转变和管理体制创新。强化政府在规划建设方面的综合协调能力。建立部门职责明确、分工协作的工作机制，做到责任、措施和投入“三到位”。切实解决地方保护、部门职能交叉造成的政出多门、责任不落实、执法不统一等问题。《城乡规划法》则在目前的上报审批程序之前增加了一道程序，以后一级政府在制定规划后，首先要经过本级人大常委会审议；在向上级人民政府上报审批时，要同时将本级人大常委会对规划的审议意见上报。另外，城乡规划效能监察也是一种有效的途径和方式。制定规划须充分听取民意。公众有参与城市规划的编制和实施的权利，有助于维护城市公共利益，实现公共利益和个人利益的平衡。新的《城乡规划法》中明确增加了一些规定，城乡规划在报请审批以前，规划编制机关应当依法将城乡规划予以公告，采取论证会、听证会或者其他方式征求专家和公众的意见，公告的时间不得少于 30 天。通过这种公民的有序参与，使规划具有民主性，可以大大地推进规划的科学性，同时可以更好地保证规划的执行（魏玲，2014）。

4.4 受损污染场地修复与再生

4.4.1 污染场地的定义

污染场地概念的界定对于污染场地的管理至关重要。为了规范污染场地的识别、监测、评价、修复和管理，大多数国家对污染场地的概念都做了较为明确的界定。美国环境保护局基于《超级基金法框架下的场地调查技术指南》对污染场地的定义为：因堆积、储存、处理、处置或其他方式（如迁移）承载了危害物质的任何区域或空间；加拿大标准协会认为污染场地是：因危害物质存在于土壤、水体（包括地下水、空气等环境介质中，可能对人体健康或自然因素，如土壤、水体、土地、建筑物）产生负面影响的区域；荷兰在其《土壤保护法》中定义为：已被有害物质污染或可能被污染，并对人类、植物或动物的功能属性已经或者正在产生影响的场地（陈怀满等，1999）。

尽管各国关于污染场地的基本概念有所不同，但都直接或间接包括了两层含义：一是污染场地指一个特定的空间或区域，具体包括土壤、地下水、地表水等；二是特定的空间或区域已被有害物质污染，并已对空间或区域内的人类或自然环境产生了负面影响。

4.4.2 受污染场地的分类

（1）按照污染产生的原因分类

①由环境污染事故造成。在我国社会和经济快速发展、城市规模不断扩大的现状下，也意味着环境污染事故的发生进入了频发和高发期。由于这类事故无法

预知其发生的时间和地点，并且污染物的排放途径和方式不固定，因此，该类事故具有发生突然、扩散迅速和难以控制等特点，从而造成此类型污染场地危害程度大、破坏能力强（陈平、程洁，2004）。有关资料显示，1992—2006年，平均每年发生1905起环境污染事故，对区域环境、公众健康、社会经济带来了巨大的损失。

②长期积累产生的污染场地。在人类日常的生活和生产活动中会产生大量的污染物，这些污染物经过一定的途径和方式，在场地中经过长期积累，会使场地土壤质量下降，还可能引起地下水水质恶化。污染物主要通过四种方式迁移进入场地：一是工业生产中排放的大气污染物，受到重力的作用，沉降到地面；二是生产排放的废水含有污染物转移进入土壤；三是固体废物经雨水淋溶作用，污染物被释放出来直接进入土壤造成污染；四是在生产过程中，因“跑、冒、滴、漏”而造成场地污染。由于污染物在土壤中的迁移较慢，转化过程漫长，积累后造成污染（初娜等，2006）。因此，这类污染场地普遍污染程度较高，而且分布相对集中。

（2）按照污染物类型划分

①重金属污染场地。重金属是土壤环境中具有较强潜在危害的污染物。目前，国内耕地面积受重金属的污染达25万平方千米，每年的粮食产量都因此损失达1200万吨，经济损失100多亿元。我国主要重金属污染物有铅、铜、镉、络、钴、砷、锌等。由于重金属可以被生物吸收利用，并在体内富集，所以，该类型场地的危害具有隐蔽性、长期性、传递性的特点。

②有机物污染场地。此类场地主要的污染来源于农业生产中使用的农药和化肥、再利用的污泥和污水、工业“二废”中的有机化合物、挥发性有机物的沉降。其中，工业有机化合物和农药占有较大比例。

③复合型污染场地。复合型污染场地是指场地中包含两种或两种以上的污染物，由于污染物类别的多样性，复合污染也有多种类型，目前我国复合型污染场地主要有重金属复合污染、重金属有机物复合污染以及有机物复合污染等，多是由于工业生产和矿产开发而造成的。由于多种污染物的交互作用，使得复合型污染的机理更加复染，增加了研究和修复的难度（川林力等，2000）。

4.4.3 受污染场地的特征

（1）工业污染场地明显增加

在城市化发展过程中，因发展规划的要求，化工、钢铁、冶金、机械制造等企业和工厂将集中进入工业园区。在长期的生产过程中，这些场地多会受到生产源、辅材料、产品和副产品的污染，见报道中的污染物有重金属、多环芳径、苯系物、代径、农药等物质，污染土层深度可达数米至数十米，同时，地水也存在受到污染的情况。这些工业地可能会转变土地利用类型，成为绿化、娱乐等公共用地，或者建成住宅社区，将会对城市环境和居民健康造成危害（弓俊微、张胜涛，2010）。近年来，随着我国环境保护力度和公民环保意识的增强，潜在的土壤污染问题逐渐显露，工业场地受到污染的报道显著增加。

（2）金属矿土壤污染逐渐凸显

我国目前已开发的矿山超过4000个，位居世界第二。随着矿产资源不断地被开采、加工和冶炼导致生态被破坏，现今我国的污染问题十分严重。在采矿、冶炼的过程中及尾矿淋溶使得矿区的土地受到污染，如果受到重金属、有机物和酸碱物质等联合污染，危害程度将更加严重。20世纪90年代，我国每年因采矿造成的废弃土地面积达330km^2。据估计，全国受采矿业影响的土地面积约有30000km^2，其中，农村地受影响的土地约占总面积的1/3，不容小觑（谷庆宝、颜增光，2007）。

（3）采油区土壤污染普遍存在

采油区的土壤污染是指长期被原油、油泥以及石油废水等污染而导致的土壤结构与土壤性质的改变、植被的破坏、土壤酶活性降低、微生物群落改变、水体被污染等，对土地的使用功能带来严重的影响，还有环境风险和生态的健康问题。石油类污染物种类繁多、结构复杂，主要包括烧烃、多环芳烃、苯系物、酯类等，其中有多种被认定为优先控制污染物，我国石油污染土地约占采油区面积的20%～30%。

（4）其他场地污染逐步显露

从20世纪60年代开始，中国就有了铀矿开采和加工，核工业也随之发展起来，从而出现不少铀矿区和核试验区，还有核废料处置场地。这类场地使用大量放射性物质，因而存在着一定的辐射风险，由于我国的核工业迅速发展，加大了矿产开采、核原料加工、核燃料处置等，这些环节对场地环境造成严重的辐射危害。同时国家核电装机容也在不断增长、核废料数最也在增多。对于这些污染的逐步显露，急需实施安全处理。我国拥有世界上最多的稀土储量，现实的迫切需求是对稀土和其废弃物堆放场地安全处理（郭朝晖和朱永官，2004）。

4.4.4 受污染场地的修复

（1）污染场地常用修复技术简介

土壤是生态环境的重要组成部分，是人类赖以生存的物质基础。近年来，随着工农业的迅猛发展，土壤污染问题日益严重，不仅导致土壤功能的退化，农作物产量和品质的降低，同时还会通过径流和淋洗作用对地表水、地下水造成二次污染，对人类健康产生巨大危害。因此，对污染土壤进行修复治理势在必行（表 4-1）。

污染场地土壤常用修复技术简介　　表 4-1

技术名称		技术要点
物理修复技术	换土法	把污染土壤取走，换入干净的土壤，并妥善处理换出的土壤，以防止二次污染；包括换土、去表土、客土和翻土四种方法
	物理分离修复技术	利用土壤介质和污染物的粒径、摩擦、密度、磁性和表面特性等物理性质差异，将污染颗粒从土壤胶体上分离出来；一般作为初步的分选手段，减少污染土壤的体积，最大限度地去除颗粒状污染物
	固化修复技术	将污染土壤和一些固化剂（如水泥、沥青等）混合，混合物变硬、变干，转化为结构完整且稳定的固态体，从而将污染物封装在其中
	玻璃化技术	土壤加热，污染物热解或蒸发去除，熔化后污染土壤冷却后形成惰性玻璃体
	电动修复技术	插入电极，施加低压直流电形成电场，污染物向电极区富集，进行回收处理
	电热修复技术	用蒸汽、无线电波、高频电压和红外辐射等对土壤加热，污染物从解吸出来，收集回收处理
	土壤蒸汽抽提技术	清洁空气注入污染土壤，负压驱使空气解吸有机污染物，后收集再处理；包括原位和异位两种
	冰冻土壤修复技术	无害冷冻剂溶液输送入管道使水分冻结，形成地下冻土层以容纳土壤或地下水中重金属、有机污染物和放射性污染物，防止扩散迁移
	高温处理技术	焚烧法（高温 970～1200℃）和等离子体高温（1500～1600℃）回收金属和有机气体
化学修复技术	化学淋洗技术	水力压头推动淋洗剂注入被污染土中，再将已溶解和迁移了污染物的液体抽提出来，进行分离和污水处理；包括原位和异位两种
	固定 / 稳定化修复技术	加入固定 / 稳定化剂，调节改变污染物在土壤中的物理化学性质，将污染物转化为难溶、低毒的物质；包括原位和异位两种

续表

技术名称		技术要点
化学修复技术	溶剂浸提技术	利用溶剂将有害化学物质从污染土壤中提取出来或去除，一般为异位处理
	原位化学氧化技术	向土壤注入化学氧化剂，发生氧化反应，使污染物降解或转化为更稳定、迁移性更弱的无毒或低毒化合物
	原位化学还原技术	利用还原剂将土壤或地下水中的污染物质还原为难溶态物质，降低其迁移性和可利用性
	土壤性能改良技术	通过改良剂来降低重金属、有机污染物的水溶性、迁移性和生物有效性，从而降低它们进入植物体、微生物体和水体的能力，减轻危害
生物修复技术	微生物修复技术	通过为土著微生物或外院微生物提供最佳营养条件和必需化学物质，保持其代谢活动的良好状态，将污染物分解并最终去除
	植物修复技术	利用植物对土壤中污染物吸收、富集、转移和降解作用来修复土壤；包括植物提取、植物稳定、植物挥发和植物降解等模式

污染场地土壤的修复技术是当今环境科学与工程领域的重点研究内容之一。近年来，污染场地土壤修复技术的发展速度很快，已形成很多不同种类的技术方法。根据修复原理可分为物理、化学和生物修复技术，这种分类方法只是相对的，因为在土壤中所发生的反应一般都十分复杂；根据修复处理工程的位置可以分为原位修复技术与异位修复技术（熊严军，2010）。

（2）污染土壤修复技术的研究和应用现状

①目前以美英为代表的欧美国家对污染场地的修复技术研究较多，已经形成较多实际可行的修复技术；而国内对污染场地的修复技术研究多处在实验室研究以及向实地规模研究过渡的阶段，与欧美等发达国家相比，还存在很大差距。

②大多数污染场地采用异位修复技术，原因是原位修复技术所处的环境受人为干预的程度相对较小，修复过程难以控制，修复周期较长，修复成功率要低于异位修复技术。

③目前应用广泛的异位/原位修复技术主要包括：土壤蒸汽抽提技术（SVE）、固定/稳定化技术、热解吸和生物修复。其中生物修复技术被视作为未来污染土壤修复技术的发展趋势，因为与其他物理、化学技术相比，它具有成本低、技术安全、经济和环境双重效益等特点（袁建新、王云，2010）。

④从修复技术的应用成熟度来看，土壤蒸汽抽提技术、固定/稳定化技术、热解吸均比较成熟；生物修复中的生物通风、生物堆肥以及生物反应器技术也较

成熟，但植物修复技术还处在中试规模。

⑤从修复技术的投资成本来看，土壤蒸汽抽提技术、热解吸、生物修复和异位固定 / 稳定化技术一般都少于 100 美元 / 吨，而原位固定 / 稳定化技术则稍高，一般约为 345 美元 / 立方米（张胜田、林玉锁，2007）。

根据被修复的污染环境情况来看，目前生物修复技术主要用于土壤生物修复与水体生物修复。生物修复技术已成功地应用于清除土壤、污泥、地下水、工业废水、废物中的化学物质。能够用生物修复技术分解的化合物种类很多，其中石油、金属、多环芳烃、氯代烷烃、氯代芳香烃等受到了较多关注（张孝飞等，2005）。

（3）污染土壤修复技术评价

目前，国内外污染场地土壤修复技术种类繁多，优劣难辨，需要对其进行科学的评估，才能为修复技术的筛选和实际应用提供依据。污染场地土壤修复技术的评估需要通过调查参考大量实际修复案例，对技术的有效性、可靠性、经济性、应用前景、适用范围、技术和市场风险等诸多因素进行综合评估，而目前缺乏针对污染场地土壤修复技术的评估指标体系和方法。因此，国家有必要设专题全面系统地研究污染场地土壤修复技术评估指标体系和方法，建立科学有效的评估方法，对国内外污染场地土壤修复技术作出科学评估，以为污染场地的环境管理与修复工作提供技术支撑（赵娜娜、黄启飞，2006）。根据相关文献资料，对各单项技术进行了综合性评价，评价项目包括成熟性、适合的目标污染物、适合的土壤类型、治理成本、污染物去除率、修复时间，评价结果见表 4-2。

污染土壤修复结束评价结果　　表 4-2

方法、分类	技术名称	成熟性	适用的目标污染物	适用的土壤类型	治理成本	污染物去除率（%）	修复时间
物理修复技术	换土法	F	a ~ f	A ~ I	￥￥	>95	1 ~ 3 个月
	物理分离技术	F	e ~ f	A ~ I	￥	50 ~ 90	1 ~ 3 个月
	玻璃化技术	F	a ~ f	A ~ I	￥￥￥	>90	6 ~ 24 个月
	电动修复	P	e ~ f	不详	￥￥￥	>50	—
	电热修复	F	a ~ f，除了 c	A ~ I	￥￥	>90	1 ~ 12 个月
	土壤蒸汽抽提技术	F	a ~ b	F ~ I	￥	75 ~ 90	6 个月 ~ 2 年

续表

方法、分类	技术名称	成熟性	适用的目标污染物	适用的土壤类型	治理成本	污染物去除率（%）	修复时间
化学修复技术	原位土壤淋洗	F	a ～ f	F ～ I	￥￥	50 ～ 90	1 ～ 12 个月
	异位土壤淋洗	F	b ～ f	F ～ I	￥￥￥	>90	1 ～ 6 个月
	固定 / 稳定化	F	c，e ～ f	A ～ I	￥￥	>90	6 ～ 12 个月
	溶剂浸提技术	F	a ～ d	G ～ I	￥￥	>90	1 ～ 6 个月
	原位化学氧化	F	a ～ f	不详	￥￥	>50	1 ～ 12 个月
	原位化学还原	F	a ～ f	不详	￥￥	>50	1 ～ 12 个月
生物修复技术	植物修复	P	a ～ f	无关	￥	<75	2 年以上
	生物堆肥	F	a ～ d	C ～ I	￥	>75	1 ～ 12 个月
	生物通风	F	b ～ d	D ～ I	￥	>90	1 ～ 12 个月
	生物反应器法	F	a ～ d	D ～ I	￥+	>90	1 ～ 6 个月

注：

1. 成熟性：F—应用规模；P—中试规模。
2. 污染物类型：a—挥发性；b—半挥发性；c—重碳水化合物；d—杀虫剂；e—无机物；f—重金属。
3. 土壤类型：A—细黏土；B—中粒黏土；C—淤质黏土；D—黏质肥土；E—淤质肥土；F—淤泥；G—砂质黏土；H—砂质肥土；I—砂土。
4. ￥——低成本；￥+——低到中等成本；￥￥——中等成本；￥￥￥——高成本。
5. 修复时间为每种技术的实际运行时间，不包括修复调查、可行性研究、修复技术筛选、修复工程设计等的时间。
6. “—”表示不确定

（4）污染场地土壤修复实用技术推荐目录

结合我国国情、土壤污染特征以及修复技术评价结果，总结出实用技术推荐目录，见表 4-3。

污染场地土壤修复实用技术推荐目录　　表 4-3

分类	技术名称	使用条件	典型优缺点	备注
物理修复技术	换土法	适合的目标污染物：有机污染物、重金属、无机污染物；适合的土壤类型：细黏土、中粒黏土、淤质黏土、黏质肥土、淤质肥土、淤泥、砂质黏土、砂质肥土、砂土	①易操作；②成本较高，治标不治本，污染物并没有从土壤中去除	一般仅适用于突发事故导致的土壤污染的简单处理

续表

分类	技术名称	使用条件	典型优缺点	备注
物理修复技术	原位固定/稳定化术	适合的目标污染物：重金属、放射性物质、无机污染以及重碳水化合物； 适合的土壤类型：细黏土、中粒黏土、淤质黏土、黏质肥土、淤质肥土、淤泥、砂质黏土、砂质肥土、砂土	①技术成熟，应用广泛； ②可修复重金属复合污染土壤； ③成本较高	在对污染土壤实行固定/稳定化处理后，还需对土壤进行浸出毒性检测，检验污染土壤是否变成一般危险废物。同时还需长期对处理后土壤进行监测管理，防止二次污染
	异位固定/稳定化术	适合的目标污染物：重金属、放射性物质、无机污染以及重碳水化合物； 适合的土壤类型：细黏土、中粒黏土、淤质黏土、黏质肥土、淤质肥土、淤泥、砂质黏土、砂质肥土、砂土	与原位固定/稳定化技术的特点类似，不同点在于修复时间缩短，处理成本增加	
	电热修复技术	适合的目标污染物：半挥发性卤代污染物和非卤代污染物、多氯联苯、密度较高的非水质液体有机物以及重金属 Hg； 适合的土壤类型：细黏土、中粒黏土、淤质黏土、黏质肥土、淤质肥土、淤泥、砂质黏土、砂质肥土、砂土	①污染物去除率高，一般大于 90%； ②治理成本较高	实施技术处理污染土壤的过程中，需要严格操作加热和蒸汽收集系统，防止污染物扩散而产生二次污染
	土壤蒸汽抽提技术	适合的目标污染物：挥发性有机卤代物或非卤代物、油类、重金属及其有机物、多环芳烃（PAHs）等； 适合的土壤类型：质地均一、渗透力强、孔隙度大、湿度小、地下水位较深的土壤	①易操作，成本低； ②技术成熟，应用广泛； ③对土壤结构不造成破坏，能够回收利用废物	异位土壤蒸汽抽提技术在挖掘土壤的过程中容易发生气体泄露以及运输过程中挥发性物质释放等现象，因此必须做好防范措施
化学修复技术	原位土壤淋洗技术	适合的目标污染物：重金属、放射性污染物、石油烃类、挥发性有机物、多氯联苯和多环芳烃等； 适合的土壤类型：水力传导系大于 10～3cm/s 的多孔隙、易渗透的土壤，如沙土、沙砾土壤、冲积土和滨海土等，而不适用于红壤、黄壤等质地较细的土	①技术成熟，应用广泛； ②成本较高，含有污染物的淋洗液需要进一步处理	①淋洗剂的选择至关重要，它不仅影响污染物去除率，若选择不当，还可能对土壤造成污染； ②含有污染物的淋洗液需要集中收集再处理

续表

分类	技术名称	使用条件	典型优缺点	备注
化学修复技术	异位土壤淋洗技术	适合的目标污染物：重金属、放射性污染物、石油烃类、挥发性有机物、多氯联苯和多环芳烃等； 适合的土壤类型：黏粒含量低于25%的土壤	与原位土壤淋洗技术相比，修复周期较短，修复效果更好，但成本更高	
	溶剂浸提技术	适合的目标污染物：有机污染物如石油类碳氢化合物、PCBs、氯代碳氢化合物、多环芳烃（PAHs）、多氯二苯-p-二噁英以及多氯二苯呋喃（PCDF）等； 适合的土壤类型：黏粒含量低于15%，湿度低于20%	可以处理难以从土壤中去除的污染物，修复速度快，浸提溶剂可以循环使用	该技术仅适用于室外温度在冰点以上的情况，低温不利于浸提液的流动和浸提效果
生物修复技术	植物修复	适合的目标污染物：有机污染物、重金属、无机污染物； 适合的土壤类型：细黏土、中粒黏土、淤质黏土、黏质肥土、淤质肥土、淤泥、砂质黏土、砂质肥土、砂土	①永久性解决土壤污染问题； ②修复后的土壤一般适用于种植农作物，符合可持续发展战略； ③成本低，易操作，可用于修复大面积污染土壤； ④修复周期很长，通常要两年以上，难以满足快速修复污染土壤的要求	①植物修复技术在应用上还不够成熟，存在一些问题，因此在采用此项技术以前，一定要进行可行性分析； ②修复植物积累的干物质（即生物量）必须妥善处理，防止二次污染
	生物堆肥	适合的目标污染物：炸药、多环芳烃、芳香烃、氯酚类污染物、二甲苯、三氯乙烯等； 适合的土壤类型：淤质黏土、黏质肥土、淤质肥土、砂质黏土、砂质肥土、砂土	成本低，堆肥产品可产生经济效益	应用此技术处理高毒性化合物时，应先进行实验室试验和现场中试，考察污染物对微生物活动的影响及其降解过程动力学
	生物通风	适合的目标污染物：半挥发性有机污染物、重碳水化合物、农药等； 适合的土壤类型：黏质肥土、淤质肥土、砂质黏土、砂质肥土、砂土	成本低，污染物去除率高，可达90%以上	该技术的主要制约因素是土壤结构，不适宜的土壤结构会使氧气的营养物质在到达污染区域以前就被消耗掉，因此，它要求土壤具有多孔结构

（5）案例——生物修复

①土壤的生物修复

石油污染。石油污染生物修复的应用开始于 1989 年美国消除阿拉斯加泄漏石油的污染。阿根廷 1992 年 10 月曾在罗萨莱斯港（Puerto Rosales）集散地施用肥料，靠土著微生物清除 700 吨油罐的泄漏；科威特科学家采用微生物技术成功地对污染地的石油进行了降解。目前中国有学者用苜蓿草与微生物共同对矿物油和多环芳烃污染土壤进行修复研究，结果表明，矿物油和 PAHs 的降解率与有机肥含量呈正相关，增加有机肥 5%，可提高矿物油降解率 17.6% ～ 25.6%，提高 PAHs 降解率为 9%。在植物存在时，土壤微生物降解功能得到明显的提高（赵其国，2004）。

重金属污染。目前从活性污泥、污泥消化池以及土壤中都分离出了对镉有耐受性质和还原能力的细菌。研究人员采用一种转基因水生植物盐蒿和陆生植物拟南芥、烟草移除土壤中的汞。铅的植物修复研究最多，并且已商业化。

农药污染。国内研究中，已经从农药厂污泥中分离到降解甲基对硫磷的混合菌群，由两种菌 M6 和 P3 组成，均为假单胞菌。混合在一起可以有效降解甲基对硫磷。此外，从真菌华丽曲霉中提取到可以降解乐果的酶（赵沁娜、杨凯，2005）。

②水体的生物修复

海洋污染的生物修复。近年来，随着工农业的迅猛发展，大量废物进入海洋，造成海洋环境状况不断恶化，甚至发生了如石油污染等海洋污染灾害。微生物降解是石油污染去除的主要途径，治理方法主要有加入高降解能力的菌株；改变环境因子，促进微生物代谢能力。在许多情况下，生物修复可在现场处理，而对受污染的沉积物，则一般使用生物反应器治理。目前生物修复正朝着构建能够快速降解某些特定污染物的工程菌的方向发展，科学家利用基因工程把不同的降解基因移植到同一菌株中，创造出了具有多种降解功能的超级微生物（赵宇红，2013）。

湖泊污染的生物修复。湖泊污染的生物修复常用的方法有微生物修复法、植物修复法。对于浅水湖泊，在水中加入营养盐，用曝气机搅拌混合；底泥中的有机污染物可作为碳源被微生物利用，污染的浅水湖泊得以生物修复（周生贤，2016）。

废水污染的生物修复。目前人工湿地常用的植物为水生或半水生的维管植物，如凤眼兰、破铜钱，它们能在水中长期吸收铅、铜和镉等金属。在通气良好的水中，印度葵幼苗能从人造污水中积累不同的金属。基于此幼苗的人工湿地系统，不仅可以迅速建立，还易于收获富含的金属（周友亚、颜增光，2017）。

4.5 乡村自然文化遗产保护与更新

美丽乡村建设是提升社会主义新农村建设的新工程和新载体，它融入了经济、政治、文化、社会和生态建设的各个方面和全过程。美丽乡村建设的开展，为乡村传统文化的保护与传承提供了重大契机。近年来，党和国家高度重视乡村传统文化的保护与传承，实施了一系列政策和举措，并取得了一些成绩，积累了许多新经验，乡村文化正呈现出良好的发展态势。

4.5.1 乡村自然文化保护的发展

（1）文化保护传承机制初步形成

近年来，党和国家高度重视“三农问题”，十八大报告指出“文化是民族的血脉，是人民的精神家园”，要“建设优秀传统文化传承体系，弘扬中华优秀传统文化”。自党的十八大来，国家和地方相关部门制定了一系列传统文化保护机制和策略，2013 年的中央一号文件明确提出要“努力建设美丽乡村”。美丽乡村建设不仅是对村容村貌的改造，而且也是对乡村传统文化的保护与发扬和人们精神面貌的提升。2014 年 3 月，国务院印发了《国家新型城镇化规划（2014—2020 年）》，指出要“适应农村人口转移和村庄变化的新形势，科学编制县域村镇体系规划和镇、乡、村庄规划，建设各具特色的美丽乡村”，要“保持乡村风貌、民族文化和地域文化特色，保护有历史、艺术、科学价值的传统村落、少数民族特色村寨和民居”。2014年4月，住房和城乡建设部、文化部、国家文物局、财政部印发了《关于切实加强中国传统村落保护的指导意见》，对村落保护的指导思想、主要任务、保护措施、经费支持、监管机制等做了详细说明。2015 年 6 月，《美丽乡村建设指南》国家标准正式实施，这一国标的出台，有着很强的指导意义，也让美丽乡村建设进入标准化轨道。各县、乡镇也立足本地人文、生态、资源等优势，因地制宜，相继制定了适合当地发展的乡村建设标准与规划，部分乡镇村建设成效显著（王乃琴，2015）。与此同时，国家和地方政府用于保护乡村文化的经费也在逐年增多，并且许多地方都成立了美丽乡村建设工作领导机构，建立了监督、考核与评价等机制，出台了有关乡村传统文化保护与传承的政策法规以及一些规范性文件，初步形成了乡村文化保护与传承机制，极大地推动了美丽乡村建设。

（2）乡村文化设施建设成效显著

乡村文化设施是农民开展文化活动和政府对农民进行文化宣传和文化教育的主要场所，是乡村文化存在与发展的硬件保证和主要标志。它的建设不仅关系到美丽乡村文化建设的成效，也直接影响着乡村居民的生活质量。但是，由于种种原因，我国乡村文化设施建设普遍落后，不仅满足不了广大农村居民的精神文化需求，也未能在乡村建设中发挥其应有的作用。自社会主义新农村建设开展以来，党和国家高度重视农村、农业与农民问题，颁布实施了许多支农惠农政策，并逐年加大了对乡村文化建设项目的投资，为乡村文化建设提供了强有力的资金保障（庄学村，2016）。在美丽乡村建设过程中，乡村文化设施和文化活动场所建设持续推进，取得较好成效，不少地方特别是比较富裕的县、乡镇基本实现了农村图书馆、文化馆、纪念馆、博物馆、美术馆、影剧院、体育场、农村文化大舞台等乡村公共文化服务网络体系的覆盖。乡村文化设施的不断完善，一方面为农民提供了学习传统文化知识和展示文化遗产的场所，另一方面为农民娱乐休闲提供了好去处，丰富了农民的精神文化生活，营造了良好的文化保护氛围，传承与弘扬了中国传统文化，农民的生活条件也得到了改善，生活质量明显提高，有力地促进了新时期美丽乡村文化建设的进一步发展（张梦洁，2016）。

（3）乡村文化建设热情高涨

近几年，农民在追求物质生活的同时，对精神文化需求的愿望也比较强烈。党和国家高度重视乡村文化的发展，大力推进乡村文化建设，不断加大对乡村文化市场的投入。文化下乡和文化扶贫活动的开展，为农民送来了文艺演出、知识讲座和专业技能的辅导等，取得较好效果，农民的精神文化生活日益丰富多彩。据统计，“截至 2010 年，文艺院团到农村的演出已达到 84.67 万场次，比 2009 年增加了 1403 个百分点，赴农村演出场次占全部场次的 61.8%”。与此同时，一些地区的乡村文化建设充分吸收了传统文化的精华，特别注重对民间文化遗产的保护与传承，着力发展乡村特色文化，通过各种民族传统节庆日来举办民间艺术表演、乡村文化节等活动，许多农民都积极主动参与到其中，乡村文化建设热情高涨。“如河南省濮阳县每年春节、元宵节期间，都会组织乡镇民间艺术表演对参加全县民间艺术调演活动。每逢重大节日各乡镇都积极开展各种文化体育活动”，其在给广大农民群众带来欢乐的同时，对传承与弘扬乡村优秀传统文化也起到了重要作用。一些乡村业余演出队、民间文艺队、民间职业剧团等文化组织，也越发活跃。有些地方还把民族民间文化纳入中小学课堂，请传承人到学校传授民间文化知识与技能，不仅增强了青少年的民族文化认同感，还培养了民族文化传承人，文化保护氛围浓厚（赵霞，2012）。

近年来，一些乡村还根据自身的自然资源和人文资源的特点，培育并发展了一批具有地方特色、竞争优势明显的产业，有的乡村还创造了自己的文化品牌，形成了一、二、三产业联动发展的良好局面。乡村文化产业主要集中在乡村手工艺产业、民间歌舞产业、农事节庆文化产业、古村落建筑文化产业、乡村旅游业、乡村饮食文化产业等行业，以农民为创作和生产主体，是一种资源密集型、劳动密集型产业，具有产业循环、生态环保的特点。目前，我国乡村文化产业虽然在总体上还处于起步阶段，但它已成为我国经济文化发展一个不容忽视的重要组成部分。特别是美丽乡村建设的开展，为乡村文化产业的发展创造了良好的发展环境，国家和地方政府并出台了相关文件，从政策上对乡村文化产业的发展提供了支持并明确了思路和目标。乡村文化产业的发展，有助于乡村产业结构调整，对增加乡村居民收入，实现文化富民，对保护与传承乡村文化遗产和建设美丽乡村具有强大的推动作用（张万玲，2013）。由此可见，乡村文化保护传承氛围越来越浓厚，乡村文化建设热情越来越高涨。

4.5.2 美丽乡村建设中的文化保护与传承存在的主要问题

近年来，党中央和国务院高度重视乡村文化遗产保护工作，强调“留得住乡愁”的城镇建设。目前，许多省市已启动实施乡村记忆工程，虽取得明显成效，但仍面临着诸多问题与挑战，形势严峻，不容乐观。

（1）文化规划体系不够健全

美丽乡村建设的目标之一是实现传统文化保护与乡村建设的相互协调，做到既符合现代生活需要，又保持其特色风貌，既发展乡村经济，又促进文化遗产的保护与传承，将山、水、民俗风情和历史建筑等有机结合起来，使之从总体形象上突出乡村文化的魅力与特色，而这一切都离不开有效的乡村规划。各级、各部门虽在乡村建设规划上做了很多实质性的工作，但在具体实施过程中规划上面的问题也逐渐显露，缺乏整体性、系统性、长远性，而且许多规划也脱离了实际情况，一旦涉及拆迁、土地、资金等因素的制约，就成了“空划”（郭栋桦，

2013）。具体表现为：

①文化定位不清楚。许多地方在做乡村规划时过于注重外在环境整治以及基础设施建设，比如交通、排水、生态建设等规划做得都很详细，但是对地方特色、人文内涵、民俗风情等文化资源挖掘程度较浅，没有把最能体现当地人文精神的文化符号和文化元素体现到乡村建设规划之中，并使之成为乡村规划理念，避免出现城市文化建设中的重复建设和资源浪费等情况。

②同质化现象严重。有的地方在编制乡村规划时，盲目套用城市建设标准，“片面追求图面形式和现代化建设效果”，尤其是在房屋的建盖上，几乎是出自同一规划、同一设计，大部分古建筑被一座座楼房所替代，在乡村也看到了大广场、大马路，造成了“千村一面”的后果，没能彰显民族和自然地域特色。

③可操作性差。很多乡镇在乡村规划的制定上大同小异，形同虚设，没有实际的指导意义，对县级的依赖较强，只是跟着县级走，没能深入实际了解本乡镇情况，不考虑村民的意愿，脱离自身实际盲目建设，可操作性差。并且执行力度也不够，有的地方只注重大的方面而忽略细节，缺乏长期有效地保护（樊友猛、谢彦君，2015）。

（2）文化遗产遭遇破坏

在当前的美丽乡村建设中，还是非常重视乡村文化遗产保护工作的。各级、各部门多次强调美丽乡村建设要因地制宜，注重传统文化和生态环境的保护，注重村庄的绿化美化。但是，由于种种原因，乡村文化遗产保护还面临着诸多挑战。具体表现在以下几方面：

①传统村落“老龄化”现象严重。大多数村落分布在比较偏远、相对落后的地区，大量青年劳动力外出务工，有的老房子只剩年迈的老人居住，使得具有民族气息的乡村逐渐失去了日常维护的主体，加上历史性老化导致许多建筑破败不堪无法修复，产生了残垣断壁、年久失修的危重局面，致使众多村落处于自生自灭状态。由于古建筑内部居住条件的落后，许多村民自行将老房子拆掉，修建新屋，这种人为的无意识破坏也导致了乡村文化遗产的破坏。

②“建设性”破坏不断蔓延。一些地方片面理解美丽乡村建设的实质，认为搞建设，就是拆老房，盖别墅，建新村，结果导致大量乡土建筑遗产和历史文化村镇的消失和损毁。也有一些地方政府受不良政绩观影响，急功近利，对传统村落大面积改造翻新，置地方特色、乡村特色于不顾，把建筑外墙刷成了统一颜色，把乡间石子路变成了水泥路，把村旁风水地改造成了现代化的小公园，搞起

"千村一面"的形象工程。据国家统计数据显示，2000 年时中国有 360 万个自然村，到 2010 年，自然村减少到 270 万个，十年里有 90 万个村子消失了，一天之内就有将近 300 个自然村落消失，而自然村中包含众多古村落。传统村落的破坏和消失，毁掉的不仅仅是古建筑、古民居，更是蕴含其中的历史文化信息和文化景观。

③旅游开发过度。一些地方由于过度追求经济效益，对乡村旅游资源实行掠夺式开发，导致许多乡村优秀文化资源受到严重破坏。如许多原生态的古村落在开发成旅游景区后，由于缺乏科学规划，随意翻建、新建古建筑，同时盲目建设宾馆、超市和道路等配套设施，使得古村落的原生面貌渐渐消亡。此外，游客的涌入，还带来了大量的生活垃圾，甚至是对文化遗产的有意破坏、损毁，致使传统村落的自然生态和人文生态受到严重践踏。过于浓重的商业气息，从根本上打破了乡村本应具有的宁静，严重破坏了人与人、人与自然，甚至是人与动物之间的和谐生活氛围（张英魁、徐彩勤，2015）。

（3）农民主体作用发挥不足

乡村文化具有主体性特征，广大农民群众是乡村文化的创造者和传承者，这就要求我们必须保证农民在乡村文化保护过程中的主体地位。广大农民群众的积极参与和创造热情是乡村文化保护取得胜利的保障。在乡村传统文化的保护与传承中，应充分尊重农民的意愿，激发农民的参与热情，使农民的主体作用得到充分发挥。但是，受我国长期以来体制机制障碍因素的影响，农民在乡村传统文化保护过程中的主体地位并未得到足够尊重和重视，存在严重的保护主体错位现象。近些年来，各级各部门围绕乡村文化遗产保护做了大量的工作，保护业绩也是可圈可点。但从总体上来看，当前我国乡村文化遗产保护的行政色彩过于浓重，其组织形式大体上是一种由政府行为和学术研究行为构成的片面化的保护模式，民间力量没有得到应有的重视以致部分农民群众认为，乡村文化保护是政府的事，养成了"等、靠、要"思想，出现了文化保护"上热下冷、外热内冷"的现象，其主要症结在于农民的积极性没有调动起来，农民的主体作用没有发挥出来。

另外，人口外流造成乡村文化建设主体缺位。随着城市化的快速发展，越来越多的青壮年农民出于对经济和更高生活水平的追求，而放弃了传统的农业生产方式，选择外出务工或经商，使当地农村成为"空壳"，乡村文化活动缺少主体力量。青年农民作为懂技术、有文化的一代人，不仅是乡村文化建设的主力军，同时也是乡村文化的重要传承者。他们的外流不仅减少了农村劳动力，还削弱了乡村文化发展的后劲，造成乡村传统文化的断裂，直接影响我国美丽乡村建设进程。此外，相对于农村，城市对于有琴棋书画、吹拉弹唱的文化精英更具吸引力，在城市他们可以赚到更多的钱，导致文化人才不愿意留在农村（贾云飞，2017）。总之，文化建设者的缺失，让乡村文化日益边缘化。

（4）文化传承状况不容乐观

在当前的美丽乡村建设中，有些地方只注重古建筑、历史遗迹等物质文化的保护，而忽略了民间技艺、传统习俗、节庆礼仪等非物质文化的传承。一些历史悠久的乡村文化遗产由于没资金发展、没人愿意学而面临着巨大的传承危机。首先是传承人中的新生力量严重缺乏。年轻人是祖国的未来，是民族的希望，更是乡村传统文化最重要的传承者和发展者。但受城市化和现代化的影响，很多年轻人认识不到乡村传统文化的重要价值，而轻视或者忽视乡村传统文化的传承，也有一些年轻人虽然对乡村传统文化有一定的认识和兴趣，但迫于生计压力不愿或不能参与到乡村传统文化的保护与传承中来。他们大都选择进城务工，留守在农村的只剩下老人、妇女和儿童，农村人口在空间上发生了大的转换，使得乡村传统文化的传承出现后继乏人的局面。其次是传承人老龄化严重。目前掌握一定传统技艺的民间艺人已为数不多，且年龄都普遍偏高，而大多数传统手工技艺又是靠双手相传，因此，老龄化直接导致乡村文化遗产传承面临消亡困境，许多尚未传承的珍贵的民间文艺和民俗技艺伴随着老艺人的去世而销声匿迹。如温州的瓯塑在 20 世纪 80 年代有 200 多名从业人员，现在只剩下 20 多人。浙江享有盛名的细纹剪纸、黄岩翻簧、画帘绣帘等民间工艺，已经没有了传承人。另外，由于多数老龄传承人文化程度低，甚至不具基本读写能力，也给乡村文化遗产的抢救和资料的收集整理增添了难度。再次是传承方式存在局限性。非物质文化遗产具有活态性特征，只能通过手把手教来传承，并且非物质文化遗产在传承上具有排他因素，其主要传承方式为师徒传承，有的甚至是传男不传女，或有其他独特的传承方式，这些传统的传承规矩无疑加剧了后继乏人的状况（易敬亭，2017）。

（5）文化产业发展相对滞后

文化是人类在社会历史发展过程中创造的物质财富和精神财富的总和，同时文化也具有一个生产和消费的过程。从这个意义上来讲，文化可以作为一种产品供人类开发。推进美丽乡村建设，文化是灵魂，文化产业是其内在驱动力。我国乡村地区广阔，历史悠久，有着丰富的自然和人文资源。但是，长期以来，人们往往只看到了乡村文化的精神价值和历史价值，而忽略了它的经济价值和开发价值，未能以经济的形式来提升乡村建设品位，发展属于自己的乡村文化产业。现阶段我国乡村文化产业的发展还处于求数量、求生存的粗放型经营发展阶段，发展十分滞后，规模小、品牌少、链条短、产值低，市场定位也不是很明确，文化资源优势还没能转化为产业优势，整体发展格局只是雏形。许多文化产业经营单位还是以家庭式、作坊式生产为主，没有做到乡村文化和高科技相结合，很少有带动乡村文化发展的龙头企业，没能形成产业支柱，产品档次低，竞争力不强。大多数民间工艺品还是靠个体创作、自我销售来传播，商品转化率低，产业特色不突出（张杰，2018）。在乡村旅游开发上，多以自然景观、农业观光旅游项目为主，而未重视民族节庆活动、舞蹈音乐、饮食文化、宗教文化、民居建筑等民风民俗和历史文化的开发，致使许多开发的景区缺乏文化内涵，地域特色也不突出，造成乡村旅游产品形式单一和雷同，未能形成根本的核心竞争力。在乡村旅游商品的开发上，由于认识不足，开发出的产品没有吸引力，乡村旅游商品收入所占比重偏低。产品大多做工粗糙、简单、品种少质量差，缺乏个性。产品开发的深度、广度和规模也不够，没有形成自己的品牌。许多充满历史厚重感的古老村落，大都远离市中心，也相对比较孤立，且大多数交通不便，仍保留着土路面，缺少基础设施的配套，这大大降低了旅游吸引力，必然会导致降低游客的重游率，开发效果差。

4.5.3 国内外乡村建设中的文化保护与传承经验

（1）德国乡村建设中的文化保护与传承经验

德国是一个谋求整体均衡、强调协调发展的国家，城乡之间几乎无差别，无论是在大城市，还是在小城镇，或是郊区村庄，居民都可以享受到完善的基础设施、便捷的交通以及优美的人居环境。德国的农村建设走过了一个长期的探索历程，在这一过程中，土地整理与村庄更新作为改善农村地区生活条件的一种基本手段，起着举足轻重的作用。

德国“村庄更新”的主要内容是：对老旧的建筑进行维护、修缮、保护和改造，但最大限度保存和还原原有建筑历史风貌；改善和增加村庄的公共基础设施，修建道路、改水、改电、兴建文艺活动室；对低洼易溃区和山区增设防洪设施等。德国的“村庄更新”保存了良好的村镇景观，实现了人与自然的和谐相处，提高了居民的生活品质，这种乡村独特魅力是现代城市无法比拟的。从德国

"村庄更新"中实现传统村落原始风貌保护的经验，我们能得到一些重要启示：第一，"村庄更新"离不开法律保障，德国在1954年颁布了《联邦土地整理法》，这成为德国村庄更新最重要的法律依据，联邦各州也根据实际情况相应制定了本州土地整理相关法规，村庄更新规划的制定不得与这些法律法规相悖；第二，"村庄更新"离不开合理规划，德国各州政府大都制定了村镇发展规划来控制村镇的更新，包括完善基础设施、调整产业结构、调整地块分布、保护古村落、传承传统文明等具体项目实施计划，保护了农村的人文环境和自然环境，巩固了村庄的可持续发展；第三，"村庄更新"离不开村民参与，德国在村庄更新的过程中，非常重视公众的参与，广泛征询公众的意见，将村民切身经验和愿望纳入了规划决策中，缩短了政府和村民之间的距离，增进了相互之间的沟通与交流，十分利于村庄的发展（李军明、向轼，2018）。

（2）韩国乡村建设中的文化保护与传承经验

20世纪六七十年代，韩国政府为统筹城乡发展，改善农村地区生活面貌，发起了新村运动。新村运动的内容主要包括三个方面：一是通过修建道路、整治耕地、改善农业生产条件、发展乡村旅游业等来增加农民所得，实现国家的经济发展；二是通过改善住房条件、整治溪流、实现农村电气化等来改善农村居住环境；三是加强对"勤勉、自助、协同"新村精神的培育，强调农民树立个人责任感以及社会奉献精神和协作意识。韩国的新村运动，较好地处理了工业与农业、城市和乡村之间的关系，顺利实现了从传统向现代的转型，在世界农村发展史上占据着重要的地位和影响力，对当今发展中国家的乡村建设有着重要的示范意义和借鉴价值（张梦洁、黎昕，2015）。

韩国新村运动的经验主要有以下几方面：第一，发挥政府的引导作用。韩国政府不但制定了一系列关于新村运动的具体目标，而且在这一过程中充分扮演了引导角色，为新村发展提供了强大的财政支援与政策支撑，更是加强了对新村建设的监管和激励，包括物质与非物质两方面的激励。第二，注重农民精神的培养。韩国政府以教育为突破口，在每个农村都设立村民会馆，通过各种培训来激发农民参与新村运动的积极性和创造性，转变过去封闭保守、自私落后的精神观念，在不断提高村民素质的同时，逐步进行农村改革，最终实现新村建设目标。第三，注重"协助"而不"包办"。韩国政府在新村建设中并未包办，更多的是扮演协助与支持的角色，充分发挥农民的主体作用，积极引导农民参与，尊重农民的意愿，倡导合作精神和自助理念，广泛调动起了农民群众建设自己家乡的积极主动性。

（3）江西婺源乡村文化保护与传承经验

中国最美乡村江西婺源，拥有7个AAAA级景区，古村落要素建筑数千处，是著名的徽派历史文化遗产。婺源县的乡村建设实现了生态环境与人文内涵的完美融合，集生态美、人文美、古典美、结构美和视觉美于一体，感染了国内外游客。李坑的小桥流水、石城的枫叶、江岭的油菜、灵岩的古洞、延村的古村落，各具特色，美不胜收。目前，婺源县已拥有12个国家级民俗文化村，是闻名全国的文物工作先进县，曾获得“中国人居环境范例奖”。2012年至2020年间，婺源的旅游收入增幅近10亿元，不仅是中国最美乡村，也是中国最富乡村之一。富起来的江西婺源，正在大力推动旅游转型升级，增设文化设施，变资源优势为文化优势，这将对我国旅游业的发展提供借鉴意义。

婺源县的美丽乡村建设，在开发模式上强调特色性，在建设方向上强调坚定性，在发展目的上强调富民性，是我国农村建设与发展的典范，其主要经验主要体现在以下几方面：第一，注重资源保护，婺源县保留了众多官邸、宝塔、廊侨、祠堂等古建筑要素，对村落文化遗产进行了较好的保护与传承，古韵浓厚。第二，强化宣传，婺源县对外积极拓展市场，对内不断加强培训，基于徽派文化的底蕴，打造独特品牌，大力宣传“中国最美乡村”品牌。第三，健全的资金保障体制，婺源县通过政府财政支持、项目扶持和社会资金筹集为美丽乡村建设提供了强有力的保障，使得婺源中国最美乡村建设计划得以顺利进行。第四，积极探求富民之路，婺源县始终立足于生态立县、文化立县、旅游立县，将油菜种植、茶叶种植、枫叶欣赏、古村落与乡村旅游完美结合，大大提高了居民和县财政收入，实现了最美乡村的全面富裕（李梅、苗润莲，2016）。

（4）浙江松阳乡村文化保护与传承经验

松阳县位于浙江省西南部，瓯江上游，始建于东汉建安四年，是丽水地区建置最早的县份，是浙江省首批历史文化名城之一，有“桃花源”的美称。其是华东地区至今保存最完整、数量最多的传统村落聚集地，经确认的古村落已有100多座，其中50个被列入中国传统村落名录。2015年1月，松阳县被国家授予“中国传统村落保护发展示范县”荣誉称号。松阳县的自然生态资源和文化资源优势显著，既有巧陌纵横、茶园吐翠的原生态田园风光，又保存了大量古老的农耕文化习俗和传统的生产、生活方式，具有极高的建筑、文化、生态、民俗、旅游及欣赏价值。近年来，松阳县政府从“绿水青山就是金山银山”的战略全局出发，不断推进传统村落的保护与开发，成效显著。松阳县在生态环境保护、乡风文化展示、传统民居修维、旅游经济发展以及保护责任落实等方面积累了丰富经验，已初步探索出了一条保护传统村落的发展路径。总的来说，一是坚持原真性保护原则，注重活态保护和系统保护，不搞大拆大建。二是减少人工干预，保持乡村原有风貌，加强生态环境建设，维持原生态的、原真的、原味的田园乡村风情。三是松阳县政府制定了《松阳县传统村落保护与发展总体规划》，加强了村落保护的科学性和可行性。四是变资源优势为经济优势，在乡村地区开发休闲度假、文化旅游、生态农业等项目，使一、二、三产业实现了完美融合，不但提高了县财政收入，更富裕了农民的口袋（陆祥宇，2012）。松阳县对传统村落的保护和开发利用开辟了让现代回归传统的新型乡村建设之路，越来越多的年轻人踏上了回归乡村的创业之路，城乡交流也互为频繁，融合发展，富裕、和谐、美好的新农村正在向我们走来。

4.5.4 国内外文化保护与传承的经验启示

通过分析与总结国内外乡村文化建设的背景及相关政策，对我国乡村建设中的文化保护与传承有以下几点启示。

（1）制定科学规划

总结国内外乡村建设经验不难发现它们都离不开一个长远而系统的规划。美丽乡村建设是一项复杂的系统工程，尤其是在乡村传统文化的保护与传承方面，需要综合考虑乡村空间布局、资源配置、居民生活要求、项目建设预审等情况，需要处理好城市与农村、工业与农业之间的发展关系。科学的规划是保护文化遗产亦是美丽乡村建设的必要前提与依据，在整个乡村建设过程中起着决定性作用。如德国的“村庄更新”运动的项目都是由政府和专家经过协商研究后设计的，对地块分布的调整、村庄的改造都是经过合理规划的，这是德国村庄更新运动取得成功的重要原因。美丽乡村建设必须有一个思路清晰、目标明确的科学规划，以避免出现自发、盲目、无序的困境。首先，要提高对乡村建设规划的认识，树立城乡协同发展理念，逐步消除城乡矛盾，缩小城乡差距；其次，要明确美丽乡村建设的总体目标和具体目标，明确保护对象，拟定保护方法与措施，搭建清楚的规划框架；再者，需要提高我国乡村建设规划的可行性，从政策、法律等途径保证规划方案的有效实施。只有突出规划的核心作用，用规划引领建设，才能弘扬乡村优秀传统文化，建设美丽乡村（丁少平，2019）。

（2）发挥政府引导

乡村文化资源和文化遗产保护是一项长期而又复杂的系统工程，政府应该制定一个积极的乡村建设方案，发挥引导和调节的重要作用。政府各相关部门参与规划、经营与管理，搞好动员、组织与指导等工作，给乡村传统文化的保护和美丽乡村建设创造良好的基础条件，是建设美丽乡村的助推器。发挥政府的引导作用，首先应通过国家财政专项投入、省级财政补贴、社会融资、地方配套及农民自筹等方式筹措资金，多渠道加大对乡村文化事业的投入，以解决保护资金不足的问题，如韩国政府在新村运动中为保证建设所需资金，采取了中央和地方财政集体投资农村的方式，建立了一套有效的资金投入管理体制；其次，应总结国内外经验，尽快制定有关乡村传统文化保护传承的法律法规、制度，目前我国对于乡村文化的保护过于粗放和简单，其实施和推动主要还是靠政府制定的一系列政策进行，没有相应的法律保障，因此需进一步完善乡村文化保护的法律法规，健全法律对乡村文化的保障体系；最后，应加大教育和培训力度，提高村民的文化素质，农民是乡村建设的主体，亦是乡村文化保护的主力军，加强对农民的文化和技能培训，是当前乡村文化保护工作的重中之重，也有利于农民真正融入乡村文化的保护与传承中去，建设美丽乡村（任冰，2019）。

（3）尊重农民意愿

美丽乡村建设的出发点和落脚点在“村”，重点在“民”。2014年的中央农村工作会议提出了“人的新农村建设”的命题，推进“人的新农村建设”为的是农民，靠的也是农民，农民应该得到最大实惠。因此，在保护乡村文化遗产，建设美丽乡村的过程中，必须尊重当地居民的意愿，必须考虑乡村改造与开发将会对当地居民生活造成的影响，而不能盲目追求美观或是经济效益。首先要以美丽乡村建设为契机，完善农村基础设施建设，逐步改善乡村居民的人居生活环境，激发农民群众在家乡建设与保护传承乡土文化中的主人翁意识；其次，要积极发展农村事业，增强农民自力更生能力，多渠道提供就业岗位，鼓励农民创业，培育新型农民，关爱农村留守老人、妇女、儿童，改善“空心村”问题；最后，通过展开宣传教育、提供技能培训等恢复农民主体文化身份意识，强化农民文化记忆，扶持农村文化队伍，重视农村文艺骨干作用，加强乡村精神文明建设，让农民真正成为文化的主角。习近平总书记曾谈到“建设美丽乡村不是涂脂抹粉”，只有广泛发动群众、尊重农民意愿，让农民得到实惠，才能为美丽乡村建设提供强大的精神动力和智力支持。

（4）发展文化产业

“美丽乡村”之“美丽”，不仅体现在山青、水秀、房美、路洁，更体现在增加农民收入和提高农民素质上，以及在此基础上的传统美、道德美、法治美、民主美和社会建设美等。因此，建设美丽乡村，必须要产业先行，即通过一、二、三产业的联动发展，增强乡村自我“造血功能”。构建乡村产业支撑体系首先应结合各村资源禀赋和地方实际，从适应市场需求的角度出发，挖掘地方特色，突出比较优势，打造特色文化品牌，赢取市场份额；其次，应抓好建设美丽乡村的重大机遇，把农村各具特色的民俗文化、历史文化、饮食文化、生态文化、地域文化等资源引入乡村旅游，打造“生态＋文化”的产业发展模式，催生各地的文化业态，一方面可以通过培育旅游相关产业来增加农民收入，另一方面又可以使传统文化得到有效的保护和传承；再者，应大力发展乡村文化娱乐业，通过节庆日、农闲等时机发展农村歌舞表演、花会表演、灯会展览等文化产业项目，既可以繁荣农村地区的文化生活，又可以借机繁荣农村市场，优化农村产业结构。此外，还应注意转变农村经济增长方式，倡导清洁生产、循环利用、文明消费，保护良好生态自然环境，走可持续发展之道（李美红，2016）。

第5章

城乡人居生态环境规划与设计

人居环境科学是研究人类聚落及其环境的相互关系与发展规律的科学，其中发展整合了建筑学、城乡规划学、风景园林学等核心学科的方法；并在整合这些方法的基础之上，组织发展科学共同体、发挥各学科优势；成功开展了从区域、城市到建筑、园林等多尺度多类型的规划设计研究与实践。同时随着生态理念在我国的深入开展，在借鉴众多学者的研究基础上，本章从城市、乡村、国土空间、自然地保护规划与设计方面讲解了各个方面的发展现状、生态理念在每个方面规划中的应用、设计的原则、遇到的问题等，并给出相应的发展措施。最后列举了一些相关的规划与设计案例来阐述当今城乡人居规划设计方面的发展现状以及进展。

5.1 城市人居生态环境规划与设计

5.1.1 城市人居生态环境规划与设计的现状

目前我国的经济和城镇化发展均处于快速发展的阶段，中国已于2010年成为世界第二大经济体，在2015年已经由传统农业大国转变为城镇化水平，并成为超过全球平均城镇化水平的城市型国家。但尽管这样我国生态环境仍然呈现出明显的“短板”，主要表现在：第一，气候脆弱性明显，如我国地表平均温度上升值为世界平均水平的两倍，部分城市面临高度洪水灾害的风险；第二，资源浪费与短缺共存，如开发园区用地大量闲置、大量城市供水不足等；第三，生态环境问题严峻，如较多城市 CO_2 含量超标、城镇生活污水处理率低下、空气污染严重、生态环境退化成本增加等。与此同时，国家及地方对生态环境的高度重视也促进了城市生态规划的兴起。

这一时期，国家高度重视国土与城市生态环境（与“生态”在经济、政治、生态、文化体系中地位提高密切相关）。首先，编制了越来越完善的环境保护规划。其次，在国家的发展战略规划《国家新型城镇化规划（2014—2020）》中对生态环境给予前所未有的高度重视，提出了众多的“生态命题”，这表明在国家层面已经将城镇化与生态环境予以紧密关联。再次，第十三个五年规划纲要中纳入并强调“加快改善生态环境”，显示了国家层面对生态环境的极大关注。最后，2016 年 12 月颁布《全国城市生态保护与建设规划》，将城市生态空间、生态园林与生态修复、城市生物多样性保护、污染治理、资源能源节约与循环利用、绿色建筑和绿色交通等作为该规划的主要任务，并提出了具有考核性与引导性两种类型的指标体系。此外，第九届全国人代会常务委员会第三十次会议通过《中华人民共和国环境影响评价法》（2002 年 10 月）；国家环保总局发布《生态县、市、省建设指标（试行）》（2003 年 5 月）；国家环保总局印发《生态县、生态市建设规划编制大纲（试行）》及实施意见（2004 年）；等等。这些都是国家层面重视生态环境的表征，对我国城市开展生态规划具有较大的促进作用（沈清基，2019）。

与此同时，地方层面也对生态环境同样给予了极大的关注。如上海市“十三五”规划纲要中，生态资源、生态红线及保护制度、生态空间、生态保育区、生态走廊、生态间隔带、生态战略保障空间、生态空间格局等成为该规划纲要的关键词。《南通市生物多样性保护规划（2017—2030）》提出了“生物多样性文化建设”的命题，将重点任务、重点工程作为该市实施生物多样性保护规划的重要途径。

5.1.2 城市规划与生态环境建设之间的关系

（1）城市规划中对生态环境的影响分析

城市用地的规划与保障和城市建设发展速度是传统的城市规划的主要工作内容。随着城市发展速度的加快，城市居民对于环境保护意识的增强，生态环境保护已经成为城市规划工作的一项重要工作内容。近年来，城市内涝与城市含蓄水能力的破坏不断加剧，这对于城市规划工作中生态环境保护工作也需要进行有效的合理分析及改进。采取有效的保护措施，保护城市规划中的生态环境建设，提升城市生态自我恢复能力已成为所有城市规划建设者的共识（陈碧涛，2019）。

（2）城市生态环境的规划原则

城市规划工作中，生态环境的规划工作主要工作原则有以下几点：一是物种的多样性原则；二是保护现有生态环境原则；三是资源的可回收利用原则。城市生态环境规划中最重要的一点原则是物种的多样性原则，物种的多样性是生态环境建设的重要组成单元。生态环境是由多样的物种构建组成的，片面的缺失会导致城市物种单方面的缺失。保护现有生态环境是城市规划工作中的基本原则。生态环境建设与规划具体工作中，要全方位引入环境预评估机制。在城市建设工作开始前，要对生态环境进行预先评估。对于生态环境影响过大、水土流失严重的工程项目要采用合理的应对措施对生态环境进行有效的防护才可以进入施工程序。在施工过程中发现有不利于生态环境保护工作开展的项目要及时制止。资源的回收利用原则就是通过整合有效的资源并进行充分的利用。通过相应的回收渠道可以减少对资源不必要的能耗。提高能源的回收与利用是城市规划工作中生态环境建设不可缺失的重要工作。

（3）城市规划与生态环境建设之间的具体关系

城市规划工作可以通过相应的科技手段来改善城市居民的居住环境。城市规划工作可以通过绿化建设来改善城市人文居住环境。在具体的城市规划工作中要强化城市环境综合治理工作。要保护和节约利用自然资源，实现人与自然的和谐发展。

①通过科技创新来改善人们的居住环境。城市建设过程中人口的过渡性膨胀与环境污染已成为突出的生态环境问题；在城市规划设计时，要充分考虑改善城市居民的居住环境要求，以保证生态环境与基础建设同步进行；减少对水资源、土地资源有严重污染的建设项目开工建设；引入新兴的生态环境保护原材料，减少非环境保护性建设项目的开工建设，实现改善人们居住环境的主要目的。

②通过绿化建设来改善城市居住环境。城市绿化建设是城市生态环境建设工作的主要手段与方式；城市绿化水平的提高有利于生态环境的建设，通过乔木、灌木与美化用花相结合形成的绿地系统可以改善城市居住条件；在城市绿化系统中，应以客观实际的积温、降水条件为主要参照条件，推动城市绿化建设，改善城市居住环境。

③加强城市环境综合治理力度。在城市规划与建设工作中，主要通过解决城市中心公共资源短缺等主要问题，强化城市环境综合治理工作；减少污染严重的在建项目，普及节能型建筑技术。大力发展公共交通和轨道交通，减少城市交通拥堵现象的发生。

④要保护和节约利用自然资源。在城市规划工作中，可以将城市的资源人为

地分为不可再生性资源与可再生利用性资源；在城市居民区的规划设计中要注意运用生态技术强化保护资源意识；通过扩展绿地人均面积实现资源性节约；对不可再生性资源要尽量采用其他可再生性资源进行代替。

⑤实现人与自然的和谐发展。在城市的规划设计中要以自然与人的和谐为基本格调，通过设计过程中体现的设计主观性来影响人们，实现人与自然和谐发展。

随着我们经济建设的速度不断加快，城市建设发展速度也不断加快。城市用地的规划与保障城市建设发展速度是传统的城市规划的主要工作内容。城市规划工作中，生态环境的规划工作主要坚持物种的多样性原则、坚持保护现有生态环境原则、坚持资源的可回收利用原则。城市规划工作可以通过相应的科技手段来改善城市居民的居住环境。城市规划工作可以通过绿化建设来改善城市人文居住环境。在具体的城市规划工作中要强化城市环境综合治理工作。要保护和节约利用自然资源，实现人与自然的和谐发展（张立梅，2017）。

5.1.3 城市规划与生态环境建设的结合——构建生态型居住区

（1）生态型居住区概念及特点

生态型居住区是以生态学原理为指导思想，以可持续发展为基本目标，以生态技术为主要手段，在建设和使用生态型居住区的过程中减少浪费资源和损害环境，形成人与自然、人与社会协调发展的、健康的、舒适的人居环境。和普通居住区相比，生态型居住区通过住宅单体的生态化和居住环境的生态化体现生态型，因而生态型居住区需要尊重和体现自然规律，符合人性化设计要求，实现优化居住条件的目的。

基于生态要求，城市生态型居住区首先具有亲和自然的特点，主要表现为人与自然和谐统一。生态型居住区内部属于完整的生态系统，居住区内部的要素既是单独的运行机制，又能与外部生态系统良好对接，满足居住区内居民和环境的生存。此外，生态型居住区不仅满足居民对亲近自然的要求，居住区内的自然环境与建筑群相互融合，自然环境和人工环境相互映衬，自然要素和人文景观相互协调。其次，生态型居住区具有社会和谐型特点。城市居住区是社会基本单元，具有很强的社会性。生态型居住区也需要满足传统居住区的社会性属性，提供配置丰富的服务和娱乐设施，满足不同年龄居民的要求，从而营造良好的社会氛围，增进居民间情感交流，实现居住区及其居民长远发展。最后，生态型居住区需具有经济高效与健康舒适相统一的特点。经济高效是指居住区内各要素运行对资源的消耗更少，对环境的危害更小，甚至对环境无害。如生态型居住区内应配置物质和能源供给系统，实现高效无害处理生活废水的目的，减少环境污染（姜亚丽，2018）。

（2）我国生态型居住区设计存在的问题

①重局部表象，轻系统的合理性。建设生态型居住区过程中，为了缩短市场周期提高经济效益，部分开发商一味地开始追求居住区的外部环境建设，以人工景观代替生态景观。造成居住区的景观过于突出表面生态型，而低居住区内部生态系统的合理性和全面规划缺少考虑，即忽视居住区内自然生态系统的客观实际情况。例如开发商以人造水景和人造绿地作为生态自然景观吸引消费者。人造水景虽然可改善居住区的环境，但是人造水景过于表面化，不能真正发挥水景的生态作用。部分开发商出于打造美丽的平面构图，采用各种图案装饰绿地。这种做法未考虑地形特点，忽视了绿化环境的立体要求，没有发挥"物"的造景作用，以至于绿地设计不符合居民的心理感受。

②经济性和舒适性不高。部分开发商过于追求居住区的生态型特点，忽视自身居住区项目的特点和自身能力，盲目运用生态工程技术。这种做法不仅不能达到建设生态型居住区的目的，结果可能适得其反，破坏居住区的生态。也有开发商为追求新奇的居住环境，盲目引进国外贵重植物，如直接移植珍贵树种，达到立竿见影的效果。这些方式不仅违反建设生态型居住区的要求，更导致居住区建设成本过高，且增加许多不必要投入，造成资源浪费。

③生态型居住区环境设计单一。自建设生态型居住区以来，许多地区大力推进建设生态型居住区，但是存在盲目模仿情况，生态型居住区缺乏地域特色，也与地区生态系统不符。在长期的生态力作用下，不同城市都具有本地气息，即地域精神。但是现代居住区景观设计只重视设计新颖，生态型居住区环境规划设计过程中盲目模仿其他城市建设生态型居住区的经验，完全丧失城市的地域精神，缺乏个性鲜明的生态型居住区。

④景观功能过多。为打造高档生态型居住区形象，许多开发商盲目增加居住区的景观功能。开发商建设景观的目的不在于为居民营造舒适的生活空间，更在于增强景观的视觉冲击力。这是一种本末倒置的设计方法，与生态型居住区理念不符，而且开发商热衷于建设气势恢宏、磅礴大气的广场、喷泉等景观，这些景观占用大量空间，构成了不亲切的人工环境，忽视了整体绿色空间的生态功能（李荻，2016）。

5.1.4 完善城市生态型居住区环境规划设计的策略

（1）保护原生态环境

自然界中有各种各样的生物和物种，自然界也是由各种食物构成的生态金字塔。塔底是能够孕育万物的土壤等，而人类就是塔顶最上的生物。原先的生态系统是经过成千上万年形成的，在系统内能够完成物质的循环以及能量的转换。因而，属地原生态表土的保护十分重要。现代城市在开发居住区的过程中，很容易忽略原生态表土的重要性，随意的弃土、填土等行为使得大地的平衡和原来的生态环境都收到严重的破坏。因此，要最大限度地使得居住区的生态土质得到保护，这也是进行生态型居住区设计的一个基础。在设计过程中应当就地取材，借助障景等方法保护原来的生态景观，避免原有生态水土流失（姜亚丽，2018）。

（2）发展立体绿化

设计生态型居住区，能够有效地改善居住区建筑的密度，缓解人口集中以及用地紧张的压力。通过发展屋顶绿化和垂直绿化，拓展小区的绿化空间，不仅使得绿化的覆盖率得到提高，而且还提高了居住区整体的生态质量，这也是提高人民居住环境的一个途径。立体绿化在改善居住环境上不仅能够吸污滞尘，而且在一定程度上能够减少热岛效应，节约资源。比如地毯式屋顶上有常春藤等植物在夏季可以使室内的温度下降 3 ～ 5℃，进而使得空调的耗电量下降 30% ～ 50%。在一些发达国家中，通过将建筑和环境形成统一集体，实现建筑形体同自然的契合，设计出同环境共生的建筑，其中最为重要的一个指标就是立体绿化。例如，使用绿色植物将墙面或者阳台灯覆盖，增加小区的绿地景观，这样更好地获得了环境生态效益。

（3）做好生态文化教育建设

建设生态型的居住区需要广大群众的参与。从一些发达国家中我们可以汲取一定的经验。为什么发达国家公民可以积极地参与到建设和管理中，不仅是因为有了政府的有效引导，关键是其居民具备较高的生态环境意识。生态文化的概念出现较晚，大致在近代时期。生态文化可以说是一种生态价值观，或者是一种生态文明观，所反映的是人类新的生存方式，主张的是人和自然和谐的相处。生态文化有三个层次，分别是物质层次、精神层次和制度层次。我们也可以把生态文化理解成是一种社会意识形态。居住区居民具备的生态意识将是衡量生态型居住区建立的一个尺度。因而，从政府到百姓都应当加强对居住区生态化的建设，树立同自然、经济和谐相处的观念。每个居民都应当知道好的生态环境不但要有社会效益还要有经济效益，还能保护环境。对此，政府以及一些社会团体应当加强对生态文化意识的教育工作，做好生态文化宣传工作（李荻，2016）。

（4）做好小区雨水收集工作

生态型的居住区还应当做好雨水收集工作，这样才能更好地维护居住环境中水环境的平衡。城市化发展促使建筑的密度越来越大，不透水的地面面积也不断增加，天然的排水系统也因此而受影响，这都会给城市环境带来不良影响。例如，使得城市的水资源供需不平衡，等等。而最终导致的是城市水资源的短缺。水环境是居住环境中的一个不可忽视的因子，水景同绿化的结合才能构建出居住区好的自然环境，而好的水环境才能够在生态居住区中发挥出作用。例如，通过使用透水性较好且具有较高渗水性的材料铺在地面，这样不仅可以保护地下的植物和微生物空间，而且还能够达到同环境共生的目标。雨水是水循环系统中一个重要的环节，通过生物技术来收集雨水，然后利用雨水再次使用，不仅实现了雨水的资源化，还维护了雨水自然的循环过程，生态型居住区水系统也能更好地进行良性循环，生态也能得到维护。通过对小区雨水进行收集必然能改善小区的生态环境。

中国历来追求“天人合一”的境界，生态型居住区设计符合人与自然和谐共处的要求，在提倡科学发展的社会大环境中，建设生态型居住区必将成为城市未来发展的目标和人类长远发展的要求。但是城市生态型居住区环境规划设计也是一项系统复杂的工程，它不仅需要从技术上寻求突破，更应该从意识上进行转变，树立真正的生态观，将生态理念真正贯彻至生态型居住区环境规划设计中，才能打造多层次、全方位的生态型居住区，建设人与自然和谐发展的美好未来（刘艳，2016）。

5.2 乡村人居生态环境规划与设计

5.2.1 乡村人居生态环境规划与设计的现状

党的十九大提出“乡村振兴”战略，乡村振兴要求产业兴旺、生态宜居、乡风文明、治理有效、生活富裕。党的十九大报告同时指出当前我国社会主要矛盾已经转化为人民日益增长的美好生活需要和不平衡不充分的发展之间的矛盾。当前我国社会中最大的发展不平衡，是城乡发展不平衡；最大的发展不充分，是乡村发展的不充分。如何解决这个矛盾，关键就在于发展乡村、振兴乡村，使乡村发展与城市同步，消除城乡差异（李高峰，2020）。

我国乡村地区覆盖面大，但不同地区之间差异性较大，经济水平普遍落后。要保持本民族的传统文化和特色，乡村人居环境的规划必须因地制宜，切忌使用城市规划的套路。而厘清乡村人居环境的特征，是明确乡村人居环境规划核心理念的源泉，这二者之间是源与流的关系。

首先要清楚乡村人居环境的特征，其根源在于乡村与城市的背景和组成要素不同。通过对一定数量乡村的考察和分析结果，并结合众多文献书籍中归纳的乡村的九大形体特征，笔者认为乡村人居环境的特征还应当包括以下三点：①人的空间行为习惯与乡村式的生产、生活方式息息相关；②乡村居民之间的交往比较重情感，甚至能影响某些活动的进行；③地域等差异导致“乡土味”浓郁。乡村是一个“熟人社会”。这些特征都使乡村与城市的人居环境有不同的背景和物质景观、不同的生产与生活方式以及不同的人地关系。因此，通过这些可以得知我们在进行乡村人居环境规划时必须要因地制宜地编制规划，不可盲目地模仿城市的规划设计建设，必须要结合农村当地的特色来正确地指导规划建设的实践活动，只有这样才能实现“生产发展、生活宽裕、乡风文明、村容整洁、管理民主”的社会主义新农村建设要求（刘金梁，2014）。

5.2.2 乡村人居生态环境规划与设计的原则与核心理念

（1）乡村人居生态环境规划与设计的原则

①独特性原则。由于乡村的特殊性及其界定的不同，其存在形式多元化，沿袭的人文风俗千姿百态，依附的自然肌理也有所差别，而规划本身却要直接面对这种特定环境和村民。因此，乡村人居环境的这些个性特征导致其规划的内容不一，也没有完全可套用的图纸；乡村人居环境是在已有的“自然进化的要素”背景上做规划设计，从规划理论、设计思想到规划手法均不同于城市，所以不能简单套用城市规划的理论和方法。对于国内外乡村建设实践的成功经验，应结合乡村人居环境的具体情况予以借鉴和学习，而不是一味地复制（刘金梁，2014）。

②生态优先原则。良好的生态环境是乡村美好人居环境的基础，更是乡村可持续发展的前提。因此，在乡村景观规划与设计中要坚持生态优先的原则，维护生态系统稳定，保护还未被破坏的原始自然环境，运用现代技术手段修复已被破坏的生态环境。

③遵从乡土性原则。乡土性是地域乡土文化的表现，具有物质、精神、生态元素的特点，是一种辨识度极高的特性，这种地方性正是乡村差异化、特色化发展的根本。生态理念下，对于景观的规划与设计则更加强调历史与场地精神的延续，要求对乡村环境的建设既要尽可能多地采用乡土技法、材料来体现其特色，又要积极运用先进、高效、具有可持续性特征的现代技术手段来满足现代人居生活要求。生态理念下，对于景观的规划与设计要求在以人为本的基础上实现人与自然可持续发展，而乡土植物是适应当地生态环境最适宜的景观要素之一。相比其他植物，乡土植物对于植物群落的平衡发展有着至关重要的作用，而且是空间场景具备乡土特色、能寄托情感、唤起乡愁的重要条件（史靖塬，2018）。

④可持续性原则。生态理念的应用目标就是通过加强自然资源的使用效率，提倡可再生资源的回收利用与重复使用，以保护并节约自然资源，从根源上防止设计行为的负向干预产生对生态环境的破坏，并尊重场地原有的生态格局与功能。而乡村基础建设、人类生产生活行为等因素势必会对环境产生不良的影响，影响整个地区的可持续发展。因此，在乡村景观规划与设计开发中应始终遵循生态可持续性原则，实现人类和资源及环境共同发展。一方面，通过对清洁能源、不可再生资源的充分利用，实现资源消耗、废弃物产生的减少以及对生态环境的保护；另一方面，通过对可持续性生态材料与创新技术的应用，实现人类活动与生态环境相协调（李小明，2018）。

⑤让自然做功原则。在乡村景观规划与设计中，对于植物群落的配置，应充分考虑自然生态系统是动态的，其自身且具备演替和更新规律，同时具备极强的自我维持与自我修复能力。因此，在设计过程中要充分考虑自然过程来实现人工干预与自然生态相互适应与统一。让自然做工实现整个生态系统的恢复与再生，不仅可以节约生产资源，还可以形成最大化适应生态环境的植物群落景观（熊家欢，2019）。

（2）乡村人居生态环境规划与设计的核心理念

村庄的独特性和绿色生态应是乡村人居环境规划秉持的两个核心理念，二者是相互联系的整体。挖掘独特性需要尊重绿色的基本要求，而发展绿色乡村人居环境的同时要突出乡村的独特性。

①独特性。独特性是以乡土特色为主，以中国传统文化为基础的，整合地域人文特色和地域资源优势形成的一个不可替代的特殊整体，这个整体还必须符合绿色要求。它是乡村人居环境规划研究过程中必须始终坚持的核心思想之一。与

城市人造的、千篇一律的建筑景观不同，乡村聚落环境存在明显的乡土差异性，存在多元的地域文化与道德伦理，主要表现在聚落的结构形式、规模密度、住宅布局形式、农业生产等方面。面对我国城市快速化和乡村人居环境的各种实践活动中出现“舶来品”泛滥、城村面貌趋同的状况，乡村人居环境的规划与设计需要挖掘乡村的个性，走“特色”品牌路线，这是继承和发扬乡村本质及优质的最有效途径，表5-1展现了独特性的要点（刘金梁，2014）。

独特性包含的主要指标表　　表5-1

指标（A）	指标（B）	指标（C）
地域人文特色	民族构成比例	
	民俗活动	传统节日、习俗
	地方文脉	名人故里，某神话传说的出处
	居民行为	空间行为习惯，包括生产、生活行为习惯
乡土建筑特色	建筑风貌	建筑材料、建筑外观形态、色彩等传统符号
	建筑布局	功能划分
地域资源特色	自然资源	水、动植物，生态环境，景观资源
	能源资源	矿产、天然气、石油、太阳能
	其他资源	交通区位优势，特色产业（如茶、酒等）

（资料来源：刘金梁，等.探索乡村人居环境规划的核心理念[J].四川建筑，2014）

②绿色生态。这里的绿色是指乡村人居环境规划要以绿色的理念贯穿始终，发展绿色化的乡村人居环境，其内涵主要体现在三个方面：一是以生态学的基本原理为指导，以乡村自然环境为基础，以村民为中心，规划、建设、经营、管理乡村的人居环境。二是绿色的乡村人居环境是由自然环境、人文环境组成的有机地域综合体，它是一个高效和谐的“社会—经济—自然”复合生态系统。三是充分体现和谐永续发展原则，以3R为目标，采取可持续的能源资源消耗与消费模式，提高能源利用率与资源循环率，利用先进的科学技术解决乡村的再生和不可再生资源重复使用和循环使用等问题。

参考国际上有关的标准和绿色人居环境的发展方向，结合当前我国实际，提取有关乡村人居环境规划绿色理念的主要指标（表5-2）。这些指标多为定性指标，而对指标阈值的确定并无统一方法。目前国内多采用的方法有：一是尽量采用国家标准已规定的指标值；二是参考国外成功案例的取值标准；三是结合国内乡村的现状值推导以确定标准值；四是采用专家打分法来确定指标值；五是对缺

绿色生态包含的主要指标表　　表 5-2

指标（A）	指标（B）	指标（C）
自然环境指标	水环境系统	水质量标准（景观水体），污水处理达标排放率，中水利用率
	气环境系统	SO_2、NO_2 含量，烟尘合格率
	光环境系统	乡村主要道路照明系统，朝阳房间比率（高层、多层），日照对数
	声环境系统	居民点白天噪声等级，室内白天噪声等级
	区位环境指标	远离污染源，地区配套设施
社会环境指标	居民生活	人口密度，人均收入水平，产业绿色化程度，当地人文风俗，邻里关系，社区服务等配套设备
	教育文化	学校数量，教育宣传活动
	区位交通	公共交通路线，机动车可达性，车辆数及车位数与住户比
	基础设施保障	给排水规划设计，防灾减灾设计
生态环境指标	景观绿化系统	绿化覆盖率，植物丰实度，景观结构的科学性
	资源循环利用系统	沼气使用率，雨水收集利用率，太阳能利用率
	废物管理与处理系统	生活垃圾收集及分类，生活垃圾收运及密闭率
科技指标	规划设计人员质量	专业技术人员配比，技术人员等级
	居民点规划设计	人均建筑面积，建筑密度，景观环境，总体功能布局及居民点特色
	建筑设计水平	户型平面及功能布局，绿色材料使用率，建筑节能比例
	通信信息技术	数字或有线电视、网络、电话覆盖率

（资料来源：刘金梁，等．探索乡村人居环境规划的核心理念 [J]. 四川建筑，2014）

乏参考指标值和相关指标统计数据，但在指标体系中十分重要的指标，可暂以类似指标替代。

5.2.3 绿色生态理念在乡村人居生态环境规划与设计中的运用

（1）在建筑景观中的运用

对于乡村建筑景观的营造，需要考虑原有乡村建筑的外貌与总体布局。村落布局应延续传统的山水格局及空间肌理，对于建筑外貌要提炼当地乡土建筑的特色元素，其整体设计在保留传统乡土建筑风貌的同时满足符合现代人居方式。要在规划上充分考虑乡村的地理位置、乡村规模、现状条件、美学要求，在设计中自然美与人工美的结合不仅要保持地方特色，而且要体现整体美的统一性。在建设材料上，尽可能采用乡土材料、生态材料，以降低资源、能源消耗，减少对环境的破坏，而且具有生态效益，从而创造良好的生产生活环境，保持乡土情感，打造优美的乡村风貌。

（2）在道路规划上的运用

道路具有空间组织功能，在道路的规划设计中，首先需要保证村落内外交通的可达性，满足居民的交通便捷要求。对于道路绿化，应体现可持续性的生态原则，以沿路道路绿化构成景观生态廊道，同时考虑地区整体的生态效益，划定廊道建设控制地带。对于交通主干道，以绿化种植和生态修复为主，游步道则宜采用生态可持续的材料。在道路植物的设计中，可以根据环境条件将其分为节点或块状，与周围绿地结合，构成有层次且能演替的群落。

（3）在水体景观中的运用

对于河流、水库、湖泊、塘堰等水体，一方面将淤塞的河塘进行清淤和疏通，使水体产生流动以达到自我净化目的；另一方面清除自然驳岸周边的有害水生植物，补植乡土水生植物。同时，对没有防洪要求的硬质驳岸进行生态化改造，可以使用卵石驳岸或者木桩驳岸等生态驳岸的做法。恢复河流、湖泊等水体的自然形式减少景观的人造痕迹，达到水体景观的生态效果，从而保证植物从水生到陆地形成完整的生存序列。

（4）在植物景观中的运用

植被是乡村重要的生态基底，是乡村景观中面积最大、连接度最高、对景观功能的控制作用最强的景观要素。在规划建设中，要维护原有的自然植物生境，对于遭受破坏的植物生境进行生态补植恢复。对于人工植物群落的构建，在植物选配中注意群落的季相变化，在尽可能使用乡土树种的情况下考虑群落在时节上的韵律美。对于植物群落中不同植物的选配要符合植物的生长规律，结合地形充分考虑空间上的序列关系。构建植物群落时宜选用乡土植物。一方面，乡土植物经过长期的自然选择，对于环境具有较强的适应力，以乡土植物构成的植物群落抗逆性强且群落稳定；另一方面，乡土植物所构成的植物群落最能体现一个地区独有的自然风貌，彰显乡土特色（熊家欢，2019）。

5.2.4 绿色生态文明建设背景下农村生态治理的路径

（1）以绿色发展理念为引领提高农业现代化水平

党的十九大报告指出“发展是解决我国一切问题的基础和关键，发展必须是科学发展，必须坚定不移贯彻‘创新、协调、绿色、开放、共享’的发展理念”，“绿色发展理念”是五大发展理念之一，更是指引农业发展的关键环节，2018 年中央一号文件更是多次强调“绿色兴农”。农业绿色发展既是提升农产品质量的可靠保障，也是农村生态治理的重要途径。首先，要贯彻“绿色兴农”的思想，通过农业科学技术积极引导农业走上绿色发展道路。其次，要创新农业绿色发展的模式，养殖业的循环发展系统，走可循环的农业绿色发展之路。最后，要探索农业绿色发展的具体方法，逐步实现农业物资即种子、饲料、化肥、农药、地膜等的无害化，逐步实现现代种养殖技术的广泛普及，真正达到农业绿色发展的全面化，真正实现农业现代化。

（2）以地方政府为主导加大农村生态治理的规划与扶持

首先，各地政府在中央政策指引下，据农村各地生态环境状况、经济发展状况等实际情况制定不同的农村生态治理规划。其次，农村生态治理不仅涉及农业种养殖，还涉及农村居民生活，应统筹兼顾各方，全面推进农村生态治理工作。最后，地方政府要加大资金扶持，为农村生态治理提供资金保障。各地政府根据地方经济情况制定合适的资金扶持政策，可专门设立农村生态治理专项资金并逐年增加投入，以保障农村生态治理资金专项专用。同时，地方政府也可通过募集资金、优惠政策等方式鼓励社会资金积极参与到农村生态治理行动中来，积极有效加强农村生态治理。

（3）以农村居民为主体全面提升农村生态环境保护意识

农村生态治理离不开政府的保驾护航，更离不开农村居民的参与和支持。农民居民是农村生态治理的主体，其生态环境保护意识和行动影响着农村生态治理的成效。因此，提升农村居民生态环境保护意识，加大对农村居民生态环境保护知识的普及是推进农村生态治理工作的重要一环。首先，要提升农村干部的生态环境保护意识和行为，作为农村生态治理的带头人要强化自身能力和素养，才能在实际工作中起到引领作用。其次，要广泛运用传统媒体和新媒体方式开展生态文明教育宣传，潜移默化中引导农村居民提升生态环境保护意识，自觉参与生态治理和环境保护行动。最后，通过树立农村生态环境保护典型代表来引领农村居民争做农村环境保护实践者（樊艳芳，2019）。

5.3 国土区域生态环境规划

国土规划是从国土资源的合理开发利用和治理保护的角度出发，围绕国家在一定时期的总目标和总任务，对国土资源和经济建设进行总体的部署；进行生产力布局，提出重大国土整治的蓝图和构想，协调人口、资源、环境的关系。最终目的是使国土开发整治与经济建设取得更好的生态经济、社会效益。生态环境规划是国土规划的重要组成部分，在一个区域国土规划中，不进行生态环境规划，将会失去国土规划的战略意义和作用，在经济社会发展的实践中将造成重大损失。人类在开发利用国土资源中，有时只考虑眼前经济效益，忽视或违背了生态规律，使资源遭到严重破坏、生态环境恶化。例如，森林资源被破坏、草原退化、水土流失严重、土地沙漠化、地表水域缩小、地下水被过度开采，导致地面沉降、珍稀动植物的灭绝等。这些重大生态环境问题严重地威胁着人类的生存与发展。目前我国水质、大气污染造成的经济损失，每年就有100多亿元。环境污染发展趋向，已由大城市向中小城市扩展，由陆域向海域推进，由城市向农村蔓延。客观需要我们对国土资源和生态环境进行整治。在《全国国土总体规划纲要》中明确提出，正确处理经济发展同人口、资源、环境的关系日益成为一个十分重要的课题。重点论述了土地、水资源的利用和治理，森林、海洋资源的开发与保护，以及环境污染的综合治理和有效保护。从广义上看，国土整治就是宏观的生态经济系统的保护和建设。

原环境保护部从2015年起通过试点探索逐步形成了一套关于划定生态保护红线、环境质量底线、资源利用上线以及编制生态环境准入清单（简称“三线一单”）的技术体系，2018年将其更名为区域空间生态环境评价，以期作为环境空间管制的重要抓手。其间，我国国土空间规划体系建设要求不断明晰，技术方法不断完善，目前已经进入全面推进阶段。由于这两项工作分别由生态环境部和自然资源部组织开展，导致二者在层级体系、数据基础、空间划分、技术方法等方面存在诸多不协调之处。鉴于国土空间规划已被定性为基础性、战略性、约束性和统领性规划，区域空间生态环境评价的功能定位和工作内容亟须做出调整。具体而言，可定位为专门面向国土空间规划的战略环境评价，同时突出环境质量底线约束和生态环境治理功能。国土空间规划体系中含有多重生态环境保护的内涵，主要包括生态安全底线、生态保护红线、生态修复任务和目标、资源环境承载力等内容。无论是横向的重大专项设计，还是纵向的五级（全国、省、市、县、乡镇）规划工作内容，每个环节都与生态环境密切相关。不仅如此，只有国土空间的生态属性优先于其发展属性，才能保障国土空间的使用和有序。因此，亟须制定生态环境保护专项规划，以支撑国土空间规划体系顺利实施（刘贵利，2019）。

5.3.1 国土空间规划概念及相关政策

（1）基本概念

国土空间规划在我国并非空穴来风，党的十八大报告提出将“优化国土空间开发格局”作为生态文明建设的举措，意在进行国土空间规划领域的全面改革，解决长期以来我国涉及国土空间的规划类型多样、空间上条块分割交叉重叠、政策上相互矛盾左右掣肘、层次上监管不力上下脱节等顽疾。之前涉及国土空间规划主要有原国土部门的“土地利用规划”，城乡建设部门的“城乡规划”，另外还有“主体功能区规划”“生态建设规划”“环境保护规划”等，以及涉及某一具体地块的自然保护区总体规划、风景名胜区总体规划等。近年涉及国土空间规划改革的相关研究也愈发丰富，从“多规合一”、理论探索、体系构建、用途管制等不同层面展开（黄征学，2019）。

（2）相关政策发展

党的十八大以来，根据党中央、国务院关于严守生态保护红线、环境质量底线和资源利用上线的相关论述和要求，原环境保护部从2015年起开展试点，于2017年12月印发了《“生态保护红线、环境质量底线、资源利用上线和环境准入负面清单”编制技术指南（试行）》，从2018年开始在长江经济带11省（市）及青海省大力推进“三线一单”编制。其内容主要包括两个方面：一是研究确定2020年、2025年、2035年各地市级行政单元或相关环境控制单元的环境质量目标，确定主要污染物允许排放量和减排路径；二是针对生态、大气、地表水、土壤及土地、水资源和能源等环境、资源要素，分别划定优先保护单元、重点管控单元和一般管控单元，最后统筹划定环境综合管控单元，并针对每一单元编制生态环境准入清单，作为环境保护参与空间管制的抓手。目前，长江经济带11省（市）及青海省已经完成“三线一单”编制工作，其余19省（区、市）正在大力推进。

从2014年开始，我国首先在全国28个市县开展了“多规合一”试点，2017

年进一步扩展到省级层面，开展了省级空间规划试点（杨伟民，2019）。在此基础上，2019年，中共中央、国务院联合印发了《中共中央国务院关于建立国土空间规划体系并监督实施的若干意见》（以下简称《若干意见》），明确提出在资源环境承载能力和国土空间开发适宜性评价的基础上，科学有序统筹布局生态、农业、城镇等功能空间，划定生态保护红线、永久基本农田、城镇开发边界等空间管控边界以及各类海域保护线，强化底线约束。至此，以资源环境承载能力评价和国土空间开发适宜性评价为基础划定“三区三线”，编制国土空间规划的技术路径和内容框架基本确定。其间，自然资源部还组织编制了《资源环境承载能力和国土空间开发适宜性评价技术指南》（征求意见稿，以下简称《指南》），提出了详细的工作流程和技术方法。中央要求到2020年基本建立国土空间规划体系，目前国家和省级国土空间规划已经开始编制。

（3）层级体系

根据《若干意见》，国土空间规划包括总体规划、详细规划和相关专项规划，其中国家、省、市县编制国土空间总体规划，各地结合实际编制乡镇国土空间规划。因此，未来的国土空间规划至少是“三级三类”规划体系。对于区域空间生态环境评价，尽管其试点工作始于地市一级，但普遍实施则在省级行政单元，即生态、大气、水、土壤等环境要素管控单元的划分都是在省级行政区范围内开展，仅对各个地市提出2020年、2025年和2035年的环境质量目标、资源利用上线目标和环境容量目标。尽管一些技术规范也提出要以地市（州、盟）为单元，但在地市级层面开展工作的相对较少（何子张，2019）。总体来看，国土空间规划分为三个层级，评价精度从国家、省、市、县依次提高，能够起到层层嵌套、逐步聚焦的作用，同时也为地方进一步开展工作留有余地。与之相比，区域空间生态环境评价目前并无明确的层级体系，一些地方在实践中存在“一竿子插到底”的想法，事实上很难做到，也很难与各级国土空间规划对接。

（4）数据要求

对比区域空间生态环境评价和国土空间规划对基础数据和评价成果的要求，发现二者存在明显差别。具体而言，一是评价底图和比例尺不同。区域空间生态环境评价一般使用过去生态保护红线划定时使用的底图，优先采用1:10000比例尺或1:50000比例尺，而本次国土空间规划则统一采用第三次全国国土调查数据作为底图基础，其中省级国土空间规划主要采用1:100000～1:250000比例尺。二是最小行政单元不同。区域空间生态环境评价中的各类要素管控单元一般会拟合到乡镇边界，而省级国土空间规划中很多要素的评价单元只到区县一级，并且是以县级行政区为单元来综合确定生态保护、农业生产、城镇建设评价结果。三是所用数据的精度不同。例如，区域空间生态环境评价使用的栅格数据一般为 30m × 30m，大气模拟使用 3000m × 3000m 网格，而省级国土空间规划将 50m × 50m 栅格作为基本评价单元，大气模拟则采用 5000m × 5000m 网格。总体来看，区域空间生态环境评价的数据精度要高于国土空间规划。然而，由此也会造成二者对同一指标的评价结果在空间上难以叠合。如果数据来源不同，这一问题会更加突出。空间划分国土空间规划的主要工作是划定“三区三线”，即生态空间、农业空间、城镇空间和生态保护红线、永久基本农田、城镇开发边界，其中“三区”划定是基础和核心，技术依据为自然资源部组织编制的《指南》。区域空间生态环境评价则是根据中央关于严守资源消耗上限、环境质量底线、生态保护红线等相关文件精神演绎形成，偏重于资源环境要素管控。由于以上工作分别由两个部门组织推进，进度也不一致，因此二者在技术上属于两套体系，同类图件在表达方式上也各不相同。

（5）评价方法

国土空间规划通过资源环境承载能力评价和国土空间开发适宜性评价确定特定区域是适合生态保护、农业开发还是城镇建设，所用指标涉及多个领域，属于综合性评价。区域空间生态环境评价则偏重于生态、大气、地表水、土壤等环境要素和水、土、能源等自然资源的空间差异性，只涉及资源环境保护领域，属于专项评价。对于生态空间的评价和划定，区域空间生态环境评价使用 2017 年原环境保护部和国家的其他部门颁布的《生态保护红线划定技术指南》，国土空间规划则使用自然资源部编制的《指南》，技术路线明显不同。此外，二者使用的评价指标和分级也不完全一致（表 5-3）。例如，国土空间规划并不使用盐渍化指标来评价生态敏感性，但却增加了沙源流失、海岸侵蚀指标；对于生态重要性评价，国土空间规划主要使用模型法，而区域空间生态环境评价既可使用模型法，也可使用净初级生产力（NPP）定量指标评估法；国土空间规划的生态重要性和敏感性评价分级为 5 级，而区域空间生态环境评价为 3 级。综上，二者对于生态空间和生态保护红线的划定必然出现不同结果。其中，一些地方已经按照《指南》中的技术方法对原生态保护红线划定结果进行了评估和修订（耿海清，2019）。

区域空间生态环境评价与国土空间规划相关空间对比　　表 5-3

国土空间规划中的“三区”	“三线一单”中的相关区域	主要空间对象	技术规范或依据
生态空间	生态保护红线	生态功能极重要区和生态极敏感区，并确保保涵盖国家级和省级禁止开发区域	生态保护红线划定指南（原环境保护部和国家发展改革委 2017 年联合发布）
	一般生态空间	生态功能重要区、生态环境敏感区及其他需要保护的区域	
农业空间	农业地优先保护区	基本农田、重要养殖区、商品粮基地、果园等优先保护类农用地集中区	农用地土壤环境质量类别划分指南（试行，原环境保护部和原农业部2017年联合发布）
	农业地污染风险重点管控区	土壤超标的农用地；产出的农产品污染物含量超标的农用地等	使用城镇规划成果
城镇空间	城镇规划区	使用现有的城镇规划区范围或城镇开发边界范围，不进行专门的评价	使用工业园区规划、规划环评等成果
	工业集聚区	使用现有的产业园区、工业园区等范围，不进行专门的评价	

（资料来源：耿海清，等.试论区域空间生态环境评价如何参与国土空间规划 [J]. 环境保护，2019）

5.3.2 国土空间规划方法

毋庸讳言，尽管最初的“三线一单”现在已经更名为区域空间生态环境评价，但在本质上仍然属于环境保护规划。鉴于《若干意见》已经明确提出不在国土空间规划体系之外另设其他空间规划，因此此项工作亟须重新定位并调整工作重点。

（1）突出战略环境评价定位

《若干意见》在确立国土空间规划地位的同时也提出要加强生态环境分区管治，依法开展环境影响评价。根据国际实践和我国《环境影响评价法》要求，针对国土空间规划的环境影响评价理应为高层次战略环境评价。为此，应淡化区域空间生态环境评价的规划色彩，突出其战略环境评价功能，并借此参与国土空间规划工作。具体而言，一是应考虑将“区域空间生态环境评价”更名为“国土空间生态环境评价”或“国土空间规划环境影响评价”，通过正名可进一步明确工作定位。二是应主动及早将区域空间生态环境评价内容纳入各级各类国土空间规划编制工作中去，使其真正成为政府决策的重要环节，充分发挥战略环境评价的决策辅助作用。为此，要尽快与自然资源管理部门协调，将环境影响评价作为国土空间规划编制过程中的必要环节。三是应以工作为重点。对此，要把某一具体的国土空间规划初步成果作为评价对象，根据中央要求重点评价“三区三线”划分的环境合理性和协调性。四是应加强区域资源环境问题诊断。分析区域资源环境问题及其演变规律是过去大区域战略环境评价的重要工作，也是国际上各类战略环境评价的重点，针对国土空间规划开展的环境评价也应将此作为工作重点。

（2）强调环境质量底线约束

区域空间生态环境评价中的“环境质量底线”是环保部门的职责所在，并且与其他部门的管理权限并无冲突，今后可以考虑从以下方面进一步强化：一是参与环境容量设定。国土空间规划在编制过程中会评价各级行政单元大气、水、土壤环境容量对城镇建设和农业发展的支撑能力，而这正是区域空间生态环境评价的重要工作内容。为此，应发挥好生态环境主管部门的数据和技术优势，在环境容量计算方面为国土空间规划提供支撑，明确底线约束条件。二是可以对“三区三线”提出环境管理目标。“三区三线”是典型的地域经济综合体，需要从多个方面进行刻画和限定，其中环境保护目标无疑是重点之一。对此，至少可以对生态空间中的重点生态功能区、城镇空间中的城镇规划区、工业园区、重点矿区等提出阶段性环境保护目标，作为生态环境主管部门监管的基础。三是可以进一步做好水、大气、土壤等环境要素的管控分区工作。大气环境弱扩散区、生态用水补给区、高污染燃料禁燃区等仍可作为生态环境主管部门的独有管控单元进行管理，并为国土空间规划中的详细规划和专项规划编制提供指引。四是基于以上工作建立的“三线一单”数据共享平台应与国土空间基础信息平台整合对接，共同发挥好规划实施监管和资源环境承载能力监测预警功能。

（3）凸显生态环境系统治理功能

如果将目前开展的区域空间生态环境评价定位为专门面向国土空间规划的战略环境评价，那么除了按照党中央、国务院的要求对“三区三线”划分的环境合理性和协调性进行评价外，还应在区域资源环境问题诊断的基础上提出相应的对策措施。对此，可考虑重点做好以下几个方面的工作：一是可以针对城镇空间、农业空间提出生态建设和污染物排放控制方案或路径，进而为生态环境主管部门制定专门的环境保护规划提供指引；二是在与“三区三线”协调对接的基础上，坚持问题导向，提出重点区域、流域的生态环境保护措施，特别是应将大气、地表水、土壤等环境要素管控单元的空间管制作为重点，成为国土空间规划的有益补充；三是要重点编制好城镇空间生态环境准入清单，包括城镇规划区（城镇开发边界）、工业园区、重点矿区等，这是生态环境主管部门的职责所在。这类单元开发强度大、污染物排放多、资源环境问题突出，同时边界清晰、责任主体明确，是各级政府生态保护和污染防治的重点区域，也是国土空间规划需要重点关注的区域。

（4）贯彻均衡、集约、可持续战略导向的空间规划

战略导向是各类规划编制的基础，决定了规划的实施前景。随着社会经济的不断发展，规划战略导向也从“开发”变为“保护”，战略的转变和创新十分重要。空间规划应从立法就开始贯彻战略导向，将均衡发展、集约发展、可持续发展等理念落实到空间规划中，并制定相应的实施政策与措施，进而实现国土空间的合理利用和均衡发展，协调社会经济建设与生态环境良性发展。以均衡发展为目标，构建覆盖全国国土的空间规划体系，减少各地区在空间和社会经济上发展的不平衡；以集约发展为理念，优先考虑社会的公共福祉，保障资源和空间的高效高质利用；以可持续发展理念为指导，推进生态文明建设，优化空间资源潜力，提升国土的生态功能，实现国土空间资源的持续发展与利用（李经纬，2019）。

国土空间规划体系建设的初衷是实现“多规合一”，形成全国国土空间开发保护“一张图”。通过规划体制改革和国务院机构改革，主体功能区规划、土地利用规划、城乡规划等主要空间规划已经可以整合。在此背景下，生态环境主管部门应该充分发挥区域空间生态环境评价的战略评价功能，借此深度参与国土空间规划编制，并成为环境保护规划与国土空间规划协调、对接、整合的重要平台。为此，生态环境主管部门需要与自然资源主管部门通力合作，在各个层面做好工作对接，共同推进我国生态文明体制建设。

5.4 自然保护地规划与设计

国土空间规划和自然保护地规划都是目前中国生态文明体制建设中的重要任务，两者都处在制度改革的关键时期，也都涉及梳理以往制度体系、整合既有部门职责、衔接相关技术标准、创新体制机制设计等方面的新要求。《若干意见》明确了自然保护地规划作为国土空间专项规划的基本定位。然而，“专”在何处，如何在完成自身改革任务的同时，嵌入优化国土空间规划体系等问题尚未明辨。

本书从功能、层次、时序、地类和法律五个视角提出国土空间规划中自然保护地规划定位，以期作为进一步展开自然保护地规划与国土空间规划技术衔接、标准整合和制度创新等问题研究的基础。

5.4.1 我国自然保护地体系建立的探索历程及相关政策解读

（1）我国自然保护地体系建立的探索历程

自美国1872年建立黄石公园以来，国家公园建设运动逐步在世界各国推广，加拿大、澳大利亚与新西兰分别于1880年前后，南非与日本分别于1930年前后相继建立了各自的第一个国家公园。相较于美国等先行国家，我国关于国家公园体制的建设工作起步较晚，从我国国家公园体制建设的探索历程看，最早可追溯到民国时期，总体上可分为三个阶段，即民国时期国家公园体制建设的萌芽阶段、以“类国家公园”为主体的自然保护地体系发展阶段和国家公园体制建设上升为国家战略阶段。

①民国时期国家公园体制建设的萌芽阶段。早在1929年，我国造园学的倡导者和奠基人陈植先生就为太湖制定了我国首个国家公园规划方案，并主编出版《国立太湖公园计划书》。在该计划书中，陈植先生提出：“盖国立公园之本义，乃所以永久保存一定区域内之风景，以备公众之享用者也。国立公园事业有二，一为风景之保存，一为风景之启发，二者缺一，国立公园之本意遂失。”此后，受国内外政治与战争动荡局势的影响，国家公园建设工作并未在我国得到进一步推广。

②以“类国家公园”为主体的自然保护地体系发展阶段。中华人民共和国成立之后，于1956年建立了自然保护区制度，并于同年10月由国家林业局提出建立我国第一个自然保护区，即广东肇庆鼎湖山自然保护区。截至2018年6月，我国国家级自然保护区共474处。1981年我国建立风景名胜区管理制度，自1982年起，国务院共公布了9批、244处国家级风景名胜区。除此之外，我国还陆续批设国家级的森林公园、地质公园和湿地公园等一系列“类国家公园”。2008年6月，云南省被批准为“国家公园”建设试点省，提出建设香格里拉普达措、梅里雪山和丽江老君山等8个国家公园。经过60多年的探索与发展，我国逐步建立了以风景名胜区、自然保护区等一系列“类国家公园”为主体的自然保护地管理体系。虽然我国的风景名胜区设立之初名义上对外宣称为“中国国家公园”，但是并没有发展成为国际标准意义上的国家公园。实际上，我国现有的各

种“类国家公园”在定义和功能要求等方面均与国际上认证的国家公园不完全吻合，如自然保护区侧重实行最严格的保护，风景名胜区则更强调游览功能。

③国家公园体制建设上升为国家战略阶段。近几年来，国家公园体制建设议题逐步进入中央顶层设计环节。中共中央十八届三中全会提出，建立国土空间开发保护制度与国家公园体制；2015 年 5 月，国家发展改革委与 13 个部门联合印发了《建立国家公园体制试点方案》，提出推进 10 个国家公园体制试点工作的具体要求，希望通过试点工作形成统一、规范、高效的管理体制和保障机制，从而总结出可复制、可推广的应用模式；2017 年 9 月，中共中央办公厅、国务院办公厅发布《建立国家公园体制总体方案》；2017 年 10 月，党的十九大报告提出“建立以国家公园为主体的自然保护地体系”的战略要求；2018 年 4 月，国家公园管理局揭牌，负责统一管理各类自然保护地；2019 年 6 月，中共中央办公厅、国务院办公厅印发《关于建立以国家公园为主体的自然保护地体系的指导意见》（以下简称《指导意见》）。这一系列顶层政策的出台，标志着我国的国家公园体制建设已上升为国家战略，也意味着在生态文明建设背景下，我国即将迈入自然保护地治理体系与治理能力现代化的新阶段（唐小平，2019）。

国家公园体制虽然已在全球广泛推广，但由于政治、经济和社会制度等方面的差异，各国关于国家公园的具体内涵和功能定位却不尽相同。2013 年，世界自然保护联盟（International Union for Conservation of Nature，简称“IUCN”）出版的《世界自然保护联盟自然保护地管理分类应用指南》明确将自然保护地定义为“明确划定的地理空间，通过法律或其他有效方式获得认可、承诺和管理，实现对自然及其所拥有的生态系统服务和文化价值的长期保护”，并将自然保护地体系划分为六个类别，其中国家公园属于第Ⅱ类。虽然各国在 IUCN 分类体系形成之前早已建立国家公园体系，但 IUCN 关于自然保护地与国家公园的定义已成为国际标准（林凯旋，2019）。

（2）相关政策解读

2017 年 9 月我国颁布的《建立国家公园体制总体方案》首次明确国家公园的定义为“由国家批准设立并主导管理，边界清晰，以保护具有国家代表性的大面积自然生态系统为主要目的，实现自然资源科学保护和合理利用的特定陆地或海洋区域。国家公园的首要功能是对重要自然生态系统的原真性、完整性进行保护，同时兼具科研、教育、游憩等综合功能”；2019 年 6 月我国颁布了《指导意见》，这意味着我国自然保护地体系的全面革新已进入国家战略指引下的实质性推动阶段。在生态文明建设背景下，建立以国家公园为主体的自然保护地体系工作的开展，体现的是对自然遗产可持续保护与管理的最优化理想模式的追求，也是当下我国自然资源制度改革的重要组成部分，其他相关文件介绍见表 5-4。本书从我国自然保护地体系建立的探索历程及现实困境入手，以推进自然资源治理能力现代化为导向，提出建立以国家公园为主体的自然保护地体系的具体重构路径。

相关的政策文件解读　　表 5-4

序号	政策文件	颁布时间	相关重点内容	颁布主体
1	《中共中央关于深化改革若干问题的重要决议》	2013 年 11 月	划定生态保护红线，建立国土空间开发保护制度，建立国家公园体制	党的十八届三中全会
2	《建立国家公园体制试点方案》	2015 年 5 月	在试点区域探索统一、规范、高效的管理体制和资金保障机制，形成可复制、可推广的保护管理模式	国家发展改革委、财政部、住房城乡建设部等 13 个部门
3	《生态文明体制改革总体方案》	2015 年 9 月	提出构建自然资源资产产权制度、国土空间开发保护制度、生态文明绩效评价考核和责任追究等制度	中共中央、国务院
4	《建立国家公园体制总体方案》	2017 年 9 月	建立分级统一的国家公园管理体制，提出制定《国家公园法》	中共中央办公厅、国务院办公厅
5	《决胜全面建成小康社会，夺取新时代中国特色社会主义伟大胜利》	2017 年 10 月	提出建立以国家公园为主体的自然保护体系	党的十九大报告
6	《深化党和国家机构改革方案》	2018 年 3 月	组建中华人民共和国国家公园管理局，加挂国家公园管理局牌子	中共中央
7	《关于建立以国家公园为主体的自然保护地体系的指导意见》	2019 年 6 月	提出建构自然保护地分类体系、管理机制、监督体系、法制机构等具体内容要求	中共中央办公厅、国务院办公厅

（资料来源：林凯旋，等. 国家公园为主体的自然保护地体系构建的现实困境与重构路径 [J]. 规划师，2019）

在保护规划研究领域中，系统保护规划（Systematic Conservation Planning，简称“SCP”）是一种循序渐进推进保护地规划的方法，当前保护规划已形成了以系统保护规划方法为主导的相对完整的体系。传统保护方法以专家决策为主导，而 SCP 则系统地考虑了保护区尺度、连通性、边界长度以及建立保护区所需的经济和社会成本。量化的保护目标、保护成本及边界紧密度等在保护生物学领域研究发展迅速，并在近年来呈现了除生物多样性之外的其他保护价值与保护目标，如生态系统服务功能的研究趋势，表 5-5 体现了两个相关政策未来的计划。

关于自然保护体系的政策意见解读　　表 5-5

"三步走"时间节点		《若干意见》内容	《指导意见》内容
第一步走	2020 年	①基本建立国土空间规划体系，逐步建立"多规合一"的规划编制审批体系、实施监督体系、法规政策体系和技术标准体系；②基本完成市县及以上各级国土空间总体规划编制，初步形成全国国土空间开发保护"一张图"	①提出国家公园及各类自然保护地总体布局和发展规划，完成国家公园体制试点，设立一批国家公园；②完成自然保护地勘界立标并与生态保护红线衔接，制定自然保护地内建设项目负面清单，构建统一的自然保护地分类分级管理体制
第二步走	2025 年	①健全法规政策和技术标准体系；②全面实施监测预警和绩效考核制度；③形成以空间规划为基础、以统一用途管制为手段的空间开发保护制度	①健全国家公园体制，完成自然保护地整合归并优化；②完善自然保护地体系的法律法规、管理和监督制度，提升自然生态空间承载力，初步建成以国家公园为主体的自然保护地体系
第三步走	2035 年	①全面提升国土空间治理体系和治理能力现代化水平；②基本形成生产空间集约高效、生活空间宜居适度、生态空间山清水秀、安全和谐、富有竞争力和可持续发展的国土空间格局	①显著提高自然保护地管理效能和生态产品供给能力，自然保护地规模和管理达到世界先进水平，全面建成中国特色自然保护地体系；②自然保护地占陆域国土面积 18% 以上

（资料来源：潘尧，等. 国土空间规划指导约束下的风景名胜区规划编制探讨 [J]. 规划师，2019）

5.4.2 自然保护地规划在我国国土空间规划中的定位

（1）功能定位：以自然保护为首要目标

我国土地利用规划和主体功能区规划的基本出发点是如何更好地开发和利用土地或自然资源，通过科学确定自然资源承载力来确定土地的开发利用强度。这一逻辑与自然保护的潜在矛盾在于，自然资源承载力高的地方，往往能够提供更多的生态系统服务，其自然保护的价值也是最高的。因此在土地利用决策上倾向于保护还是开发依然不能明晰。而主体功能区规划中的禁止开发区的划定，总体上也依据已有自然保护地划定，并无新增自然保护地的功能。

《若干意见》指出“在资源环境承载能力和国土空间开发适宜性评价的基础上”，科学有序统筹布局各类国土空间。其中的“资源环境承载能力评价”和“国土空间开发适宜性评价”即为“双评价”。“双评价”的意义在于国土空间的开发利用要与资源环境承载能力相匹配，重点在于提升土地的效率和效益。而从“双评价”相关技术指南提供的方法来看，一方面，对生态重要性评价的基本逻辑是基于现状而非面向未来的，即没有从生物迁徙、扩散的需求来考虑未来自然保护所需空间；另一方面，遵循市县级的评价，若没有详细数据则遵循上一级评价结果的原则，相当多的市县将不再进行评价。而我国和全球一样，生物多样性的本底数据严重不足，则更加剧了无法从生物多样性保护的角度提出评价方法、技术路线和基本结论的局面。可见，在新一轮国土空间规划的基本技术路径中，仍然缺乏以自然保护为出发点的逻辑建构。

以自然保护为出发点，侧重的是如何满足自然的需求，不在于如何从人的需求角度出发对国土空间进行合理开发和利用，而在于如何为国土空间留下最真实的自然和最美的空间。因此，要强调自然保护地规划的功能定位是“以自然保护为首要目标的专项规划”，提出自然保护的规模总量、空间布局和空间管制要求，从而为整个国土空间“人与自然和谐”天平的自然一端增添砝码。实现以自然保护为首要目标的专项规划这一定位，在技术路径上需要满足的基本要求之一是能够以自然保护为目标划定最需要保护的国土空间，这也是自然保护地体系规划应该着力解决的问题。从目前的研究成果来分析，至少有三条路径可以实现。

①充分整合已有各类自然保护地和已有各类生态保护相关的空间。自然保护地体系建设范畴包括国家公园、自然保护区、风景名胜区、森林公园、地质公园、湿地公园等，还包括各类“世界级”的称号所覆盖的国土空间，如世界遗产、人与生物圈保护区、世界地质公园、国际重要湿地等；其他各类生态保护相关的空间，主要包括生态红线范围、水源地、水产种质资源保护区、重点在生态修复区域等国土空间。这一路径的优势在于，可以系统梳理各类涉及自然保护地国土空间的重叠交叉，系统性解决自然保护地体系的问题，厘清自然保护地和其他具有保护功能的用地的关系；但弊端在于，可能存在漏洞，即可能存在应该被保护但在已有各类保护类用地中尚未出现的区域。

②荒野研究。“荒野”的定义在一定程度上契合我们对“自然保护目标”的界定，即那些尚未被人类干扰或很小程度的干扰，但自然本身仍发挥着绝对主导作用的地方，是应该受到保护的。目前荒野制图研究已经能够初步显示以自然保护

为主要目标的空间分布，但目前研究的弊端仍体现在对生物多样性的考虑上显出不足。

③从保护生物学的视角进行分析。分析动植物适宜栖息空间，包括其迁徙廊道，从而划定需要受到保护的国土空间。相关研究成果已经可以明确显示部分物种的适宜栖息地或关键廊道尚未受到保护。这些国土空间最有可能是在“资源环境承载力评价”中适宜建设的空间，或已经被破坏而需要生态修复或恢复的空间，应该纳入自然保护地体系，或在城镇空间中明确用途管制内容。但这类研究不仅总体上受制于数据的可获得性，如前文所述，在国土空间规划体系中，尚无法识别这类区域。

因此，以自然保护为首要目标的功能定位的必要性，从上述分析中可见一二，其实现尚需要严谨的科学研究和切实的整合路径。

（2）层次定位：贯穿三级规划体系

《若干意见》明确指出“分级分类建立国土空间规划”，国家和省域层面侧重战略指导、规模管控、指标下达，市县层面侧重指标传导和落地实施。自然保护地规划在国土空间规划中应贯穿整个规划体系，并贯彻国家、省域和市县三级规划体系的基本原则。

在国家层次上，有两个方面的内容应纳入国土空间规划：国家公园空间布局和自然保护地体系规划。国家公园强调对国家代表性的体现，是能够代表国家重要意义的大面积生态系统和大尺度生态过程的国土空间。国家公园空间布局应经过科学严谨的论证，从符合我国国家公园定义的角度提出空间布局方案，其筛选过程总体上应是自上而下的。因此应将国家公园空间布局整体纳入国土空间规划，作为战略性指导和规模管控要求。在省域层次上，应编制“以国家公园为主体的自然保护地体系规划”。据各省不同情况，落实各类自然保护地的规模总量，确定各类自然保护地单元的空间边界，明确各类自然保护地用途管制正面清单和负面清单，明确用地指标总量要求。在市县层次上，自然保护地规划负责落实省域自然保护地规划提出的空间布局，具体刻画自然保护地边界，协调自然保护地边界与基本农田、城镇发展控制线的关系，对用地指标进行精确化处理和空间落位，落实各类空间用途管制政策（赵智聪，2019）。

（3）地类定位：新设一类“生态用地”

我国目前使用的用地分类，主要有土地利用规划、城乡规划、绿地系统规划和风景名胜区规划等内容中规定的地类。正在开展的国土空间规划试点中，湖南省已经纳入了生态用地类型，但只是简单地把原土地利用规划用地分类中的“未利用地”重新命名为生态用地。

新设“生态用地”应为一个大类，与目前建设用地、农用地、未利用地并列；“生态用地”大类中，可按资源类型的不同设置小类。对于某一自然保护地而言，其主要地类应为生态用地中的某些类型，但也会因为管理用房、访客设施等的存在而设有建设用地大类中的某些类型。而在农业空间或生活空间中，也可设置生态用地大类中的某些地类，以支撑农业和城镇空间中的生物多样性保护。新设“生态用地”的意义有以下三个方面：其一，在认识上，扭转“用地都是资源，而资源都要用来开发”的普遍理解，强调生态用地的保护目标，这类用地的基本功能是满足自然本身的需求。其二，在规划操作上，只有独立出生态用地类型，才能给这类用地以不同的评价标准，不同于一般农用地类型中的林地、草地等以其生产力为基本评价标准，也不同于未利用地等以其适宜开发的程度，或能否转化为其他用地的能力为评价标准，生态用地评价的基本准则和逻辑起点应为其自然原真性。其三，在用途管制上，可以为生态用地制定单独的用途管制政策，包括人类活动的行为约束和环境质量标准等方面。

（4）法定地位：明确法律保障

“立法为本”是空间治理体系现代化的核心内容。在我国目前的法律体系中，各类自然资源均有立法保护，但其出发点是资源利用。而“自然保护”的相关理念还没有在法律中占据应有的地位，一些自然保护的有利之举尚未得到法律支持，与国土空间规划相关且最为明显的问题则是自然保护地管理权在一定程度上受制于自然资源所有权权属。因此，提高自然保护在我国法律体系中的地位，明确自然保护的“公共利益”属性，是实现“生态保护优先”这一理念主流化的重中之重（赵智聪，2019）。

5.4.3 我国自然保护地体系构建的现实困境

（1）体系紊乱、要素重叠

①类型多样、体系繁杂的复杂格局。自 1956 年自然保护区制度建立以来，经过多年的发展，我国形成类型多样、体系繁杂的自然保护地体系，主要保护地类型达 10 多种。截至 2017 年底，我国各类自然保护地总数已达 11412 处，其中国家级自然保护地 3922 处，各类陆域自然保护地总面积约占我国陆域国土面积的 18%。这一系列被纳入国家各部门保护管理序列的自然保护地，是新时期我

国推进生态文明建设的重要载体，但由于各职能部门从自身管理特征与利益诉求的角度出发，保护对象依据各职能部门单一的管理要素而定，类型划分不科学，使得在复杂的保护地体系中，时常出现管理失调的尴尬局面，在长久保护与永续发展之间也难以做到合理平衡。

②一区多名、空间重叠的制度障碍。在我国庞杂的保护地体系中，一区多名、一地多牌的现象非常普遍，即一个保护地同时被多个职能部门或机构以不同的评价标准冠以多种称号。例如，广东韶关丹霞山自 1988 年开发以来，先后被列入和评为国家级风景名胜区、国家级自然保护区、国家地质公园、国家 AAAAA 级旅游景区、世界地质公园及世界自然遗产地。对于这种一区多名的自然保护地，往往由于土地与相关资源的产权不明确，各部门之间的利益冲突和矛盾不断。一区多名现象的存在势必导致保护地之间存在空间交错甚至是重叠的情况，以东北地区为例，自然保护区与森林公园之间的重叠面积高达 3198km^2，自然保护地之间空间重叠现象普遍存在。

③普遍存在旅游景区化的建设乱象。我国现有大部分“类国家公园”存在旅游景区化的现象，如国务院颁布的第一批国家重点风景名胜区均已陆续被原国家旅游总局确定为国家 AAAA 级或 AAAAA 级旅游景区，其中 AAAAA 级旅游景区 15 处、AAAA 级旅游景区 29 处。旅游景区与风景名胜区之间存在开发保护导向的明显差异，使得资源保护与旅游发展之间存在难以协调的矛盾。旅游景区的等级认定，是通过一套规范性、标准化的质量等级评定体系来完成的，表达的是景区的旅游品质，如将游客规模及旅游配套设施的多少作为旅游景区等级高低评价的重要指标，势必会与强调保护对象的自然景观与人文景观基本处于自然状态或保持历史原貌的国家级风景名胜区认定原则相悖。

（2）政出多门、权责不清

各个行政主管部门从单线管理逻辑的角度出发，主要通过制定各自的部门规章、行政法规，对保护对象的各类空间规划进行管理，如对同一个保护地的具体管理工作，由于往往需要依循《中华人民共和国自然保护区条例》《中华人民共和国风景名胜区保护条例》《国家湿地公园管理办法》《国家级森林公园管理办法》等一系列法律法规，管理主体混乱，往往会导致管理工作失调、规划执行失效。部门分治、政出多门和权责不清的乱象对各种“类国家公园”资源的合理保护与利用极为不利。在我国推进生态文明建设的大背景下，各部门针对各种“类国家公园”的单线管理逻辑已经与全要素的国土空间治理观、“山水林田湖草生命共同体”的生态文明系统观存在价值导向上的根本偏差。

（3）多元经营、利益失调

我国现有的国家森林公园、国家地质公园和风景名胜区等“类国家公园”大体上实行以政府为主体的经营管理模式。从横向看，属地政府通过成立管委会、管理局等派出机构对辖区内的各类保护地实行全面管理；从纵向看，上级主管部门主要通过监督管理与业务指导的形式对各类保护地进行有限管理。对于国家级保护地而言，作为带有国民福利特征的公共产品，从国民教育、科普与休闲的角度，理应突出其全民公益性，但在纵向管理序列上上级政府与属地政府的权责错位使得国家级保护地的全民公益性属性大打折扣；同时，属地政府因背负各类保护地自负盈亏的经营管理压力，不得不通过事业化管理或企业化管理的方式来支撑管理、资源保护等一系列工作所需的经济成本，以及尽可能更多地寻求盈利。目前，保护对象的经营管理方式主要包括政府主导管理模式、两权分置模式与经营权转让承包模式。在多元化经营的情况下，企业的介入虽然有效缓解了管理资金不足的困境，但资源开发利用往往也容易因过分追求经济利益而使得国有资产流失，甚至导致自然资源遭受严重破坏的不良后果（林凯旋，2019）。

5.4.4 我国自然保护地规划的路径方法

党的十九大报告指出：构建国土空间开发保护制度，完善主体功能区配套政策，建立以国家公园为主体的自然保护地体系，设立自然保护地是为了维持自然生态系统的正常运作，为物种生存提供庇护所，具有持续利用自然生态系统内的资源等多重目的。这与国际上设立自然保护地强调的理念在内容和目标上具有高度的重合性。借鉴系统保护规划的理念和方法，中国的保护地体系规划应重点关注以下几个方面。

（1）加强生态系统服务和生物多样性的空间格局的权衡与统筹研究

中国广泛的自然、半自然区域面临严峻的城市扩张威胁和土地利用的竞争压力，亟须权衡包括生态系统服务在内的多种保护价值以适应当前的生态规划需求。但在具体的保护价值选取与保护目标的制定上仍因资金投入、土地政策等因素而留有较大的探讨和研究空间。保护目标的设定如何真正减缓生物多样性下降有待探讨。此后需要结合多种场景如保护、发展对保护目标的制定进行研究，构建多标准决策框架，完善保护地规划框架，补充保护空缺，形成综合完善的保护地网络体系。

以生态价值高低为依据，科学划分自然保护地类型。针对我国类型多样、体系繁杂及一区多名的自然保护地建设乱象，急需以贯彻生态文明思想为导向，从自然生态系统原真性、整体性和系统性的角度入手重构自然保护地体系。应按照《指导意见》，以自然保护地生态价值高低为依据，建立以国家公园为主体的三级三类自然保护地类型体系，具体包括国家公园、自然保护区与自然公园三种类型。其中，国家公园是保护等级最高，具有全球价值、国家象征与国民认可度最高的保护区域；自然保护区是典型的自然生态系统、珍稀濒危野生动植物种的天然集中分布区；自然公园则是重要的自然生态系统、自然遗迹与自然景观，以及具有生态、观赏、文化与科学价值的可持续利用区域，主要涵盖森林公园、地质公园和湿地公园等各类自然公园。在三级三类自然保护地体系确立的基础上，应进一步研究制定《自然保护地评价标准》《国家公园划建标准》等评价标准体系及自然保护地遴选、设立的法定程序。应确立国家公园在自然保护地体系中的主体地位，在总结目前10个国家公园体制试点经验的基础上，通过严格的标准与程序来遴选并设立自然保护区与自然公园。

（2）纳入气候变化的适应性规划决策

面对我国丰富的气候与栖息地类型，以及覆盖面积广泛的气候变化敏感区域，生物多样性热点地区的保护规划易受到气候变化的复杂动态影响，需要将气候变化的影响纳入保护规划，对开发保护资源进行优化配置以提高物种生存的可持续性，帮助物种和生态系统适应潜在或已发生的气候变化影响，制定有效策略与管理机制以降低其对气候变化的脆弱性，提高生态系统稳定性。

同时要以生态空间保护为前提，编制自然保护地空间规划。在现有的自然保护地规划编制体系中，各部门从自身管理权限角度出发，通过制定各类规划编审规范与标准，开展各类自然保护地的规划编制、审批等业务管理工作，如环保部门的《国家级自然保护区总体规划大纲》、住房城乡建设部制定的《风景名胜区总体规划标准》和林业部门的《国家级森林公园总体规划规范》等。在生态文明建设背景下，应充分落实国家关于国土空间开发保护的总体要求，以生态空间保护为前提，由国家公园管理局统一规范、完善各级各类自然保护地规划编制标准要求；以“多规合一”为目标，依据各层次的国土空间规划，重新编制自然保护地体系规划及国家公园、自然保护区、自然公园等各级各类保护地规划（王倩，2019）。

（3）在自然保护地中运用大数据

随着新媒体技术的不断发展，大数据时代逐渐出现并影响着人们的生活。

①对自然保护地的调查、分类及保护更加完善。大数据通过收录自然保护地的数量、大小及已有的自然资源，保护并分类已有的自然资源，改善并维持自然资源的数量和质量，建立山水林田湖的系统保护数据库，有针对性地对自然保护地进行建设和优化。利用GIS等技术分析、叠加和统计自然保护地内的土地利用类型、植被种类和覆盖率、生物多样性等数据，从而确定自然保护地的风景保护级别并加以针对性保护。

②对准自然保护地的调查与评估更加精准。贯彻“绿水青山就是金山银山”的科学理念，大数据通过预测潜在自然保护地的保护价值，将平时不为人知的自然资源放大在公众的眼前。例如，智能手机的拍照功能，可以将大量的风景照片传输到网络，便于全世界的人们浏览欣赏，有些地区甚至是难以被发现的需要设置自然保护地的区域；不仅如此，这些照片还具有地理编码或者位置信息（Geo Tagged Photos），便于定位和进行现场调研。包括具有独特保护价值的自然生态系统、江河湖海的源头、地质条件丰富、生物多样性独特和开发强度较低的区域和自然资源完整但生态风险较高的区域等，并针对此，研究出一套针对潜在自然保护地管理方法和规划对策。

③对自然保护地的基础设施设置更加科学。大数据不仅能帮助我们界定自然保护地内部基础设施的范围、大小、数量，还能够帮我们形成保护地体系基础设施的范围、大小、数量，使得保护地道路容量等基础设施配比更为科学，也能更为直观地了解到基础设施的瓶颈，即时地看到某些基础设施的更新和改造，识别出不符合自然保护地要求的设施。对于重大基础设施如“多规合一”、交通系统规划等各类专项规划中涉及空间区位的部分，可以通过叠加分析和拓扑分析得出各类专项规划中重叠的部分，随时修正。另外，通过3S技术中的可视化功能，对可见的基础设施进行评估，确定是否会对自然保护地周围的环境、自然保护地保护功能的正常发挥以及未来的自然保护地发展产生一些负面的结果。

④对自然保护地的生态安全保障更加有效。从前我国保护地发展并不成熟，尚未出台系统规范的保护标准。目前，至自然资源部成立，我国提出了统筹国土空间生态修复，包括自然保护地空间综合修整等修复工程，以及组织编制有关自然保护地的防灾减灾规划体系、地质灾害防治规划体系，并适当建立防护标准。利用物联网、3S技术、便携式终端和4G移动通信技术等保障自然保护地内的一、二级保护动物以及相关保护区的生态安全；采用GPS技术对自然保护地内生态较为敏感的栖息地进行准确定位；对已存在潜在生态安全威胁的重点保护

区域进行数据传输并重点观察；采用智能传感器收集自然保护地内各种环境参数等种种操作。使得在自然保护地的生态环境的安全性和稳定性逐渐得以恢复。大数据如今已经在许多国家及各行各业普及并推广，国家公园体制和自然资源部的建立，既是将大数据运用于自然保护地的契机，同时也是挑战。与此同时，互联网的飞速发展使得人们对大数据的关注度和使用度逐渐增加，社交网络的广泛运用使得公众也可以广泛参与到大数据的应用中，更多的人开始换位思考，另辟蹊径，从大数据的角度探讨解决自然保护地问题的可能性。未来，期待能出现一套完整的体系以涵盖所有的基于大数据分析在自然保护地中的运用，使得保护地规划变得更加全面和具体（王奕文，2019）。

（4）开展保护地规划的监测与评估研究

既定范围内的保护地是否可以真正地保障保护物种多样性、栖息地完整性这些目标的实现，在中国复杂的保护地类型和管理中具有高度的实施困难。中国的保护地规划应首先梳理当前已有的各类保护地如自然保护区、森林公园等类型中具有生物多样性的代表性区域，明确规划目标与定位，开展相关评价后确定保护规划的实施范围界线。

（5）理顺事权、分级管理，重塑自然资源治理逻辑

可进可退、分级管理。以全面实现自然资源治理能力现代化、统筹“山水林田湖草”系统治理为目标，理顺“多头管理、部门分治”的制度障碍。一方面，通过制定自然保护地政策、制度和标准规范，明确自然保护地的设立、晋级、降级、调整和退出规则；另一方面，在中央层面的国家公园管理局对全国自然保护地进行统一管理的基础上，构建自然保护地分级设立、分级管理体制；按照自然保护地生态系统保护层次与等级高低，对应三级三类自然保护地类型体系，实行中央直接管理、中央与地方共同管理、地方管理三种管理模式；对于需多职能部门协调共议的自然保护地相关管理内容，可由国家公园管理局牵头，启用部际联席会议制度，统筹协调各项工作。

产权界定、权责对应。全面准确地摸清各类自然保护地内自然资源的所有权与使用权情况，是重新界定自然保护地内各类自然资源资产的产权主体、实现自然保护地统一管理的基本前提，也是自然资源管理部门统一行使全民所有自然资源资产所有者职责，统一行使所有国土空间用途管制和生态保护修复职责的重要基础性工作。因此，对不同形式的自然资源实行差别化的管理方式，如对于全民所有的自然资源，应明确其代行主体及其权责内容要求；对于非全民所有的自然

资源资产，可通过协议管理方式明确管理权责。

明确规则、分区管控。未来我国自然保护地的关注重点必然会由“怎么建”转变为“如何管”，按照上述三级三类的自然保护地类型划分要求，通过合理的规划分区，宜对各类自然保护地采用差别化的管控措施。其中，对于国家公园与自然保护区，原则上在绝对保护区或核心保护区内除必要的科学研究活动外应禁止其他人类活动，而在规划确定的一般控制区（自然风景观光区、旅游娱乐区等）内应适当限制人类活动；对于自然公园，原则上按一般控制区要求进行管控。

（6）保护为基、永续发展，创新全民共享机制

从自然保护地的功能定位看，无论是国家公园、自然保护区还是自然公园，作为全民共享的生态型公共产品，应充分体现其公益性而非营利性，强调保护为基、永续发展理念，创新全民共享机制。一方面，让全体国民拥有享用自然保护地生态价值的基本权益；另一方面，以自然资源资产价值和资源利用生态风险评估为前置条件，以提供高质量生态产品、保护自然保护地内原住民的合法权益为导向，合理界定各类自然资源产权主体的权利和义务。此外，在对行政管理主体进行统一管控的基础上，探索以政府财政投入为主的多元化资金保障制度，鼓励社会资本通过特许经营的方式参与自然保护地的部分经营管理活动，合理分配特许经营收益，构建管理主体、产权人、特许经营主体和原住民等多元主体“共保、共建、共享”的自然保护地永续发展机制（闫欣，2018）。

（7）严格保护、强化监督，加快保障体系建设

应充分认识到良好的生态环境对于大众来说才是真正的福祉，应以“共抓大保护、不搞大开发”为导向，对各级各类自然保护地实行最严格的生态环境保护制度；建立“天空地”一体化监测网络体系，通过信息化技术管理手段，全面掌握自然保护地内生态系统的动态信息，科学精准评估和预警生态风险，同时对自然保护地内的资源开发利用与设施建设等一切人类活动进行全面监控；完善行政管理主体的评估考核制度，以各类自然保护地管理与保护成效作为党政干部综合评价责任追究、离任审计的重要参考依据；常态监督、严格执法，定期开展自然保护地监督检查专项行动，对破坏生态环境与自然资源的各类违法行动，应按照自然保护地相关法律法规等规定进行严肃处理；加快推进自然保护地相关法律法规的“立、改、废、释”工作，完善自然保护地的法制体系建设，修改完善自然保护区条例，推动制定出台《国家公园法》或《自然保护地法》，同时制定各类自然公园的相关管理规定。

5.5 规划设计

生态设计的关键之一，就是把人类对环境的负面影响控制，在最低程度，因为自然界在其漫长的演化过程中形成一个自我调节系统，维持生态平衡，其中水分循环植被、土壤小气候、地形等在这个系统中起决定性作用，因此，在规划设计时，应该因地制宜，利用原有地形及植被，避免大规模的土方改造工程，减少因施工对原有环境造成的负面影响。

5.5.1 城市绿地空间景观生态设计研究——以浙江师范大学附中为研究案例

学校在规划时提出以生命属性划分，城市绿地、自然河流、湖泊、池塘和湿地应归属于城市绿地，提出除建筑物以外的一切空间均为开敞空间，包括所有的城市绿地、道路广场、街道庭院等。运用景观生态学的基本理论和原理，针对城市基本用地单元，如一个校园、一个居住小区等，以及针对 20 万 ~ 30 万平方米的尺度区域的开敞空间进行生态规划设计，具有很强的可操作性。以浙江师范大学附中为研究案例，通过对整个校园开敞空间的景观生态规划设计，以重重绿地廊道连接所有绿地板块等规划和设计手法，使整个校园形成均衡网状结构套辐射网状结构的稳定空间格局。

（1）经济技术指标分析与目标确定

本案例总用地面积 226660m^2。其中建筑占地面积 40345m^2，占用地总面积的 17.8%；道路广场面积 45256m^2，占用地总面积的 21.7%；运动场地面积 19395m^2，占总用地面积的 8.6%；绿地面积 117663m^2，占用地总面积的 51.9%。其中建筑和运动场的垂直空间一般难以或不能用绿地上的植物树冠加以覆盖，二者合计占总用地面积的 26.4%，道路广场约有 10% 的区域难以或不能用绿地上的植物树冠加以覆盖，占总用地面积的 2.1%，因此，整个校园有 28.5% 的区域无法用绿地上的植物树冠加以覆盖，本案例平面图如图 5-1 所示。

根据景观生态规划设计程序，本案例存在的问题是空间在整体上被建筑道路广场和运动场分割得过于破碎；通过对道路广场的适当调整，运用景观生态规划设计手段，有可能把整个校园建设成“森林生态系统”（图 5-2）。

图 5-1　浙江师范大学附中总平面图（图片来源：百度）

图 5-2　浙江师范大学附中校内图（图片来源：百度）

（2）绿地与开敞空间景观格局规划设计

本案例把整个校园的开敞空间作为一个整体来考虑，使开敞空间的格局符合景观的各种水平生态过程——能流（光—植物—动物），物质流（水的蒸发、蒸腾、渗透、涵养，碳、氮、硫的吸附与滞留）和物种流（植物群落的组成配置，动物的迁徙、觅食、繁殖）在垂直层面上，主要考虑 20m 以下的空间，从大乔木、小乔木、大灌木、小灌木、地被植物（含草坪）五个层次考虑，

①斑块的规则设计。在本案例中，斑块指校园内被各种硬质地域道路和软质地域土壤以及水域所覆盖，根据同治性原则，把景观内的斑块分为八类，草坪、

灌木草地、树林、草地、密林、湖边湿地、山地疏林、山地密林和湖泊（图 5-3）。

此外，由于景观破碎化对植物群落会带来负面影响（图 5-4），在园路的规划布局时，遵循如下原则。首先，斑块的面积尽可能大。其次，在必须设置园路却又导致斑块面积过小的情况下，该园路设计成汀步，汀步采用天然石材，铺设时不用混凝土。用此手法时，使相邻的小斑块合并成一个面积较大的斑块。最后要注意，湖泊生态系统与山地森林生态系统的交错区不设园路，在必须设在园路处

图 5-3　浙江师范大学附中校内图景（图片来源：百度）

图 5-4　浙江师范大学附中内景观的破碎化（图片来源：百度）

进行改设架空的栈道，以利水路两栖动物和其他动物的生存和繁衍，大多数水陆两栖动物，虽然生活在陆地，但要到水中去生殖，它们的一生中大部分时间是在水岸生态系统中度过，水岸地区由于临近水源植物繁茂，食物丰富，也是很多爬行动物、鸟类、哺乳动物和昆虫喜爱的环境。

②廊道和边界的规则设计。廊道在生态系统中起连接保护和阻隔的作用，在景观生态系统中起着至关重要的作用。边界是目标景观与外界环境的交接地带，是一条环形廊道。在本案的整个景观空间格局规划中，重点放在廊道格局的设置和营造上。首先在整个景观的外围边界建造一条环形廊道，在有条件的地段，在水平层面尽可能增加廊道的宽度和弯曲度。在垂直层面上，尽可能增加廊道的空间高度和结构层次，目的是建立具有生境通道意义的廊道，在植物配置上，运用植物群落原理，采用大乔木、中乔木、小乔木、大灌木、小灌木、地被植物一起重叠种植，使其成为一个彼此紧密联系的稳定的环形廊道功能，整体成为整个校园景观的第一道高大厚重的生态保护屏障。本案例这两条廊道的不足之处在于，位于校园的南大门和北大门形成了两个较大的裂口，如果能缩小校门宽度，并在空中形成树冠连接和覆盖廊道，将能发挥更强的生态效能。其次，要在校园内部的环形主车道两侧分别建立植物生态景观廊道（图 5-5）。

环形主车道外侧的凹形环状植物景观廊道与外围边界上的环形廊道之间相对

图 5-5　浙江师范大学附中校内一角（图片来源：百度）

均衡地分布在较为敏感的斑块，交错地带设置密林区。以网状结构的空间格局，把两条廊道紧密地联系在一起，形成一个功能整体。环形主车道内外的两条环形廊道，在空间上合并成一条廊道。

③道路广场空间的生态规划设计。本案例的道路广场面积为 49256m，占总用地面积的 21.7%，其中有 10% 的区域不能用绿地上的植物树冠加以覆盖。因此，有 44330m^2 硬质地道路广场上的空间，可以用绿地上的植物树冠加以覆盖。

在规划设计中，主要采用如下方法。首先，宽度为 8m 以下的道路。道路两边均不设路牙，雨水直接排入绿地低洼处，低洼处成为季节性湿地。南北方向道路两侧各栽植两排乔木，靠路一排为常绿小乔木，另一排种植落叶大乔木；东西方向，道路两侧均为种植落叶乔木。道路两侧遇到面积较大的绿地斑块时配设大乔木加小乔木加灌木加地被的复层密林廊道。其次，小空间和大空间广场。小空间广场原则上均以 6m × 6m 的乔木进行覆盖，大空间广场原则上均以 8m × 8m 的乔木进行覆盖，乔木的树枝下的高度控制在 4m 以上。广场的雨水同样直接排入绿地低洼处，形成季节性湿地。

由这个案例可以得知，针对 20 万～ 30 万平方米尺度的地域，进行景观生态规划设计具有很强的操作性。以浙江师范大学附中为例，对整个校园进行景观生态规划设计，通过众多绿地廊道连接所有绿地斑块等景观生态规划和设计手法，使整个校园形成均衡网状结构的稳定空间格局。实践证明，这一尺度的景观生态规划设计是切实可行的。在中国现有的城市规划体制下，风景园林师和林业工程师最适合也最有能力把这一空间的尺度的地域建设成能够发挥生态整体效能的城市空间。从事森林生态研究的林业科学家与风景园林师紧密合作，风景园林师与城市规划师的紧密合作，也对生态城市的建设将起到积极的作用。

5.5.2 哈尔滨体育公园规划设计案例赏析

哈尔滨体育公园景观主题：“城市的活力源 ”——跃动的生活，健康的时代。引入“能量流”的景观概念，将体育公园比作为整个区域的“活力源”，人们在公园内通过健身锻炼不断补充着自身的能量，而充满了能量的人们，同时又形成了建设美好城市的能量流，促进整个新区的发展，使新区成为充满活力的美好家园（图 5-6）。

（1）哈尔滨体育公园景观设计原则

①全民性原则（图 5-7）。体育公园在功能布局上考虑到不同年龄阶段人们

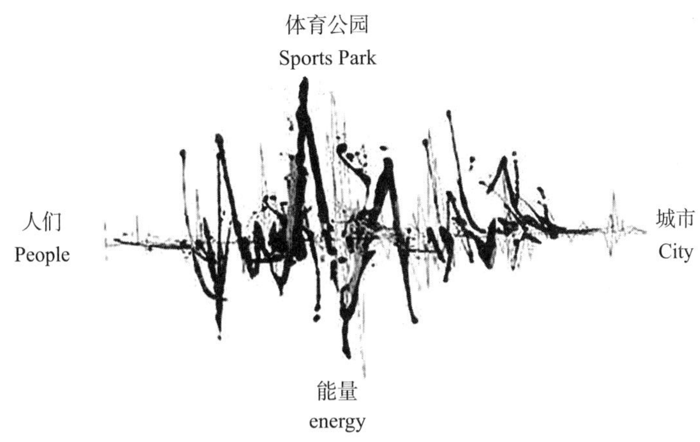

图 5-6　哈尔滨体育公园景观主题图（图片来源：百度）

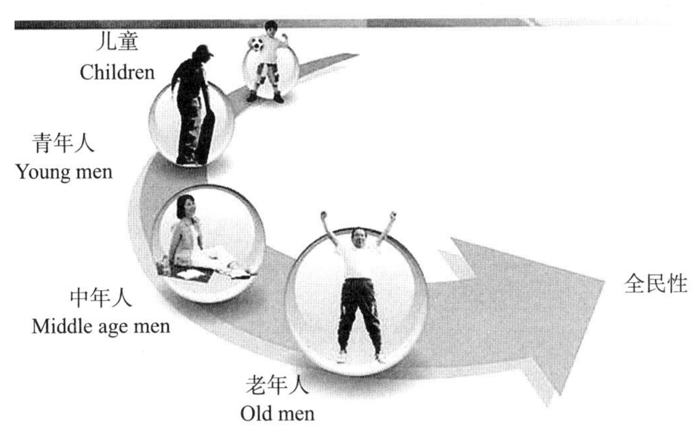

图 5-7　全民性运动图（图片来源：百度）

的需求，将空间划分为 11 个主题的功能区，满足人们多样的活动需求。

②全季性原则。在春夏季各个季节中公园各个区块将为人们提供多样的活动场地，如有氧运动、场地运动、水上运动、极限运动、滑草运动，等等。秋冬季节以组织冰上运动为主要特色，结合温室展览、滑雪、冰雕展览，丰富人们冬季活动的需求（图 5-8）。

③生态性原则。设计方案中纯绿地和水面约占公园用地的 73%，在广场等硬质景观中也多种植乔木，让人在林荫下活动，运动场地尽可能形成草坪场地，建筑则尽可能形成绿色生态性建筑，以充分的绿量来保障公园的生态性和游人活动的舒适度。

（2）设计风格——清新凝聚的时代风格

设计采用“流动”为整体的设计理念，以抽象的概括和简洁的表达来象征公

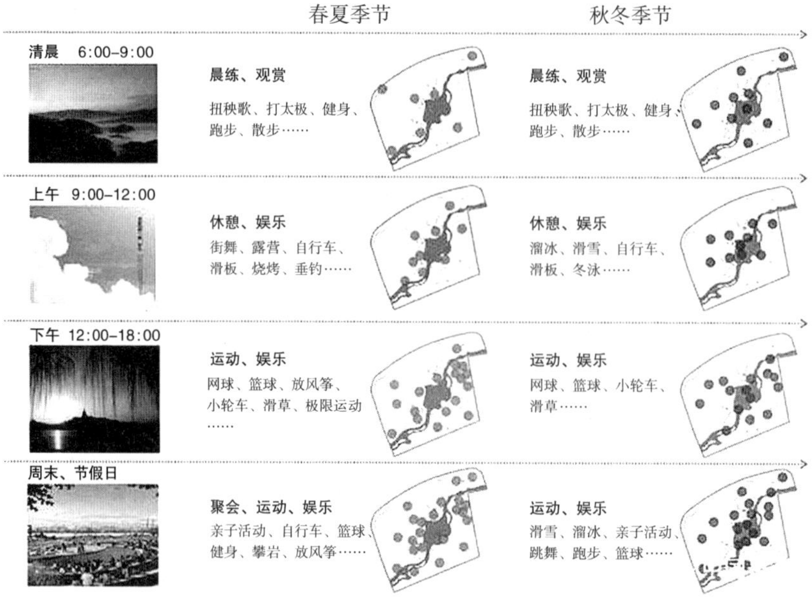

春夏季节
秋冬季节
清晨 6:00–9:00
晨练、观赏
扭秧歌、打太极、健身、跑步、散步……
晨练、观赏
扭秧歌、打太极、健身、跑步、散步……
上午 9:00–12:00
休憩、娱乐
街舞、露营、自行车、滑板、烧烤、垂钓……
休憩、娱乐
溜冰、滑雪、自行车、滑板、冬泳……
下午 12:00–18:00
运动、娱乐
网球、篮球、放风筝、小轮车、滑草、极限运动……
运动、娱乐
网球、篮球、小轮车、滑草……
周末、节假日
聚会、运动、娱乐
亲子活动、自行车、篮球、健身、攀岩、放风筝……
运动、娱乐
滑雪、溜冰、亲子活动、跳舞、跑步、篮球……

图 5-8　全季性运动图（图片来源：百度）

园的活力和象征健康向上的面貌，在具体的设计中更多地采用现代手法、新材料、新技术，来体现公园的现代风格。同时在材料上采用一些低造价和耐久性的设施，在色彩上采用鲜艳的色彩，达到更具视觉冲击力的效果，来营造一个全民性、时代性的体育公园（图 5-9）。

总平面图
1/ 城市活动广场
2/ 景观廊架
3/ 名将之路
4/ 健身会馆
5/ 林荫休闲场地
6/ 金元骑射文化园
7/ 街头广场
8/ 特色植物观赏园
9/ 城市舞台
10/ 滨水栈道
11/ 室外瑜伽场
12/ 儿童安全地带
13/ 儿童游戏区
14/ 极限活动场地
15/ 入口服务中心
16/ 体育公园 LOGO
17/ 门球场
18/ 对弈园
19/ 太极园
20/ 烧烤园
21/ 温室休息区
22/ 露营区
23/ 垂钓区
24/ 篮球场
25/ 网球场
26/ 湿地岛屿
27/ 停车场地
28/ 曲桥
29/ 景观桥
30/ 生态天桥
31/ 山林茶馆
32/ 戏水池
33/ 自行车道
34/ 生态滑草场

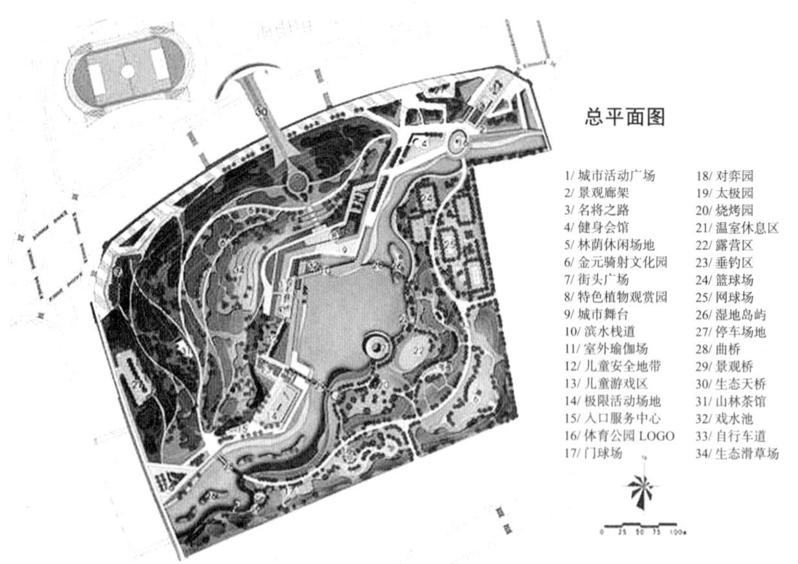

图 5-9　哈尔滨体育公园总平面图（图片来源：百度）

5.5.3 优秀村庄规划案例

今天的中国正处于推进新型城镇化、城乡发展一体化的关键时期。党的十八大提出："加大统筹城乡发展力度，加快完善城乡发展一体化体制机制，着力在城乡规划、基础设施、公共服务等方面推进一体化。"如何从城乡规划入手，引领美丽乡村建设，构建和谐的城乡关系，是当代城乡规划工作者的历史责任。相对于研究和实践丰富的城市规划，目前乡村的基础研究、规划方法、实施制度、人才支撑等明显不足。因此，本部分选取的优秀的乡村规划案例，希望能引发更多同行对乡村规划的关注，通过理论界和实践者的共同努力，寻找到适合中国特点、反映城乡特色、体现当代人居需要的城乡统筹规划之道。

（1）嘉兴南湖村庄规划

嘉兴市位于长三角洲地带，人口约300万。城市位于沪、苏、杭交汇处。南湖是嘉兴市边缘的一片农田与运河交织的土地。自高铁开通以来，人们从嘉兴去上海与杭州只需要20分钟，因此，南湖成了一个近郊住宅区以及都市人在高速紧张的城市生活中寻求的一片宁静的乐土。但是，本区域却面临三大难题：农业用地利用效率低下；运河系统严重污染；农村人口过少，不足以维持该地区庞大的人口需要。

规划要点是通过引入治水湿地改善目前退化的环境，与重建具有历史意义的运河网络系统，形成居民与游客能够直接利用的水体。一旦运河网路重新疏通，河流将可作为水上交通运输，而河岸将安上人行栈道，用作流通网络。通过治水，整个项目区将符合国际有机认证的标准，从而增加该地区的财政和生态价值。建设大型公园，营造野生动物栖息地；沿河建设邻里公园与河滨长廊，利用住宅小区的空间，拉近住宅间的距离，增加亲密感；通过农业旅游带动生态建设。使南湖成为大上海区域中的一个具有教育吸引力的圣地。南湖规划经验——可持续发展的乡村社区。第一，可集中建设居民区，使农田能够形成一定的规模，提高生产效率；第二，采用创新的农业经济产业模式，加强整个区域的生产能力；第三，要建设"功能复合型"社区。

（2）慈溪市南部沿山精品线规划

位于慈溪城区南部、余姚城区以东、宁波市区以北，全长约40km的慈溪市南部沿山线，涉及4个美丽乡村精品区块（杨梅采摘体验区、上林湖越窑青瓷文化传承区、鸣鹤古镇保护区和达蓬山运动休闲区）、20余个行政村，是慈溪市山灵水秀的后花园、慈溪市的文明源头，千百年来留下了越窑青瓷遗址、鸣鹤古镇以及抗倭传奇等物质和非物质文化遗产，是慈溪市重点打造的美丽乡村精品线（图 5-10）。

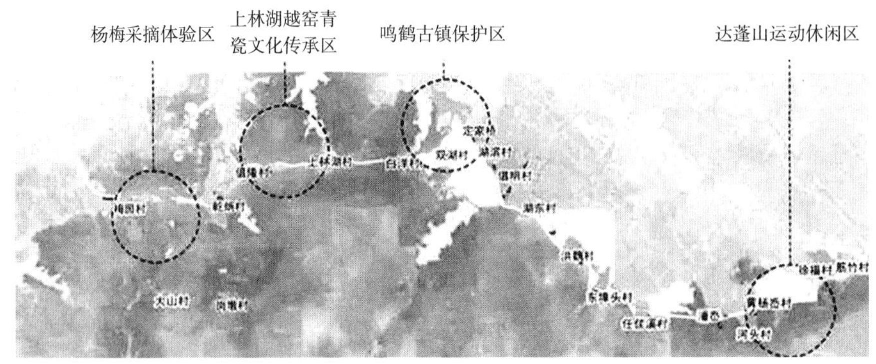

图 5-10　慈溪市总体规划图（图片来源：百度）

规划要点应以慈溪市“美丽乡村·幸福家园”建设为契机，规划挖掘沿线的历史文化、资源要素及发展问题等因素，充分考虑文化保护、土地保护等制约因素，围绕“特色培育、区域联动、重点突破”的总体思路，努力实现沿山精品线“慈溪市生态生活带、宁波市精品休闲旅游带、浙江省美丽乡村示范基地、国家级青瓷文化体验基地”的发展目标。慈溪市的规划策略为，第一，品牌规划：特色培育、区域联动。第二，景观规划：通则改造、节点细化。第三，设施规划：交通优化、配套完善。第四，要素规划：环境保护、防灾减灾。

（3）南京美丽乡村江宁示范区规划

规划区位于南京市江宁区。西临滨江新城，东至禄口空港新城，北至东山新市区，南至与安徽省交界。东至宁丹路和横溪道路的行政边界，西至宁马高速，北到绕越高速，南至省界。涉及谷里、横溪、江宁、秣陵 4 个街道。总规划面积约 430km^2。规划区交通便捷，资源丰富，自然生态基底良好，主要包括牛首山—云台山生态廊道地区，同时具有悠久的民俗文化传统和特色村建设经验。

规划要点是以振兴农村经济、保护区域优良生态环境为基本出发点，规划确定了“一廊、两线、两区、多主题”的空间结构，通过保护牛首山—云台生态廊道，建设旅游大道西线、东线，打造分类型和多主题的发展组团，实现“形神兼备、美丽于形、魅力于心，形态美、内在美兼顾”的中国大都市近郊地区美丽乡村建设示范区这一规划目标。

第 6 章

城乡人居生态环境营建材料与技术

随着城市化进程的不断加快，人们的生活质量大幅度提升。但与此同时，自然资源的荷载量也接近极限，由此衍生出一系列生态环境问题。针对当前状况，要将生态系统和社会经济系统紧密地结合起来，致力于实现人类和自然环境的和谐共处，营建出生态宜居的城乡人居环境。本章通过利用环境生态学、风景园林学、城乡规划学等基本原理和方法，系统阐述了园林绿化育种和栽植工艺、立体绿化技术、装配式技术、雨水综合管理技术等一系列人居生态环境营建技术、材料以及国内外典型案例，为城乡人居生态环境统筹规划提供科学理论和指导。

6.1 园林植物的具体应用

园林是城市建设的一项重要的基础公共设施，也是广大居民休闲娱乐的重要场所，可以说与人民的生活息息相关。除此之外，园林工程还具有重要的生态效益，为提升城市生态环境发展水平作出了巨大贡献。在开展园林绿化工程项目的同时，不仅城市内部环境问题有了很大程度上的改善，还为广大城市居民提供了一个良好的休闲场所，有益于身心健康。开展园林绿化工程使用到的植物种类繁多，其中包括大量的木本植物和草本类植物。

6.1.1 道路绿化

道路是城市建设中的一个重要部分，与人们的日常生活息息相关。通过科学的规划设计，可以提升城市环境的魅力值，进一步优化提升城市形象。进行道路绿化可以带来巨大的经济效益和社会效益，不仅能防风滞尘、减弱噪声还可以净化空气、美化环境。随着城市化进程脚步的加快，城市道路系统越发先进，进而在整个城市绿化体系中，道路绿化无疑成了重中之重。

（1）道路绿化的原则

①功能与性质相适应。复杂和多层次性是现代化的城市道路交通的突出特征，类型上可以具体分为：主干道、次干道、滨河路、园林路、区间路、步行街和小区路等。功能上可以分为以下四个性质：政治性、商业性、生活性和交通性。在进行道路绿化时，应让道路的功能和性质相适应，应以道路的性质、级别以及土壤特质为判断的基础要素，同时要注意市政工程设施建设要求和规范。以此判断采用自然式、规则式还是综合式，道路绿化带的种植可以采用对称和非对称的方式。

②满足环境要求。要做到合理安排道路绿化，应当满足植物生长对环境的要求，顺应自然规律。首先，必须要考虑道路的朝向、土壤的特质、全年日照时数，以及风向。其次，要着重考虑市政管线布局，使得绿化和运输作业与市政设施、地下管道高度契合，为绿化植物营造有利的生存环境。

③具备美学意识。通过赋予景观以文化内涵，可以为其生成一个动态的视觉韵律节奏，让人产生步移景异的效果，为了提升街景美学意识，可以把造园手法融入街景的设计中。绿道的基本布局和植物配置，要以道路空间、尺度和规划时间为前提去考虑。

④要做好古树和珍稀树木的保护。大部分的稀有树木和古木，都具有较高的社会价值，可以体现出一个城市的历史文化底蕴。因此，在道路绿化设计中应以其为重，进行保护工作。

⑤基于环境保护的原则。人们在城市道路绿化过程中逐步增强了对环境保护作用的意识，但人们似乎对环境保护措施的规划并不十分重视。因此，道路绿化在美化环境的同时，还要增强其环保的功能。

（2）道路绿化的植物配置

①行道树的植物配置。行道树是种植于公路和道路两旁的树木，它可以起到美化街景、为行人提供树荫等作用。在配置行道树的时候，应当充分考虑街道宽度、建筑高度、架空线、来往车辆、地下管道等因素。考虑到土壤贫瘠的不利因素，可以通过设置树池，来防止行人践踏，有利于养护管理等工作的开展。品种选择方面，要考虑其抗污染程度以及抗瘠薄程度，选择树根较浅、耐践踏程度高、易于修剪的树种。对于主干道路和快速道路系统，应当以速度为首要考虑因素，通常采取粗放式管理，可以选择树干挺拔、落叶飞絮较少的树种。以道路的

功能性去选择适宜种植的树种。行道树应充分考虑当地自然环境，选择相适宜的树木，不仅可以达到绿化美观效果，还可以一定程度上抵御自然灾害，切忌盲目选择新物种。行道树的管理养护工作尤为重要，行道树大多位于车辆人员密集区，属于高大树种，一定要定期修剪，注意安全作业。

②车行道分隔绿化带。分隔绿化带会根据道路的不同而存在较大差异，较为宽敞之处在 10m 以上，较为狭窄之处在 1m 左右，分隔绿化带的植物配置不仅要考虑街景美观，还要注意交通安全，选择低矮的灌木和草皮可以防止干扰司机和行人的视线。例如探春、连翘这些低矮树种，在春季开花，可以种植在草坪上，既形成了一道漂亮的风景线，还不会造成视线干扰。在一些宽度较大的隔离绿化带，可供选的植物也呈现多样化特征。最简单的规则配置为等距的一层乔木，然后树下种植耐阴的灌木和草坪。自然风格的植物配置最为丰富，充分利用植物的姿态颜色，用乔木和灌木、花卉和草坪构成一幅别致的景观。

③高速公路景观丰富和植物的配置合理。植物的配置在一定程度上缓解驾驶员疲劳的同时，还可以美化环境。高速公路的绿化分为以下三个部分：中央隔离带、边坡绿化和互通绿化。中央隔离带的植物配置为了树荫不遮挡驾驶员的视线，树冠较大的树种一般不予种植，分隔带的宽度重复周期间隔可以设置为 30 ~ 70m。边坡绿化的主要功能是防止水土流失，为了防止自然地形地貌和植被的破坏，可以选择具有发达根系、成活率较高的树种。互通绿化处位于高速公路的交叉口，主要具有以下两种绿化形式：其一是大型模纹图案，为了形成简单大方的植物景观，花灌木要呈现不同的线条造型。其二是苗圃景观模式，应当按照乔木、灌木和草的形式进行种植工作，植物配置密度较高，在注重生态效益的同时，也提升了经济效益，推动城市绿化的发展。

④城市立交桥的植物配置。城市立交桥的绿化，主要采取平面、坡面与垂直绿化互相结合的方式，立交桥多半位于污染严重、交通线路密集的区域，在进行绿化时要进行合理的植物配置，添加绿量要以不妨碍交通视线为前提，采用复层混交的方式，为了降低大气污染，要注意植物的疏密搭配。以本地的树种为优先考虑，如东北地区常采用红松、樟子松、云杉，以花灌木、宿根花等进行合理配置。

（3）道路绿化植物的选择

乔木：是一种行道树，其主要功能是夏季为路人遮阳、道路美化。灌木：多种植于分车带和人行道绿化带，能减弱噪声等。地被植物：选择要适应气候、湿度、土壤、温度等地理环境条件，目前北方大多数城市选择冷季型草坪作为地被植物，此外低矮花灌木也可以作为地被应用，如麦冬、沙地柏、棣棠等。草本花卉：选择一般以宿根花卉为主，与乔木、灌木、草巧妙搭配，合理配置，一、二年生草本花卉布置在重点的地方，不宜多用（蒋立波，2008）。

6.1.2 住宅小区绿化

居民已经将园林景观作为选择住宅时一个不可或缺的重要参考因素，因此住宅开发商为了吸引更多客户提升自身竞争实力，在保质的同时，将更多的注意力集中在园林景观绿化上。为了紧跟时代潮流，在园林景观绿化施工上投入大量资金，自身的施工理念也在不断进行更新，充分展现出住宅小区的园林绿化景观。

（1）住宅小区绿化原则

①艺术性原则。要以艺术性为原则进行植物配置，不能将绿色植物胡乱地放在一起，容易降低居民的好感度，无法起到美化环境的作用。可以根据植物的外观形状、颜色明暗、线条特征去打造各具特色的植物景观。这就要求工作人员充分了解各种植物的特性，并加以利用，把握整体的布局，营造氛围、强化美感。

②适应性原则。在植物配置上应该从实际出发，实事求是，充分考虑当地的自然生态条件。还需注重四季变化，根据苗木喜湿耐旱、喜阳耐阴等生存特征，应季而变，体现四季之美。由此，为了保障植物的健康生长，要严格遵循适应性的原则。

③协调性原则。在配置植物时应从大局出发，把控整体，不仅要使植物与植物之间相互协调，还要保证植物与建筑之间相互协调。在遵循协调性原则之下进行植物的配置，带给人们和谐共生的美好直观感受。植物的选择方面，要充分考虑建筑物的高度、颜色等特征，保障其一致性。竖向上处理好林冠线，可以保证植物之间的和谐共生，要注重控制疏密程度，最后还要整体把握景观的层次感和远近不同的欣赏效果。

（2）住宅小区绿化植物配置

①小区入口配植。入口景观造型要重点突出，尽量做到精细别致，增强小区门面的归属感和仪式感。小区入口衔接外界环境的节点和窗口，可以选择特殊植物作焦点，博取眼球吸引注意力，在空间位置上合理搭配乔木、灌木、草本花卉，营造层次感，构建布局合理的生态环境。通过在小区入口的人行道两侧种植大树，强化仪式感。配以花带交相呼应，突出和谐共生的氛围。为了增强私密

性，还可以增种一些中小乔木。

②活动中心配植。考虑到活动中心的交流性功能，要适宜各年龄段活动。可以大面积配置草坪，在舒缓身心的同时，还可以让孩子有嬉戏玩闹的场所，增添童趣，在空阔的空间内种植乔木为居民提供遮阴功能。活动中心边缘地可种植大树与灌木丛，为人们提供天然的私密空间。

③小区道路配植。针对小区道路而言，为了增强整齐划一的效果，植物配置多选用大型乔木树种。科学合理的植物配植不仅是城市景观的重要组成部分，还能极大地提升人们的生活环境质量。要把握以人为本、因地制宜的原则，强化植物的生态作用，营造舒适的人居环境感受。

（3）住宅小区施工技术要点

①整理绿化地形。在地形处理方面：为了保证良好的景观效果的实现，在回填土基本条件满足的情况下，根据施工图纸着重标高的地形，以等高线为标准，将表层土进行细化处理。在具体工序开展之前，要碾压松填土。种植完乔灌木后，对地形进行细微的调整，采用耙平清除表层的大块儿土疙瘩以及多余的土方。

②定点放样。在苗木进行种植时，常常会发生与实际不符的情况，一般情况下，为了美观，必须严格按照图纸定点放样。如有特殊情况，必须请示有关单位业主，获得批复后，才能调整。

③回填种植土。在绿化种植的过程中，对回填的种植土要求较高，有一套相应的标准，优先选用壤土类，如果是黏土类和沙土类，只有进行改良达到肥力种植要求才能使用。需要注意的一点是，在建设过程中产生的建筑垃圾土，必须清除干净，才能回填种植土。种植土层要与地下土层相连，否则会造成土壤的毛细管堵塞，连接不畅，水分空气传输不畅。除此之外，混有碎碴等废弃物的黏性土禁止使用。

④种植穴的挖掘。在种植穴挖掘的前期准备工作中，预先了解地线管线以及隐蔽物的埋设情况尤为重要。只有这样，才能保证挖掘时不会造成不必要的经济损失和安全隐患。种植穴的挖掘是植物栽植工序中的重中之重，直接关乎植物能否健康存活。要以根系或者是土球的大小作为判定依据，一般而言，种植穴的直径大小要保持一致，上下统一，比土球深 20cm 左右。

⑤施基肥。一般采用两种施肥方法：壤外施肥和根外施肥，可以采用穴施以及撒播施肥等方式。具体采用方式应该视情况而定，可以根据植物种类、肥料特性以及土质来决定。

6.1.3 公园绿化

一个城市的公园不仅能够反映这座城市园林绿化水平，还是人们开展社交活动进行体育锻炼的重要场所，在现代人的生活中无疑是不可或缺的。公园绿化植物是公园绿化景观的重要元素，优美的绿化植物不仅能够舒缓身心，还能提高人们的生活水平。

（1）公园绿化原则

①因地制宜的原则。城市公园绿地景观设计在考虑公园自身的生态环境因素的同时，还要充分考虑当地人文环境。对公园进行微地形的处理，不仅能改善生态环境还能优化空间结构，增强层次性和艺术性。这样，做到和谐统一的城市公园绿地景观更能获得城市居民的认可。

②整体设计的原则。城市公园绿地不仅是构建城市的重要组成部分，更是城市公园景观的综合体现，要以促进城市公园和城市二者的协调性为目标，要把控整体，以公园为基准开展设计工作，更有利于强化城市公园的功能性。以公园的基本特征如性质、地点和面积为主要参照物，为了使公园成为一个和谐有机体，可以采用空间设计、生态设计、功能设计等方式，注意与所在城市特征相协调，充分发挥城市公园绿地景观，改善生态环境和提升城市形象的作用。

③以人为本的原则。城市公园设计应当遵循以人为本的原则，改善人与人之间的关系，保障人与自然和谐共生，尽可能贴近大自然，推动社会发展。将三方面的动态沟通作为设计的重点，将人置于城市公园景观设计的中心，增强人文关怀，不断满足人民日益增长的生理需求和心理需求。增强对老弱病残群体的关怀。随着老龄化现象的加重，应对老年人群体提供更大程度上的关怀。例如：在老年活动区提供娱乐休闲场所，可以增设棋牌室和健身器材，丰富中老年人的生活，增加乐趣；为了培养儿童想象力，为童年时光增添乐趣，设计过程中突出表现未来感，在儿童娱乐区域配有娱乐设施，增强亲子互动；考虑到残障人士的特殊需求，采取更加人性化的设计，设置无障碍设施。为了便于其出行，增设盲道和残疾人坡道等。

（2）公园绿化设计

①景点的制作。大多数游客以穿行为主要目的，对园林景观甚少留意。为了解决这一问题，应当满足“春有花，夏有荫，秋有色，冬有景”的要求，这样才能带给游客真正意义上的身心愉悦。

可以充分利用景石和宿根类花卉，制作入口景点。将开花地被植物配置在中心广场。为了增强绿地的动感，可以在密林增设贯穿绿地的小路。开辟小路有利于密林管护工作的开展，发挥天然氧吧的功效。绿地斑块中央设计采取自然式，色块或者片植绿篱尽量少用，以散种为主。这种方式不仅有利于日后管护工作的开展，还能促进植物健康成长。

②公园绿地设计的空间预留。设计师对于公园绿地规划尤为重要，以 5 ～ 10 年为阶段，预先设想植物生长期与成熟期的面貌差异。需要注意的一点，应当注意预留生长空间的设计，防止初期密度过剩。以乔木和灌木为例，乔木间要保证 2 ～ 3m 的生长空间，灌木要保证 30 ～ 50cm 的间距。

③群落结构的自然合理搭配。近几年景观设计中又逐渐重视乔、灌、草的合理搭配，以自然、生态的方式建造绿地。要进一步学习和参考上海世界博览会公园建造模式和经验，群落配置以“大乔木，疏灌木，密地被”为模式构成立体空间，比例为 10:3:7 强化上层混交乔木的遮阴效果，弱化中层灌木体量，保证视线的通透性，注重下层花灌木和地被的色彩搭配，烘托喜悦氛围。科研单位的研究人员也在大量实验中证明，复合型的绿地群落对绿地降温、降噪、碳汇等生态效应方面起到积极作用。

④公园绿地的人性化设计。公园绿地的受益者为居民，因此需要注重人性化设计，在起到美化生态环境作用的同时，要着重增强休闲娱乐性。要配有基本设施，包括：服务部、公共厕所、躺椅石凳和健身器材。要充分考虑人们贴近自然的需要，绿地的斑块不能过大，在绿地上设置步距合理的小径通路。

⑤公园绿地地带性植物的充实。考虑到当前城市公园绿地植物配置种类较为单调，首要选择仍是观赏类植物。因此，要对公园的植物进行科学合理的配置，促进群落优化。以本土植物为主，其中尤以具有花期可结果的植物为先，可以吸引更多生物前来，改善野生生物的生存环境。

⑥公园绿地的精细化养护。公园绿地养护工作是绿化工作可持续进行的根基，精细化养护对植物生命延续具有重要意义。这就对养护人员的综合能力素质提出较高的要求。只是简单的浇水和修剪工作，无法保证各类植物的健康生长。要制定详细的养护台账，保证两至三个月进行一次疏枝修剪，在花后和花芽分化前进行修剪，在整个养护工作中，土壤肥力要得到保障，还要注意防护病虫害。针对整块绿地的小规模调整以六至八个月为限，及时剔除不相适应的树种，采取优质树种替代。只有以精细化为标准，才能对绿地进行最大限度的优化提升。

（3）公园绿化植物配置

乔木：龙眼、栾树、洋紫荆、木棉、白兰、幌伞枫、莲雾、水石榕、小叶榕、小叶榄仁、橡皮榕等。

灌木：杜鹃、山茶、朱槿、扶桑、大花紫薇、小叶紫薇、四季桂、鸡蛋刺桐、刺桐、夹竹桃等。

地被：鹅掌柴、变叶木、石竹、银边山菅兰、小蚌兰、龟背竹、棕竹、朱蕉等。

1）乔、灌木配置[①]

种植要求：种植应按设计图纸要求核对苗木品种、规格及种植位置。带土球树木入穴前必须踏实穴底松土，土球放稳、树干直立，随后拆除并取出不易腐烂包装物。行道树或行列种植树木应在一条线上，相邻植株规格应合理搭配，高度、干径、树形近似。种植的树木应保持直立，不能倾斜，同时应注意观赏面的合理朝向。种植深度一般乔灌木应与原种植线持平，个别快长、易生不定根的树种可较原土痕栽深 5 ～ 10cm。常绿树栽植时土球应略高于地面 5cm。竹类可比原种植线深 5cm。银杏宜浅栽，树木种植根系必须舒展，填土应充分踏实。

树木支撑、固定、浇水应符合下列规定：种植乔木应设支撑物固定，支撑物应牢固，基部应埋入地下 30cm 以下，绑扎树木处应加垫物，不能磨损树干。种植后应在略大于种植穴直径的周围，筑成高 15 ～ 20cm 的浇灌水围堰，堰应踏实不能漏水。新植树木应在当日浇透第一遍水，三日内浇第二遍水，十日内浇第三遍水，水渗下后应及时用围堰土封树穴，再筑堰时不能损伤根系。浇水时应防止因水流过急冲刷裸露根系或冲毁围堰，造成跑漏水。浇水后出现土壤沉陷致使树木倾斜时，应及时扶正、培土。

生长季节种植时技术措施：种植应按设计图纸要求核对苗木品种、规格及种植位置；苗木必须提前环状断根或在适宜季节起苗用容器假植处理；落叶乔木、灌木类栽植前、后应进行修剪，剪除部分侧枝，保留的侧枝也应疏剪，并保持树冠形态，可摘叶的应摘去部分叶片，但不能伤害幼腋芽。适当加大土球体积；掘苗时根部可喷布促进生根类激素，栽植时可加施保水剂。夏季可采取遮阴、树冠喷雾或喷施抗蒸腾剂等措施，减少水分蒸发。

① 百度百科：绿化种植施工技术方案，http：//ishare.iask.sina.com.cn/，2020 年 2 月 9 日访问。

2）花卉配置[①]

栽植放线：地栽花卉可按照设计图定点放线，在地面准确划出位置、轮廓线，而面积较大的花坛，可用方格线法按比例放大到地面。

花卉栽植：栽种带花的两年生花卉，球根、宿根花卉应使用容器苗。当气温高于25℃时，应避开中午高温时间，宜在傍晚栽植。裸根苗应随起随栽。带土球苗应提前在圃地灌水修剪后起苗，保持土球完整不散。种植花苗的株距，应按植株高低、分蘖多少、灌丛大小决定，以成苗后覆盖住地面为宜。种植深度宜为原种植深度，不能损伤茎叶，并保持根系完整。球茎花卉种植深度宜为球茎的1～2倍。块根、块茎、根茎类可覆土3cm。

3）绿篱（色带）植物配置

苗木选择：苗木材料选择大小和高矮规格统一、长势健旺、枝叶比较浓密而且耐修剪的植株。

种植沟的放线、挖掘：按照施工图设计位置在地面上放出种植沟的挖掘线，对于位于路边或广场边的绿篱，先放出靠近路面边线的挖掘线，再依据设计宽度放出另一条挖掘线，两条挖掘线均用白灰在地面标明；按照不同规格苗木挖除种植沟，沟深在20～40cm，视苗木大小而定。

绿篱栽植：选用三角形栽种方式，行株距以苗木冠幅宽窄而定，一般株距在20～40cm之间，行距可与株距相等或略小于株距。苗木一棵棵栽好后，在根部均匀地覆盖细土，并用锄把插实。之后进行全面检查，发现有歪斜的进行扶正。绿篱种植沟两侧，用余土做成直线型围堰，用于拦水。土堰做好后，浇灌定根水，要一次浇透。

定型修剪：修剪前，在绿篱一侧按一定间距立起标志修剪高度的一排竹竿，竹竿与竹竿之间连上长线，作为绿篱修剪的高度线。对于绿篱顶面具有一定造型变化的，根据其形状特点，设置两种以上的高度线。修剪时以机械修剪为主，人工再使用绿篱剪对一些特殊造型及机械修剪不足之处进行补充修剪。

4）竹类配置[②]

整地：栽竹子必须全面整地，深翻30～40cm，清除砖头瓦块。每公顷施有机肥37500kg。

---

① 百度百科：绿化种植施工技术方案，http：//ishare.iask.sina.com.cn/，2020年2月9日访问。

② 同上。

挖坑：用品字形配置坑位，株行距各 1m，坑直径 50cm × 50cm，坑深 20 ～ 25cm。

栽植：运坨时应抱住土坨搬运，一人搬不动时要两人抬土坨，绝不许用手提竹竿。装卸车时不准拖、压、摔、砸。栽植时，坨入坑要求原土面与新地面平，四周填土，踏实时不得踩土坨，切勿栽深。

填土：埋半坑土时扶植竹竿，浇透水，待水下渗后再埋第二次至满坑，然后作堰，再浇足水。

5）草皮种植施工方案 ①

①整地

土壤准备：种植草坪的土壤，厚度以不小于 40cm 为宜，对土壤中石砾、瓦块等影响草坪生长的杂物全部予以清除，使得土质符合草坪种植要求。

施底肥：为提高土壤的肥力，在种植前应施一些优质有机肥做基肥，施肥后进行一次耕翻。

防虫：为防止地下虫害，保护草根，可于施肥的同时，施以适量的农药，但必须注意撒施均匀，避免药料结成块状，影响草坪植物成活。

整平：完成以上工作以后，按设计标高将地面整平，并保持一定排水坡度（一般采用 0.3% ～ 0.5%）。场地当中，千万不可出现坑洼之处，以免积水。最后用碾子轻轻碾一遍。

②种植

播种：利用播种种植草坪，其优点是施工投资少，实生草坪植物的生命力较其他种植法为强；缺点是杂草容易侵入，养护管理要求较高，形成草坪的时间比其他方法要长。

选种：播种用的草籽必须选用纯度好、发芽率高、不含杂质（特别是不能含有野草籽）草种，按照设计要求比例，将所选草种混合均匀。

播种量：播种前必须做发芽实验，以确定合理的播种量。

种子处理：为使草籽发芽快、出苗整齐，播种前应做种子处理。

播种时间：主要根据草种与气候条件决定。暖季型草以春季为佳；冷季型草以秋季为好。

播种方法：一般采用撒播法，在坡度较大的地段采用喷浆播种。

① 百度百科：绿化种植施工技术方案，http：//ishare.iask.sina.com.cn/，2020 年 2 月 9 日访问。

后期管理：播种后应及时喷水，水点要细密、均匀，从上而下慢慢浸透地面。第 1 ～ 2 次喷水量不宜过大，喷水后应检查，如发现草籽被冲出时，应及时复土埋平。两水后则应加大水量，经常保持土壤潮湿，喷水不可间断。要进行维护管理，以保证出苗率。

③铺草块

此法因系带原土块移植，所以成型很快。除冻土期间一年四季均可施工。尤以春秋两季为好。缺点是成本高，容易衰老。

铺草块前，应检查场地是否平整等准备工作情况，必须将一切现场准备工作做完后方可施工。

铺草块时，必须掌握好地面标高，最好采用钉桩拉线的方法，作为掌握标高的依据。可每隔 10m 钉一木桩，用仪器测好标高，做好标记，并在木桩上拉好细线绳。铺草时，草块的土面应与线平齐，草块薄时应垫土找平；土块厚时则应削薄一些。铺草块应和砌墙一样，使缝隙错落相互联结。草块的边缘要修整齐，相互挤严，外不露缝；草块间填满细土，随时用木拍拍实。

草块铺设完成后，用 500kg 碾子碾压，并及时喷水养护。

6.1.4 常见园林绿化植物

在进行城市园林绿化植物配置作业时，应当始终坚持顺应自然的原则，做到因地制宜和因时制宜。技术人员要充分了解当地的自然生态环境，其中包括：气候条件、水文特征和土壤环境等植物生长的必要因素。并以此为依据，对植物进行挑选利用，保障园林绿化最大限度上发挥生态功能性。表 6-1 列举了一些常见的园林绿化植物。

常见的园林绿化植物 **表 6-1**

序号	种名	别名	科	分布	形态	园林用途
1	木本绣球	忍冬	忍冬科	华北南部至闽、川	花白，5 ～ 6 月，花序大，形如绣球	庭院观赏
2	金银花	未知	忍冬科	华北至华南、西南	半常绿性，花黄、白色，芳香	攀缘小型棚架、墙垣、山石
3	猬实	未知	忍冬科	华北、西北、华中	花粉红，花期 5 月，果似刺猬	庭院观赏、花篱
4	接骨木	未知	忍冬科	全国各地	花小，白色，花期 4 ～ 5 月	庭院观赏

续表

序号	种名	别名	科	分布	形态	园林用途
5	金银木	未知	忍冬科	全国各地	花白色后变黄，花期4～5月，浆果	庭植观赏、防护林、蜜源植物
6	大花六道木	未知	忍冬科	华北至华南	花粉红色，7～9月花开不断	丛植、花篱
7	糯米条	未知	忍冬科	华北南部至华南	花白色，花期7～9月，芳香	庭院观赏、花篱
8	珊瑚树	法国冬青	忍冬科	长江流域及其以南地区	白花，6月，红果9～10月	高篱、防护树种
9	盐肤木	未知	漆树科	除东北北部的其他地区	秋叶红色	丛植观赏
10	紫叶小檗	未知	小檗科	华北，西北，长江流域	叶常年紫红，秋果红色	庭院观赏、丛植
11	枸骨		冬青科	长江中下游各省	叶革质，深绿而有光泽，果球形	岩石园、庭植、刺篱
12	黄杨		黄杨科	华北至华南，西南	常绿灌木或小乔木，树皮灰色	庭植观赏、绿篱
13	雀舌黄杨	匙叶黄杨	黄杨科	华南	常绿矮小灌木，分枝多而密集	庭植观赏、绿篱
14	二乔玉兰	珠砂玉兰	木兰科	华北至华南、西南	花期3～4月，花外面淡紫色，里面白	庭院观赏、丛植
15	紫玉兰	木兰	木兰科	华北至华南、西南	花大，外紫内白，3～4月先叶开放	庭院观赏、丛植
16	合欢	未知	含羞草科	华北至华南	树冠扁球形，花粉红色，花期6～7月	行道树、庭荫树
17	花椒	未知	芸香科	东北南部至华南、西北	果实辛香	庭院刺篱、丛植
18	泡桐	未知	玄参科	自辽至粤黄河流域	树皮灰色、灰褐色或灰黑色	庭荫树、行道树
19	海州常山	未知	马鞭草科	华北至长江流域	花白色带粉红色，花期7～8月，紫红	庭院观赏、丛植
20	紫珠	未知	马鞭草科	我国东部及中南部	花淡紫色，花期6～7月，核果球形	庭院观赏、丛植

续表

序号	种名	别名	科	分布	形态	园林用途
21	红瑞木	未知	山茱萸科	东北、华北	茎枝红色，花白色或黄白色	庭院观赏、丛植
22	七叶树	未知	七叶树科	黄河中下游至华东	树冠开阔，叶大荫浓，白花绚烂	庭荫树、行道树、园景树
23	木槿	篱障花、赤槿	锦葵科	东北南部至华南	落叶灌木或小乔木，分枝多，株形直	丛植、花篱、庭植观赏
24	结香	黄瑞香	瑞香科	中部及西南各省	落叶灌木，株高2m左右	结香柔枝长叶，姿态清逸
25	喜树	旱莲、水栗	蓝果树科	长江以南地区	树冠圆形或卵形，树干端直	庭荫树、行道树
26	美国凌霄	未知	紫葳科	华北及其以南各地	落叶性，羽状复叶对生，小叶9枚	大型观花藤本植物
27	凌霄	紫葳	紫葳科	华北及其以南各地	落叶木质藤本，具气根，树皮灰褐色	攀缘墙垣、山石等续表
28	白梨	未知	蔷薇科	东北南部、华北、西北	花白色，花期4月	庭院观赏、果树
29	碧桃	千叶桃花	蔷薇科	东北南部至广东、西北	同一树上有红白相间的花朵	观花灌木
30	白杆	云杉、麦氏云	松科	华北、东北、山西	小枝上有叶枕，树冠圆锥形	风景林、景园树
31	紫藤	藤萝	蝶形花科	辽宁以南地区	落叶性，花堇紫色，花期4月，芳香	攀缘棚架，枯树，门廊、枯树及假山
32	木香	未知	蔷薇科	华北至长江流域	常绿或半绿攀缘灌木	攀缘篱架、篱栅
33	美国地锦	五叶地锦	葡萄科	东北南部至全国各地	落叶性，秋叶红艳或橙黄色	攀缘山石、棚架、墙壁
34	扫帚草	地肤	藜科	全国各地	株丛圆整翠绿	自然丛植、花坛边缘、绿篱、盆栽
35	五色苋	红绿草、锦绣	苋科	全国各地	多年生草本，茎直立或斜生，叶对生	模纹花坛材料
36	三色苋	雁来红、老来红	苋科	原产亚洲热带地区	秋天梢叶鲜红艳丽，叶互生全缘	丛植、花境背景、基础栽植
37	鸡冠花	未知	苋科	全国各地	茎直立粗壮、叶卵状披针形	花坛、盆栽、干花、花镜

续表

序号	种名	别名	科	分布	形态	园林用途
38	凤尾鸡冠	未知	苋科	全国各地	茎直立、叶卵状披针形	花坛、盆栽
39	睡莲	未知	睡莲科	全国各地	花有白、黄、粉色，花期 6～8 月	美化水面、盆栽或切花
40	荷花	未知	睡莲科	全国各地	花色多，花期 6～9 月	美化水面、盆栽或切花
41	葱兰	未知	石蒜科	全国各地	花白色，夏秋	花坛镶边、疏林地被、花径
42	郁金香	未知	百合科	全国各地	花大，花有鲜红、樽、黄、白、褐色	花境、花坛、切花
43	大丽花	未知	菊科	全国各地	花型、花色丰富，夏秋开花	盆栽、花坛、花境、切花
44	红花酢浆	未知	酢浆草科	我国亚热带地区	株矮，叶基生，也有白晕，花玫瑰红	河岸边、岩石园
45	菊花	未知	菊科	全国各地	花色繁多，花期 10～11 月	花坛、花境、盆栽
46	荷兰菊	未知	菊科	全国各地	花莲紫、白色，花期 8～9 月	花坛、花境、盆栽
47	虞美人	未知	罂粟科	全国各地	花有白、红、粉红、紫红、玫红等色	花坛、花丛、盆栽、庭植
48	葡萄	未知	葡萄科	全国各地	落叶性，果紫红色或黄白，花期 8 月	攀缘棚架、篱栅、果树
49	中国地锦	爬山虎	葡萄科	南北各地	落叶性，秋叶黄色、橙黄色	攀缘山石、棚架、墙壁
50	珙桐	未知	蓝果树科	鄂西、川中南、贵北	花絮包片奇特美丽，状如飞鸽	庭荫树、行道树
51	大花紫薇	未知	屈菜科	华南	树冠半球形，花淡紫红色，夏季开花	庭荫树、园景树、行道树
52	荆条	未知	马鞭草科	东北南部，华北，西北	花蓝紫色，有香气，花期夏季	盆景
53	枸杞	未知	茄科	辽宁以南地区	花紫色，花期 5～10 月，果红色	庭植、桩景
54	小叶女贞	未知	木樨科	华北至长江流域	半常绿性，花小，白色，花期 8～9 月	庭院观赏、绿篱
55	金叶女贞	未知	木樨科	华北南部至华东	半常绿性，花白色，花期夏季	观叶植物、绿篱、色带

续表

序号	种名	别名	科	分布	形态	园林用途
56	红丁香	未知	木樨科	辽宁、华北、西北	花淡粉色至白色，花期5～6月	庭院观赏、丛植
57	白丁香	未知	木樨科	东北南部，华北、西北	花白色，花期4～5月，芳香	庭院观赏、丛植
58	紫丁香	未知	木樨科	东北南部，华北、西北	花堇紫色，花期4～5月，芳香	庭院观赏、丛植
59	迎春	未知	木樨科	华北至长江流域	花黄色，早春叶前开放	庭院观赏、花篱、地被植物
60	白蜡	未知	木樨科	东北、华北、西北	树冠卵圆形，秋叶黄色	庭荫树、行道树、堤岸树
61	金钟花	未知	木樨科	华北及长江流域	花金黄，花期4～5月，叶前开放	庭院观赏、丛植
62	连翘	未知	木樨科	全国各地	花金黄色，叶前开放，花期4～5月	庭植、花篱、坡地河岸栽植
63	雪柳	未知	木樨科	东北南部至长江中下游	花小，白色，花期5～6月	绿篱、丛植、林带下木
64	丝棉木	未知	卫矛科	东北南部至长江流域	树冠圆球形，小枝细长，绿色	庭荫树、水边绿化
65	蜡梅	蜡梅	蜡梅科	华北南部至长江流域	花蜡黄色，浓香，花期1～2月	庭院观赏、盆栽
66	白鹃梅	未知	蔷薇科	华北至长江流域	枝叶秀丽，4～5月开花，洁白	庭院观赏、丛植
67	多花蔷薇	未知	蔷薇科	华北南部至华南各省	落叶性，花白、黄、粉，花芳香	攀缘棚架、篱栅
68	棣棠	未知	蔷薇科	华北至华南、西南	花金黄色，花期4～5月，枝干绿色	丛植、花篱、庭植
69	玫瑰	未知	蔷薇科	东北、华北至长江流域	花紫红，花期5～6月，芳香	庭院观赏、丛植、花篱
70	藤本月季	未知	蔷薇科	东北南部至华南、西南	枝条长，蔓性或攀缘，花色丰富	攀缘围栏、棚架
71	丰花月季	未知	蔷薇科	东北南部至华南、西南	花色丰富，花期长，耐寒性较强	丛植
72	月季	未知	蔷薇科	东北南部至华南、西南	花红、紫，花期5～10月	庭植、丛植、盆栽

续表

序号	种名	别名	科	分布	形态	园林用途
73	黄刺玫	未知	蔷薇科	华北、西北、东北南部	花黄色，花期4～5月，果红色	庭院观赏、丛植、花篱
74	珍珠梅	未知	蔷薇科	东北南部、华北、西北	花小而密，白色，花期6～8月	庭院观赏、丛植
75	鸡麻	未知	蔷薇科	辽宁至华中，西北至华北	花白色，花期4～5月	庭院观赏、丛植
76	杜梨	未知	蔷薇科	东北南部至长江流域	花白色，繁密，花期4～5月	庭荫树、防护林
77	垂枝梅	未知	蔷薇科	长江流域及以南地区	枝自然下垂或斜垂，花有红、粉、白	庭植观赏、片植、盆景
78	梅	未知	蔷薇科	长江流域及以南地区	花红、粉、白，芳香，花期2～3月	庭植观赏、片植、盆景
79	榆叶梅	未知	蔷薇科	东北南部、华北、西北	花粉红色，单瓣或重瓣，密集于枝条	庭院观赏、丛植、列植
80	山桃	未知	蔷薇科	辽南至华北地区	早春叶前开花，花粉白色，树皮暗紫	早春观花灌木
81	垂枝桃	未知	蔷薇科	东北南部至广东、西北	枝条下垂，花多重瓣，有白、粉、红	观花灌木
82	紫叶桃	未知	蔷薇科	东北南部至广东、西北	叶紫红色，花单瓣或重瓣，花色丰富	观花灌木
83	桃	未知	蔷薇科	东北南部至广东、西北	花粉红色，花期3～4月，先叶而放	庭院观赏、果树、庭荫树、行道树
84	樱花	未知	蔷薇科	东北、华北至长江流域	花粉白，花期4月	庭院观赏、丛植、园路树
85	东京樱花	未知	蔷薇科	华北南部至长江流域	花粉、红、白，花期4～5月	庭荫树、行道树
86	李	未知	蔷薇科	东北南部、华北至华中、西北	花白色，叶前开放	庭院观赏
87	日本晚樱	未知	蔷薇科	华北至长江流域	花粉红，有香气，花期4月	庭院观赏、风景林、行道树
88	毛樱桃	未知	蔷薇科	我国北部至西南	花粉白色，花期4月、花叶同放	果实可招引鸟类，丛植
89	郁李	未知	蔷薇科	东北、华北至华南	花粉、白，春天花叶同放，果深红色	果实可招引鸟类，丛植

续表

序号	种名	别名	科	分布	形态	园林用途
90	紫叶李	未知	蔷薇科	华北至华中、华东	叶紫红色，花淡粉	庭院观赏，丛植
91	杏	未知	蔷薇科	东北、华北至长江流域	花粉红，花期3～4月，果黄色	庭院观赏、果树、庭荫树、行道树
92	苹果	未知	蔷薇科	华北南部至长江流域	花白色带红晕，花期4～5月	果树、庭荫树
93	垂丝海棠	未知	蔷薇科	华北南部至长江流域	花鲜玫瑰红色，朵朵下垂	庭院观赏、丛植
94	山楂	未知	蔷薇科	东北南部、华北、华中	花白色，顶生伞房花序，花期5～6月	庭院观赏、园路树、果树
95	木瓜	未知	蔷薇科	长江流域至华南	花粉红，花期4～5月，秋果黄色	庭院观赏
96	贴梗海棠	未知	蔷薇科	我国东部、中部	花粉、红或白，花期3～4月，先叶而放	庭院观赏、花篱、基础种植
97	枇杷		蔷薇科	华中至华南	叶大荫浓，初夏黄果	庭植观赏、果树
98	火棘		蔷薇科	华东、华中、西南	春白花，秋冬红果	基础种植、丛植、花篱
99	石楠		蔷薇科	华东、中南、西南	树冠球形，枝叶浓密，嫩叶红色	庭荫树、绿篱
100	十大功劳		小檗科	长江流域及其以南地区	耐阴，喜温暖湿润气候	庭植、绿篱
101	阔叶十大功劳		小檗科	长江流域及其以南地区	花黄色，花期3～4月，果暗蓝色	庭植、绿篱
102	君迁子	未知	柿树科	东北南部至华南、西南	果熟时，由黄变成蓝黑色	果树、庭荫树、行道树
103	柿	未知	柿树科	东北南部至华南、西南	秋叶红色，果橙黄色	果树、庭荫树、行道树
104	刺楸	未知	五加科	东北南部至华南、西南	顶生圆锥花序，花白色，花期7～8月	庭荫树、行道树
105	灯台树	未知	山茱萸科	辽宁、华北、西北	树形整齐美观，花白色美丽	庭荫树、行道树
106	梧桐	青桐	梧桐科	华北南部至长江流域	枝干青翠，叶大荫浓，干皮绿色	庭荫树、行道树

续表

序号	种名	别名	科	分布	形态	园林用途
107	乌桕	未知	大戟科	黄河以南各省	树冠球形，秋叶紫红，缀以白色种子	行道树、庭荫树
108	柽柳	未知	柽柳科	全国各地	枝叶细小柔软，花粉红色	庭植、绿篱、海防林、防护树
109	糠椴	未知	椴树科	东北、华北	树姿优美，叶大荫浓，嫩叶红色	庭荫树、行道树
110	枣树	未知	鼠李科	东北及内蒙古南部至华南	9月中旬结果	果树、蜜源植物、庭荫树
111	杜仲	未知	杜仲科	华北南部至长江流域	树冠球形，枝叶茂密	庭荫树、行道树
112	悬铃木	英桐	悬铃木科	华北南部至长江流域	树冠阔球形，冠大荫浓	庭荫树、行道树
113	牡丹	未知	芍药科	西北，华北至长江流域	花白、粉、红、紫，花期4～5月	庭院观赏
114	文冠果	未知	无患子科	东北、西北、华北	4～5月白花满树，与秀丽绿叶相称	庭院观赏
115	全缘叶栾树	未知	无患子科	长江以南地区	花黄色，花期8～9月	庭荫树、风景树
116	栾树	未知	无患子科	辽宁、华北至长江下游	花金黄，花期6～8月，果橘红色	庭荫树、行道树、季相树
117	无患子	未知	无患子科	长江流域及其以南地区	树冠广圆形，树荫稠密，秋叶金黄	庭荫树、行道树
118	无花果	未知	桑科	长江流域及其以南地区	树冠球形，叶果美丽	庭院观赏、高篱
119	龙爪桑	未知	桑科	辽宁以南城市	枝条扭曲如游龙	庭植观赏
120	桑树	未知	桑科	辽宁以南城市	秋叶黄色，果可食	庭荫树
121	构树	未知	桑科	黄河流域至西南	聚花果球形，热时橘红色，易招苍蝇	绿化
122	臭椿	未知	苦木科	华北、西北至长江流域	树冠半球形，树姿雄伟，枝叶茂密	庭荫树、行道树
123	石榴	未知	石榴科	黄河流域及其以南地区	花红色，花期5～6月，果红色	庭院观赏、果树

续表

序号	种名	别名	科	分布	形态	园林用途
124	皂荚	未知	蝶形花科	华北至华南	树冠广阔，叶密荫浓	庭荫树、抗污树种
125	龙爪槐	未知	蝶形花科	华北、西北至长江流域	树冠伞形，枝下垂，花黄白	庭植
126	国槐	未知	蝶形花科	华北、西北至长江流域	枝叶茂密，树冠球形，花黄绿	庭荫树、行道树
127	刺槐	未知	蝶形花科	东北南部至长江流域	树冠椭圆状，倒卵形，花白色，花期5月	庭荫树、行道树、防护林，蜜源植物
128	锦鸡儿	未知	蝶形花科	华北至长江流域	花橙黄，花期4月	庭院观赏、岩石园、盆景
129	紫穗槐	未知	蝶形花科	南北各地	花暗紫，花期5～6月	护坡固堤、林带下木、防护林
130	红枫	未知	槭树科	河南至长江流域	叶常年红色或紫红色	庭院观赏、盆栽、色叶树种
131	鸡爪槭	未知	槭树科	河南至长江流域	树姿优美，叶形秀丽，秋叶红艳	庭荫树
132	三角枫	未知	槭树科	长江流域各地	叶倒卵状三角形、三角形或椭圆形	庭荫树、行道树、护岸树、绿篱
133	元宝枫	平基槭	槭树科	东北、华北至黄河流域	树形优美，花黄绿色，春季开花	庭荫树、行道树、风景林
134	火炬树	未知	漆树科	东北南部，华北、西北	奇数羽状复叶互生，长圆形至披针形	风景林、防护林
135	黄栌	未知	漆树科	华北、西南	霜叶红艳美丽	庭院观赏、风景林
136	苦楝	楝树	楝科	华北南部至华南、西南	花堇紫色，花期5月，有香气，球形核果	庭荫树、行道树、防护树种
137	香椿	未知	楝科	辽南至东南、西南各省	树干通直，冠大荫浓	庭荫树、行道树、特种经济林
138	榉树	未知	榆科	我国中部至南部，东部	树形优美，枝叶细密	庭荫树、行道树、园景树、盆景
139	朴树	未知	榆科	江淮流域至华南	冠大荫浓，果橙红色或红褐色	庭荫树、防护林、行道树
140	榆树	白榆	榆科	东北、内蒙古，华北至长江流域	树冠球形	庭荫树、行道树、东北作绿篱

续表

序号	种名	别名	科	分布	形态	园林用途
141	馒头柳	未知	杨柳科	东北、华北、西北	树冠球形	行道树、风景树、庭荫树
142	龙爪柳	未知	杨柳科	东北、华北、西北	树冠长圆形，枝条扭曲如游龙	行道树、风景树、庭荫树
143	旱柳	未知	杨柳科	东北、华北、西北	树冠广卵形或倒卵形	防护林、行道树、风景树、庭荫树
144	垂柳	未知	杨柳科	东北、华北、西北	树冠倒卵形，枝细长下垂	行道树、风景树、庭荫树
145	钻天杨	未知	杨柳科	东北南部、华北、西北	树冠狭圆柱形	风景林、行道树、庭荫树、护堤树
146	银白杨	未知	杨柳科	西北、华北、辽、藏	树冠卵圆形，树干白色，叶背银白色	风景林、行道树、庭荫树
147	板栗	未知	山毛榉科	辽、华北至华南、西南	枝叶稠密，树冠扁球形	庭荫树、果树
148	毛白杨	未知	杨柳科	华北、西北至长江下游	树形端正，树干挺直，树皮灰白色	行道树、防护林、庭荫树
149	栓皮栎	未知	山毛榉科	辽宁至华南西南、西北	树干通直，树冠雄伟，浓荫如盖	庭荫树、防风、防火树种
150	麻栎	未知	山毛榉科	辽南、华北至华南	树皮暗灰色，浅纵裂，幼技密生绒毛	庭荫树、用材林
151	枫杨	未知	胡桃科	华北至长江流域	老树皮黑灰色，小枝有灰黄色皮孔	行道树、护岸树
152	核桃	胡桃	胡桃科	华北、西北至西南	树冠广圆形至扁球形	干果树、庭荫树、防护林
153	鹅掌楸	马褂木	木兰科	长江流域及其以南地区	叶形似马褂，花黄绿色，花大而美丽	庭荫树、行道树
154	银杏	未知	银杏科	沈阳以南、华北至华南	树干端直高大，树姿优美，形美	庭荫树、行道树
155	凤尾兰	未知	龙舌兰科	华北南部至华南	茎短，叶密集，螺旋排列茎上	庭植观赏
156	棕榈		棕榈科	长江流域及其以南地区	干直，叶如扇	风景树、庭荫树
157	瑞香		瑞香科	长江流域	花白色或染淡紫红色，芳香	庭植观赏
158	珊瑚树	法国冬青	忍冬科	长江流域及其以南地区	白花，6月，红果，花期9～10月	高篱、防护树种

续表

序号	种名	别名	科	分布	形态	园林用途
159	女贞		木樨科	长江流域及其以南地区	花白色，6～7月，果蓝黑色	行道树、绿篱
160	桂花		木樨科	长江流域及其以南地区	花黄、白色，浓香，花期9月	庭荫树、风景林
161	蚊母		金缕梅科	长江中下游至东南部	花紫红色，花期3～4月，抗污染树种	庭植观赏
162	海桐		海桐科	东南沿海及其以南地区	白花芳香，5月，叶革质，萌芽力强	绿篱、庭植观赏
163	大叶黄杨		卫矛科	华北至华南、西南	枝叶紧密，叶面深绿有光泽	观叶植物，绿篱、基础种植
164	南天竹		南天竹科	长江流域及其以南地区	花白5～7月，9～10月果红色	庭植
165	广玉兰		木兰科	长江流域及其以南地区	树冠圆锥形，花大，白色，芳香	园景树、行道树、庭荫树
166	含笑	含笑花	木兰科	长江以南地区	自然长成圆形，枝密叶茂，花淡紫色，浓香	庭植
167	水杉	水桫	杉科	华北南部至长江流域	树冠圆锥形，树干通直，基部常膨大	庭植
168	白皮松		松科	华北、西北、长江流域	老干树皮成粉白色，树冠开阔	庭荫树、风景林
169	油松		松科	东北南部，华北、西北	树冠伞形，树姿苍劲古雅，枝繁	庭荫树、风景林、防护林、行道树
170	云杉		松科	陕、甘、晋、宁、川北	冠圆锥形，叶灰绿色	园景树及风景树、用材林
171	沙地柏	新疆圆柏	柏科	西北、内蒙古、华北	匍匐状灌木，枝斜上	地被
172	铺地柏		柏科	华北至长江流域	匍匐灌木	岩石园、地被、盆景
173	塔柏		柏科	华北及长江流域	树冠圆柱状窄塔形	行道树、园景树
174	龙柏		柏科	华北南部至长江流域	树冠圆柱形似龙体	庭荫树、园景树
175	雪松		松科	华北至长江流域	树冠幼年圆锥形，姿态优美	庭荫树、风林

续表

序号	种名	别名	科	分布	形态	园林用途
176	柳杉		杉科	长江流域及其以南地区	树冠圆锥形，树姿优美，绿叶婆娑	庭荫树
177	圆柏	桧柏	柏科	东北南部、华北至华南	常绿乔木，幼年树冠狭圆锥形	庭荫树、防护林、行道树、绿篱

（资料来源：百度文库，常见园林绿化植物，https://wenku.baidu.com/，2020 年 2 月 11 日访问）

6.2 现代育种、栽培、养护技术体系

6.2.1 园林植物育种

（1）传统园林植物育种技术及应用

①引种驯化。引种驯化是丰富我国园林植物种类的多种方式中，最为经济便捷的一种，当前园林绿化中使用的植物前身多是野生植物。其中包括的木本植物有悬铃木、龙柏、雪松、香柏、落叶松、池杉；草本植物有天竺葵、矮牵牛、波斯菊、马蹄莲等。为了保证成功率，需要详尽的工作计划，在有相关资料的同时，吸取前人的经验，以理论为支持，分析罗列影响因素，准确预测市场前景，严格遵照检疫标准，建立编号档案，经过试种，及时全面评价，最后实现推广。

②芽变育种。芽变育种也起着至关重要的作用。从遗传角度来看，引发芽变育种有两种途径：一是细胞质基因组变异，二是染色体数量结构突变。例如许多观赏植物金边和银边的差异，就来源于此。为了防止环境因素的干扰，可以通过以下三种方式进行鉴定：直接鉴定、移植鉴定和综合分析鉴定。芽变育种一般采取“面上调查定点，点上观测鉴定定株，株间综合分析定性”，按照“初选—复选—决选”的顺序开展。除此之外，时期问题尤为重要；在选取芽变材料时需要充分考虑变异机制和植物的繁殖特性；针对嵌合体，要充分考虑选定部位，具体体现在组织培养实验上，为了确保繁殖材料的真实性，应采用确发生了芽变的细胞或组织作为外植体。

③有性杂交育种。有性杂交是应用最为普遍的育种方式。例如大家耳熟能详的花卉品种有菊花、百合、郁金香、月季、杜鹃、玉兰、梅花、金花茶等品种投放生产时需要杂交才能得到更为优质的品种。杂交育种有以下四种交配方式：单交、复交、回交和多父本授粉。首先根据育种目标选配亲本，其次进行花期调控与活力鉴定，然后进行人工授粉繁育，最后采集种子进行播种与选择。注意不同

园林植物具有特殊性，例如杭菊、杨树和柳树采用剪枝水培的方式，成活率更大，从授粉到种子成熟耗时较短的植物，可采用室内切枝水培的方式繁育。

④诱变育种。传统的诱变育种可以通过化学和物理诱变两种途径进行。化学诱变着重在以下三个方面：一是试剂特性方面：包括种类和浓度的选择；二是诱变材质的选择；三是方法的选择：包括熏蒸、浸渍、涂抹、滴液、注入等方法。按照“预处理—药液处理—后处理—选择培育”的工序开展。

物理诱变的主要方法有温度骤变、机械创伤和辐射等方法。应用最为普遍的是辐射诱变。由于园林植物栽培以无性繁殖为主，又要保证其极具观赏性，由此辐射育种成为首要选择。

（2）现代园林植物育种高新技术及应用

①细胞工程育种。主要针对具有优良遗传基础的园林植物及脱毒种苗（球）的快速繁殖、细胞或组织培养过程中体细胞变异体的诱导和筛选、细胞大量培养中代谢物的利用、原生质体培养基融合、利用花粉或花药为外植体的单倍体育种等。如利用花药或花粉培养诱导单倍体，及组织培养诱导愈伤组织分化成苗的过程产生的体细胞突变，筛选获得多倍体和非整倍体等新种质，为丰富园林植物种质起到了积极的作用。

②航天技术育种。航天育种作为一种有着广泛应用前景的诱变育种技术，在我国已经发展了 20 多年。最早进入太空的是一些常见农作物的种子，最近几年已开始搭载少数园林植物种子。“神舟七号”宇宙飞船搭载了三峡“鸽子树”、青钱柳等濒危植物，大连普兰店千年古莲种，深圳蝴蝶兰、袋鼠花、球根海棠等园林植物遨游太空。植物育种专家将检测和研究这些在太空中经过辐射之后的园林植物。以观赏性状为育种目标的园林植物，利用航天技术育种产生的变异幅度会比传统诱变技术的更大，对改良或种质创新，提供了崭新的育种途径。传统育种方法育成一个新品种需要 5 ～ 8 年，通过航天育种技术可能将时间缩短一半，能够有效地加快育种进程和效果，利用航天育种技术可以缩短我国同西方在园林观赏植物育种水平上的差距。

③离子注入育种。离子注入诱变育种是我国首创开发的具有自主知识产权的育种新技术，已被应用于许多农作物的诱变育种中。它主要利用 N+、C+、Ag+ 等低能离子注入生物体内，通过离子束能量对生物体的作用，以及离子本身最终能停留在生物体内，对生物体的变异产生重要的影响。离子束与生物的相互作用不仅有物理的和化学的，而且还会引起强烈的生物效应，可引起氨基酸和肽链等

生物小分子结构的变异、碱基缺失和DNA链的断裂及突变、细胞表面蚀刻和细胞膜通透性的改良，及其他一系列生理性状的变化，从而促使生物产生各种变异（其中有许多是自然条件下极为罕见或难以产生的），可以从中选出所期望的优良变异种质，经过培育而成为新品种（系）。它与一般射线进行的辐射育种和利用太空中微重力、空间辐射、超真空、超净环境等空间环境诱变育种有一定区别，并显示突出优点。离子注入诱变育种的主要优点表现在变异频率高，一般要比自然变异频率高1000倍以上；变异谱宽，即变异的类型多，能够产生自然界里从未见过的新类型；变异稳定快，可以大大缩短育种周期；离子注入诱变育种技术稳定可靠，简便易行（季孔庶，2004）。

④分子育种。分子育种是近代开创的育种新途径，大量实践证明我国在这方面取得了重要进展。

分子育种是指分子水平生物技术在植物育种上的应用。中国科学院上海生物化学研究所周光宇研究员指出，植物分子育种可概括为两个层次的工程技术：一是将带有目的性状基因的供体总DNA片段导入欲改良的植物受体细胞，使其后代发生变异，从中筛选出获得目的性状的后代或符合需要的有价值的新类型，培育出高产、优质、抗性强的新品种。二是分离目的基因，构建重组分子，导入需要改良的植物受体细胞，经过培育，筛选出获得了目的性状，且综合性状优良的后代，育出新品种。分子育种具备如下特点：一是遗传物质的转移突破生物学隔离的障碍，打破物种分类的界限，充分利用自然界丰富的遗传资源，使遗传物质能在不同植物间，甚至在植物、动物和微生物之间进行交流，从而充分活化各物种的遗传基础，为创造新的生命类型奠定广泛的基础。二是无须经过细胞、原生质体离体培养（甚至不需离体培养）（针对狭义的分子育种来说）利用整体植株的特定细胞进行外源DNA或基因的转移，如卵细胞、受精卵或早期胚细胞，抑或幼胚、幼苗、芽丛分裂旺盛的细胞，它们随着整体生长发育的进程而完成外源DNA或基因的导入、整合与转化过程。无须经过细胞、原生质体离体培养，转化诱导，形成再生植株等一系列烦琐复杂的培养流程。1974年，周光宇多次对粮食等作物远缘杂交实验进行实地调查。认为就整体分子而言，远缘亲本间的染色体结构是不亲和的，容易相互排斥；根据进化的观点，局部DNA分子部分基因间的结构有可能保持一定的亲和性；因而远缘DNA片段有可能进入受体细胞，并在母本DNA复制过程中，这种DNA片段便与受体基因组相应区段整合。周光宇提出了“DNA片段杂交”假说，并应用同工酶和分子杂交等技术对祖德明等培育的高梁稻及其亲本材料进行了分析，使这一假说得到了分子验证。

6.2.2 园林植物的栽植

（1）采挖定植穴

首先要根据苗木的特性以及种植要求，确定种植坑穴的直径及深度还有株距。通常而言，树龄在3～4年的树木定植穴直径约为50cm，深度在30cm左右；树龄在5～6年的树木定植穴直径约为80cm，深度在50cm左右。定植穴准备工作完成后，在1/3处的坑穴，添置土壤有机肥混合物。

（2）起苗和运输

起苗工作可在两个季节开展。初春和初冬时节，起苗时要携带大冻土坨，防止树苗冻伤。还要注重苗木根系的完整无伤性。当地栽植的苗木，可随挖随栽，需要考虑的运输问题较少；相反异地栽植的苗木，既要保证冻土坨不散开，还要考虑保湿问题，可采用草袋和丝袋对根部进行缠绕。

（3）定植

移栽工作完成后，要立即进行灌水工作，保证苗木水分供给，提高成活率。由于定植季节存在差异，应用的方法也有所不同。在初冬季节定植，第一次灌水与第二次灌水需要相隔十天，最好保证地上部分能封冻；在初春季节定植，则应顶浆进行，灌透底水，完成后以地膜覆盖保持水分，保证根系健康生长。

6.2.3 园林植物的养护

（1）当前养护管理工作中存在的不足和问题

①养护管理的工作机制还不够完善。在园林绿化工程加速开展的过程中，相关植物养护管理工作的制度方面还欠缺一定的科学性，完善程度不高，无法与后续工作开展中的实际需要相适应。我国国土广袤，不同区域之间存在较大的气候差异性，由于园林植物种类繁多，因此养护方面的工作具有较大的不同。许多高标准要求的存在，带给了养护工作较大的执行难度。针对当前存在的种种问题，如何高效提升园林植物养护管理工作水平，一套科学化、标准化的养护管理制度必不可少。

②设计方面的不合理影响了后续养护工作的有效开展。设计的是否科学合理，直接关系到园林绿化工程后续活动能否顺利开展。从养护管理工作开展的方面来看，如果初期设计方面存在偏差和问题，会为后续养护工作造成诸多困难，

产生安全隐患和设计漏洞。例如：只单纯为了美观效果，忽视气候生态环境因素，会使得所选择的苗木缺乏生存能力而至死，造成经济损失，也使后续养护管理工作处于非常不利的境地。当前养护管理工作中暴露出的问题，绝大部分是由于初期设计与实际不相适应造成的。

③养护方式缺乏足够的针对性和适应性。在园林植物养护管理工作开展的过程当中，要根据不同植物的特性，采取不同的养护方案和工作标准，并且严格执行。除此之外，在日常实践过程中，养护管理方式的科学性亟待提升。这与养护管理人员的工作素养密切相关，许多人员将以往工作经验作为依据，开展日常工作，缺乏科学针对性，结合当地生存环境和植物的生长情况，及时调整和优化植物养护方式，这也是影响养护管理工作开展效果的一个重要的因素。

④人员素质方面的问题。园林绿化工程施工难度较大，专业性要求较高，为应对复杂多变的工作环境，这就要求养护管理人员自身的专业素养过硬。由于当前许多在职人员缺少专业技能培训，专业水平有限，难以应对复杂多变的后续养护工作。因此为解决当前人员困境，必须认真思索如何提升养护工作队伍的工作能力和专业素养。

（2）如何做好养护管理工作

①重视养护管理工作的开展，做好相关制度的完善。要想做好园林绿化养护工作，首先要从思想上重视起来，其次为了更有效地执行，要创造一个良好的工作环境，保证养护管理工作的顺利开展，发挥其真正的效用。在具体执行工作方面上，要顺应时代潮流，积极引进新的工作思路和方式，并且对此不断创新，为日后的养护工作开好头，只有这样后续养护工作才能行之有效。养护工作也涉及了方方面面，工作内容十分繁杂，这就需要做到全方位的配合与支持。通过制定科学系统的管理工作制度，有利于实际工作的落实。然而在实际活动开展的过程中，其难度主要体现在专业性要求高，设计环节和部门繁多等方面。为了更好地达成养护管理工作的目标，应当有针对性地将这些需求融入前期养护管理方案并着重体现出来。针对不同养护管理环节特点要求去深入分析，并遵照相关技术要求和标准，制定科学可行化的管理规范，为后期活动的开展提供指导，降低隐患，提升配合度。除此之外，要在对养护管理方案充分了解的基础上，进行技术交底，针对不同环节做好沟通协调准备，发现不足及时更正。

②提升园林设计的合理性。园林设计者应考虑科学和人文两个因素进行园林设计，园林的设计应从实际出发，切忌盲目追求潮流，保留个性的同时，切实应

用自己的专业知识，结合经验教训，使得设计更加完善全面。要本着以人为本的原则，强化为人民服务的理念，换位思考，才能从根本上解决园林设计中存在的问题。除此之外，为了保证后续养护方面工作的顺利开展，尽量减少后续养护成本和精力方面的投入，应当对树种进行慎重选择，不仅要具备一定的生态循环能力和抗病虫害的能力，进而提升群落的整体生长水平。设计人员不仅要对现场进行充分调研，还要充分考虑气候因素，对于树种的选择和搭配进行优化提升，增强整体群落的环境适应能力。

③做好养护工作的检查和执行。由于施工环境的复杂性以及管理树种繁多，为了保证养护工作的落实，应当调动工作积极性。技术人员应该根据实际情况，构建切实合理的目标体系并精细化分配。要以认真负责的态度，对养护工作进展充分掌控，做好跟踪。根据养护工作中产生的实际问题，及时调整，增强工作主动性和协调性，这样园林绿化工作人员才能进行更好的配合，各项养护管理工作的制度才能得到更好的落实。

④做好养护技术水平方面的优化：

草地养护。草地养护的基本要求要尽量确保其四季常青、均匀齐整。在具体工作开展上，针对不同时间段制定相应的养护计划。一般而言，可以分为以下四个阶段：种植至长满阶段、旺长阶段、缓长阶段和退化阶段。再据此制定不同的养护计划，提升养护的效用。

树木施肥养护。树木养护的基本要求是定期做好浇水和施肥基础性工作。在绿化树木的水分管理方面，成年形态的树木，根系发达，枝叶茂密，缺水情况较少，反之，水分管理的重点在幼树，要做到保湿不渍，表土干而不白。针对一些植株矮小、根系短浅的灌木、盆栽和地栽要做好防旱保湿工作。要保证树木的健康生长，除了阳光、水分、空气以及温度等基本生存条件要予以满足外，养分也是重要的生存条件，倘若养分不足，那么树木将面临发育不良的情况。在养分供给方面，除了自然土壤供给，更重要的是人工施肥。一般肥料包括有十几种成分，其中氮、磷、钾等必须元素，能为植物健康成长提供保障。

修剪。在自然生长过程中，为了确保树木顶端生长优势以及优美的树形，需要及时修剪在树枝以及树干上较多的嫩芽。也因为过多的嫩芽存在会造成大量的养分消耗，从而影响树形。为了保证树木主干的良好发育情况，以及完满的冠形，需要及时摘除多余的嫩芽，对于生长状况不良的枝条及时修剪，以此保证树冠对阳光和空气的充分吸收。

病虫害的防护。作为养护管理人员，对病虫害的防护工作是日常养护的重要组成部分。可以采用结合物理和生物方式，配以药物辅助，了解不同树种病虫害情况，对症下药，制定科学的防范策略。例如树木主干出现病斑时，要采取及时的治疗措施，在情况好转后，进行复壮处理。当病虫害得到有效控制时，需要细致地处理病菌感染的部分，将患病部分刮去清理，防止病菌扩散，可以保证病虫害的防护的彻底性。养护人员需要做好定期监测工作，在充分了解植物生长状况的基础上，配备行之有效的病虫害的防治方案，提升养护效果。

6.3 城市立体绿化及其养护

立体绿化是指根据地面以上不同的立地条件，进而去选择相应的植物种植，种植并覆盖于各种建筑物表面，生长在人工环境下，利用植物向空间发展的绿化方式，解决人与植物争地的局面，也是适应当前城市化进程，同时满足绿化要求的最佳选择。

6.3.1 立体绿化类型

（1）屋顶绿化

屋顶绿化具体是指充分利用各类建筑物、构筑物顶部的裸露特征将绿色植物种植于其表面。依据立地条件来划分，可以分为以下三种：第一种是密集型屋顶绿化；第二种是半密集型屋顶绿化；第三种是开敞型屋顶绿化。密集型屋顶绿化的选择范围更广，相较于其他两种，可供选择的植被种类更为丰富，一些树形较大的乔木也可以种植。除此之外，包括景观小品、建筑和水体等多样的造景形式也可随意选择。半密集型屋顶绿化在植被选择上只能选取一些低矮灌木，景观设计偏向于错落有致，需要注意的一点是，后期养护工作十分重要。开敞型屋顶绿化系统在植被选择方面多应用抗逆性较强的草本植物，这类植物种植养护成本低，应用范围广，局限性小，但是缺点在于对景观的塑造力低。

（2）墙面绿化

墙面绿化具体是指将植被栽植于与地面垂直的各种建筑物外表面。随着打造生态城市的呼声越发强烈，以及当前绿化技术水平的不断提升，应运而生了多种类型的墙体绿化，其中最为常见的就是以下两种：第一种是设施类墙面绿化，是近几年才兴起的技术，将构架建于墙壁外表面用来支撑装好基质的容器模块，最后在植土层种上相应的植物。可供选择的的植物有如下几类：好阴不惧强光并且抗旱耐潮的植物有爬墙虎、扶芳藤等；抗旱喜光照的植物有凌霄等；喜阴避阳的植物有常春藤、络石等。包括攀缘类壁面绿化和设施类壁面绿化。第二种是攀缘类墙面绿化，是指充分利用攀缘类植物的特性，使其用缠绕或吸附等方式附着在建筑物的表面。

（3）挑台绿化

挑台绿化是最为常见的绿化方式，技术含量低，可操作性强，在小型台式空间内利用各种容器进行栽培养护工作，实现绿化。挑台绿化的荷载量十分重要，需配置重量相宜的槽盆。尽量选用轻质、水肥保力好的栽培介质，例如腐殖土等，植物选择方面可以选一些悬垂植物，例如迎春、天门冬等，除此之外，可以选种一些藤类瓜果蔬菜，例如葫芦和葡萄。

（4）柱廊绿化

一般是指对人工定期养护的柱形物进行绿化作业，例如廊柱、灯柱和桥墩等。主要有以下两种形式：容器式和攀缘式。第一种容器式是指将一些定期养护的小型盆栽采用悬挂等方式，进行绿化作业。第二种攀缘式是利用攀缘植物的吸附特性，附着于柱形物表面，形成花柱和绿柱，倘若表面太过光滑，无法依附，可选用护状网，实现绿化。

（5）立交绿化

立交绿化指对立交桥进行绿化，可以将蔓性姿态的悬垂植物种植于桥头或桥边挑台，还能在桥底设槽种植，通常采用牵引或者胶粘等方式，将带有吸盘、钩刺的攀缘植物种植于表面。立交桥柱的绿化通过开设攀缘植物、垂挂花卉的种植槽来实现。由于此种绿化多是粗放式管理，因此对植物的抗旱和耐污染能力要求较高。

6.3.2 立体绿化的作用与技术要点

（1）改善城市生态环境

在城市采用立体绿化不仅增加了绿化面积，还延展了绿色空间，开敞型屋顶绿化面积达到 50% 以上，在美国就会被计入绿地率。除此之外，立体绿化还有助于延长建筑使用寿命，通过缩小表面温度差，防止极端天气影响。美国科学家表明：有绿化覆盖的屋顶要比无覆盖的屋顶寿命长 20 ～ 30 年。

（2）促进节能减排，缓解温室效应

近年研究表明：在酷暑时节，实行绿化的屋顶比裸露的屋顶表体温度降低24.6%，内层温度减少 3 ～ 5℃，空调可节约 20% 的电力。绿化过的墙面比普通墙面温度降低 5% ～ 14%，由此导致室内温度降低 0.5 ～ 5℃，西晒问题有所缓解。在美化城市的同时，还带来了巨大的生态效益，一定程度上缓解了城市热岛效应和温室效应，减少了粉尘和噪声污染，一举多得。

（3）城市立体绿化建设的一些关键技术

①把握空间环境特征，选择适生植物。初期设计工作十分重要，基盘设计要合理科学，树种选择要本着因地制宜的原则，合适的选择可以一定程度上降低技术难度，减少后期养护的成本费用。设计合理的绿化基盘，并且选择合适的植物，可以降低立地环境对技术条件和后期养护的要求，大大降低建设和维护成本。例如，昼夜温差较大地区的屋顶，倾向于选择耐寒抗旱的景天类植物，更能抵御极端天气的影响，存活率更高。

②轻质高效的人工栽培基质。立体绿化的核心问题在于荷载量。高效轻质的人工基质，既能较好地支撑植物，也不会荷载量过重，还能保证植物养分得到持续供给。当务之急是开发一种更为高效轻质的基质，缩减成本费用的同时，真正意义上践行了环保理念。

③系统化配套技术。随着人们对绿化的需求与日俱增以及立体绿化产业的蓬勃发展，针对屋顶、阳台以及墙面等特殊场所的新型绿化技术和材料积极投入研发生产，例如新型的浇灌装置、透水材料和排水材料等配套设施，由此产生了“特殊绿化产业”这个代名词，近些年特殊绿化产业还在飞速成长。

6.3.3 城市立体绿化的养护

（1）栽培基质

土壤之所以是植物健康生长的关键，是因为它很大程度上决定了植物的长速、质量的高低和成活率。在进行立体绿化时，由于特殊的土壤环境，必须要进行改良，改良后的混合介质可以保证植物健康成长。建筑物墙角一般种植藤本植物，然而墙角处的土壤，由于施工关系，人员来回踩踏，土质较为紧实，不够松散，透气性差，必须要定期翻土，增加透气性。一般根据种植标准，一次深翻需要的深度为 40 ～ 50cm。在此过程中，及时铲除不利于植物生长的砖石土块，再回填土壤，最后注意要将有机肥料与土壤充分混合，保证土壤的通透性，增加肥力。为了防止出现内涝达到排水要求，需要加土填高并且挖排涝沟。另外，有条件的话可以使用疏松、肥沃的园土添置在花槽内。针对设施类需要轻质、涵养水肥能力较高的基质，通常而言，由一份园土和一份蛭石，再加少许氮磷钾复合肥配制而成。

（2）浇水

种植在地上的藤本植物，雨季一般不需要浇水，但如果种植地地点被建筑物覆盖，可少量补水，如果建筑物许可，夏季向叶面喷水，有利于植株根繁叶茂。设施类立体绿化，一般采用滴灌或喷灌，可根据植物的生长状况和基质状况定期进行喷淋，增加空气湿度，保持植物旺盛的生长状态。

（3）施肥

一般藤本植物在配备了肥力较好的基质后，在生长季节，只需要将复合肥施加在其基部，同理而言，设施类植物的基质中也加入了基肥，只需在后期养护过程中喷施 0.2% 尿素或 0.5% 磷酸二氢钾的叶面肥。

（4）修剪和造型

首先针对应用于立体绿化的藤本植物，在栽培初期，为了美观效果，要对其通过牵引和修剪，为了保证新根健康发育，要将承载容器内的土及时更换，剪去旧根。其次针对设施类的绿化植物，为了达到设计要求，要对其进行全方位无死角的严格管控，将其控制在一定的生长区域，定期进行疏苗作业，剪去老枝叶，保证其健康美观状态。

（5）病虫害防治

立体绿化在给人们增添生活情趣、改善生活质量的同时，也会带来一些不好的影响，例如病虫害。主要表现为有粉虱和介壳虫，多发于植物的生长期，可以将蚧必治稀释 750 ～ 1000 倍液或 2.5% 溴氰菊酯稀释 3000 倍进行喷施。蚜虫：在春秋干旱和高温高湿期间易遭危害，发现后应及时喷施 40% 乐果 500 ～ 800 倍液或 15% 吡虫啉 500 倍液进行防治。叶斑病和白粉病：可用 50% 多菌灵可湿性粉剂 1500 倍液喷洒，或 50% 托布津可湿性粉剂 500 倍液，或 15% 粉锈宁 1000 倍液喷洒（侯金萍、段新霞，2015）。

6.4 装配式在园林方面的应用——装配式立体绿化

“装配式”一词最早起源于欧洲，目前在建筑领域已被广泛采用，与人们的生活密切相关。我国园林绿化行业在近几年取得快速发展，但仍远远落后于建筑行业，应用于绿化的装配式技术更是鲜少见闻，国内已知的仅有装配式立体绿化技术。立体绿化是指将绿地以上空间的建筑物进行全方位、多层次、多形式的绿化作业。常见的有以下几种形式：屋顶绿化、垂直绿化、廊架绿化等。装配式立体绿化比传统形式的绿化作业完工效率高、质量也更为优良。

6.4.1 装配式立体绿化的优势

（1）装配式立体绿化的设计呈现全覆盖的特点，向全过程延伸。在设计初期，由于考虑到其产品要求在工厂生产完毕后立即现场组装的生产特点，装配式立体绿化不仅会考虑绿地的规划、树苗的选种，还会进一步考虑树苗的数量、尺寸、形式等要点，相较于传统立体绿化考虑的更为全面具体，将设计环节与后期安装配置紧密结合，着重突出一体化的特点。装配式立体绿化更顺应了当前工业化与标准化的时代生产背景。

（2）标准化、机械化生产程度高。随着我国老龄化速度加快，劳动力用工成本也在与日俱增。装配式立体绿化不仅能够最大限度地保证设计成果的质量，精准高效的生产和安装工艺还能缩短工期，降低成本费用。

（3）组合形式多样化。装配式立体绿化的模块化和标准化特点，可以根据现实需要进行多样化组合。

6.4.2 装配式立体绿化的设计原则

（1）人本原则

装配式立体绿化设计的首要原则是以人为本，由于其最终受益对象是人，所以其设计都应当根据人类的行为习惯、价值取向等为依据，使立体绿化景观在具备功能性的同时，最大限度地满足人们的心理需求，获得更好的感官体验。

（2）经济原则

装配式立体绿化的目标是经济便捷，其施工技术难度、维护费用低是其主要特点。在材料选择方面多偏向于经济实用型；在树种选择方面不仅要选择成活率高、便于移栽的植物，还要选择根系较浅、植株矮小的植物，不仅有利于保护防水层，还可以降低后期养护费用。

（3）美观原则

装配式立体绿化要充分考虑载体建筑风格特点，在设计的过程中还可以将当地的风土人情融入其中，在从整体布局结构考虑的同时，也要注重色彩与质感的搭配。

6.4.3 装配式屋顶绿化

装配式屋顶绿化最早起源于美国，作为新兴技术近几年才被引入国内，是指以建筑物自身为参考依据，将具有排水、蓄水、过滤、通风、阻隔等功能的可移动容器拼装成一个完整的绿化系统，在此基础上种植植物，“鸟巢”的足球场草坪就是一个典型的设计案例。装配式屋顶绿化不仅蓄水、排水和阻根能力超强，而且还具有装卸自如等优点。随着相关技术的不断进步与完善，其生态化、节能化、智能化的特点被越来越多的人所看重加以利用。

（1）装配式屋顶绿化设计形式

1）办公区装配式屋顶绿化景观

主要受众人群是办公区工作人员。在凸显文化性与地域性的同时，还要让员工感到身心舒缓。在打造绿化景观时，要与建筑风格协调统一，还要给员工提供一定的私密空间。边界围合式是办公区装配式屋顶绿化景观的理想模式。空间设计上一般采用半开放式，使用种植池进行三面围合，这样既可以满足社交性也可以保证私密性，在进行多人社交活动的同时，也可以让个人休憩放松。采用华南铺地锦竹草草坪与硬质铺装地面是最佳选择，由于草坪的重量较轻，对建筑物产生的压力较小，降低了安全隐患。不同尺度的硬质铺装，还可以提供不同围合感的空间。在保证美观的同时，还具有经济高效等优点。

2）居住区装配式屋顶绿化景观

①突出中心式。居住区屋顶绿化可以在中心位置设置硬质广场，将其作为构图中心，在广场周围设置与主题相符的特色景观，给居民营造一个社交集散场所。例如，比较常见的就是木质平台的搭建，配以长椅石凳、太阳伞等设施，为人们提供交谈空间，拉近人们的距离，位于区域边界的装配式围护结构在树种选择方面可以选择冠型较大的树种例如乔木，再配以灌木种植，不仅能增加层次感，还能更好地隔绝外界纷扰，增加私密性。

②私家花园。私家花园为了增加层次感，减轻荷载量，大多采用铺设草坪与搭建木质平台相结合的形式。想要营造静谧空间，可以在拐角处安置秋千、座椅等。为了使景观构图更加饱满，可以放置一些独立式花盆，即可以灵活安置，还可以随四季更替种植应景植物，充分体现了私家房顶灵活便捷等要求。

3）游憩商业区装配式屋顶绿化景观

游憩商业区屋顶绿化的主要受益人群是购物者和游客。作为开放性空间，日间客流量巨大，代表了一个城市的形象，其设计在体现当地风土人情、打造别具特色的景观的同时，更要注重功能化和舒适度。

①嵌格式。嵌格式的设计理念重在形成对比效果，将色彩、质感存在较大差异的植被和铺地元素按照网格状进行布置排列。一般网格具有以下两种形式：完全规整式和边缘不规整式，在规整中进行有规律的变化，灵活而不呆板。需要注意的一点是，游憩商业区客流量较大，而嵌格式内部构造四通八达，便于人员流动，刚好满足这一要求。可以将长椅安置在种植池周围，可以为人们提供休息场所。

②带状式。带状式与嵌格式有异曲同工之处，只不过是采用条带式营造对比效果。通过在平面上增加错落感，可以弥补带状式的单调形式，要注意连续性，构图合理。除此之外，可以采用带状阶梯式种植利用竖向的高差，由于植物栽植要求的土壤厚度不同，不同的种植池与植被形成高差，使景观更具立体性。考虑到受众人群较广，地面多采用硬质铺装，一般采用塑木地板与花岗石的组合。

（2）植物选择

在考虑到景观时效性、房屋承重性以及安全性等因素时，需要选用植株低矮、根系浅的植物。由于屋顶常年裸露在外，受风力侵蚀，土层偏薄，倘若种植树冠大且根系深的乔木，不仅容易被风吹倒，破坏景观，根系还会扎破防水层，造成安全隐患。因此，经过多重考虑，通常采用植株低矮、根系浅、成活率高的植物。同时为保证景致效果良好，并随四季交替变化，在植物配置方面多采用常绿植物与花卉结合的方式。常绿灌木作为主体，再配以应季花卉加以点缀，增加动态美感。

6.4.4 装配式绿墙

装配式绿墙是指将构件设置在墙体上，并且固定相应挂块开展垂直绿化作业，具有便于装卸、易于养护等特点。装配式绿墙由四部分组成：竖向槽钢支撑、挂架、自动浇灌装置、水收集槽。

（1）装配式绿墙的设计形式

装配式绿墙的建筑物或构筑物应确保其结构安全，并综合考虑墙体防潮、防震、抗风等因素，绿墙的植物应适应地域气候及自然环境并具有良好的观赏性。

装配式绿墙设计有四种主要形式（程子君，2018）。

①工字钢、槽钢、角钢装配式平面布置需计算准确，挂孔间距、数量垒土高度、排水方向都需预先设计，可在工厂提前加工好后现场拼接，利于减少施工误差。

②工字钢、槽钢装配式平面布置需计算准确，挂孔间距、数量垒土高度、排水方向都需预先设计，可在工厂提前加工好后现场拼接，利于减少施工误差。与第一种形式的区别在于离墙间距更近，材料相对节省。

③工字钢、角钢装配式平面布置需计算准确，挂孔间距、数量、垒土高度都需预先设计，可在工厂提前加工好后现场拼接，利于减少施工误差。与前两种形式的区别在于用钢材用料更节省，室外无须有组织排水项目可采用。

④槽钢直挂式平面布置需计算准确，挂孔间距、数量、垒土高度都需预先设计，可在工厂提前加工好后现场安装，利于减少施工误差。与前三种形式的区别在于用钢量最节省，背面结构具备承载能力且能直接打孔的建（构）筑物适用。

（2）装配式绿墙的管理

①自动浇水装置。通常而言，成功的装配式绿墙都离不开自动浇水装置，其可以根据季节变化，对浇灌时间和水量进行设定。在初次安装时就根据周遭环境等因素，进行调整设定，安装完成后，倘若出现配件故障、水管破损等情况，为了防止植物枯死，自动浇水装置可以在出现故障的第一时间把数据传输给有关维护人员，化解危机情况。

②病害虫防治。为了防止病虫害对景观的破坏，通常会在一年内进行三至四次的除虫作业。虽然病虫害不经常发生，一旦疏忽了，未做好防治措施，不仅会导致植物大面积枯死，后期修复工作量大，维护成本高昂。

③修剪、清扫作业。由于墙面绿化的植物选择多为藤本植物，其生长迅速，植物上下覆盖程度严重，极易导致被覆盖的植物死亡，因此需要在春季和秋季进行大规模的修剪作业。除此之外，位于出水口的植物叶片交替更新，落叶容易堵塞排水管，因此必须定期清扫。

④避风处理。风压是进行装配式绿墙必须要考虑的因素，为了防止风压过大，使得植物关闭气孔，停止吸收二氧化碳、水等有机物，无法进行光合作用，最终变黄枯萎的现象发生，选址要尽量避开风口。

6.5 雨水综合管理技术

当前我国城市雨水收集利用系统仍处在初级阶段，对雨水资源的利用率不高。城市雨水资源具有两面性，一方面表现为资源性，将收集起来的雨水进行粗加工处理，广泛应用于道路喷洒和绿化工程上。除此之外，还能通过渗透回灌的方式，补充地下水位，减少地表径流雨水污染，达到开源节流的目的。另一方面表现为危害性，由于城市雨水利用技术不发达，相关配套设施不健全，再加上城市化进程的加快，建筑密度不断加大，路面广泛使用硬质材料进行铺砌，由于下渗量减少，使得地表径流雨水量加大，内涝严重；在雨水当中还夹在着大量杂质，如果不经过处理排入河道，会造成水体严重污染，引发次生灾害；在城市发展初期，大部分城市为了缓解水资源短缺的情况，大量开采利用地下水，使得水位下降，加剧城市漏斗效应。

6.5.1 雨水管理存在的问题——以北京市为例

随着北京城市化进程的不断加快，雨水问题日益频发，主要表现为以下几点：

（1）雨水引发的城市内涝问题严重。由于受暴雨极端天气的影响，北京市区内雨水积涝现象严重，给市中心道路造成了不小的破坏。据统计，近几年来积滞水多达一百多处。造成上述现象的主要原因是城市排水管理系统完善度低，管理责任人综合素质低下，对管线信息掌控不明确，配套的监控设施老化，技术落后。

（2）地表径流污染作用显著。暴雨过后，初期地表径流夹杂着大量落叶和塑料垃圾，排入河湖水系，严重破坏河道景观，降低水质。有研究表明：北京市城区道路和建筑物径流污染现象严重，经过检测，受污染程度高于城市污水。有关数据显示，近些年北京一次降雨造成的 COD 污染量达到污水处理厂日均处理量的 2/3，污泥（SS）最少到达一半。倘若遇到长时间的特大暴雨，并且初始浓度较高，其 COD 污染量可以与污水处理厂日均处理量相媲美，SS 负荷可以达到污水厂的两倍之多。据此可以认为，未加工处理过的初期地表径流会给城市水系循环带来严重的破坏。

（3）雨水的大量流失无法与水资源短缺现状匹配。北京作为特大城市，面临严重的水资源短缺，平均降水量连续几年为 585mm，人均水资源量为 107m^3，仅为全国平均值的 1/8，是世界平均值的 1/30。原因除了城市雨水处理配套设施不完善，主要在于自然地理因素，北京位于华北平原内陆，属于半干旱季风型气候，受此影响降雨时空分布不均匀，将近 85% 的降雨集中在 6 ～ 8 月份，平均降水量约为 600mm，城区平均每年约有 2.4 亿立方米地表径流流失。

6.5.2 城市初期雨水污染的处理措施

（1）所有污染都有一个共同点，就是所谓的污染之后再治理。当前大多数城市都是遵循此种思维模式即先污染，再治理。随着当前工业化进程的不断加快，城市的污染压力与日俱增，只有从源头入手才能更好地解决污染。

第一，在城市建设中优先考虑环保材料的使用，严格防控工业有害废弃物的排放，强化整治措施，发挥政府主导作用，严格按照排放标准对污染物进行检测，并且保证资金供给和给予技术层面的支持。

第二，完善有关法规，对于环保先锋企业给予奖励，严厉惩处违纪企业，做到奖惩分明。针对污染量较大的造纸企业进行科学规划，最大限度实现节能减排，争取在第一时间内把控污染物，降低排放量，强化外部效应的同时，增加企业的效益。

第三，人口密度程度高的城市，可以实行垃圾分类处理，及时对大量污染废弃物进行处理，重点包括重金属和化学医疗垃圾，防止二次污染。

除此之外，也可以针对地表雨水径流采取相应措施，例如可以将滞留沉淀、过滤、吸附、稳定塘及人工湿地等处理技术应用在雨水输送途中或终端。特别要注意雨水的水质特性，例如所含污染物种类、含量、颗粒分布与沉淀性能以及雨水水质、流量的变化等。

（2）就地处理是指通过合理规划和布局城市，提高地表的雨水渗透量。造成渗透量减少的直接原因在于城市土地资源紧缺，绿化面积减少。因此，必须要科学合理地规划城市布局，在油污含量较高的停车场附近增加绿地面积，提高雨水的渗透量，增加雨水的渗透度和空间，保证初期雨水能够及时有效地稀释和渗透掉。就地处理具有几个突出的优点，可以在美化城市的同时，提高城市雨水利用处理程度，所耗用的成本费用和技术难度较低，一举多得。

（3）集中处理大多应用于河湖水系较少的城市。西方国家大部分采用这种处理方式，可以充分借鉴其经验，进行推广，我国工业污水大多采用这种处理方式。首先要测算初期雨水的污染指标，初期雨水的污染程度会随着降雨强度增加而减少，可根据降雨时段进行调整。需要注意的一点是，要加强对水资源的利用程度。多项研究显示，在污水处理的过程中提高水资源的利用效率可以有效缓解城市用水紧缺的局面。由此可知，应当充分了解不同地域的情况，再制定相应的雨水的处理和利用方式，减少污染的同时，可以高效利用雨水资源。

（4）分流处理是指考虑到初期雨水污染负荷量较大，通过城市用水和排水系统管道外侧设置雨水截流管，便于对其收集利用。关于截流管道的直径可以依照最高降水量和排水量的 30% 来设计。除此之外，一些在源头未被控制的径流可能会汇集进入水体中，为了防止此类现象，降低水体污染，对排放口末端进行集中控制。在入河口，可以放置雨簸箕，还可以利用入河口的土地开发人工湿地，也可以将碎石堆积在河底有效拦截污染物质，污水在流入河道之前，碎石上的生物膜一定程度上可以对污染物进行过滤净化。如若想要增设湿地，可以选用观叶、观花植物进行美化，注意要使人工湿地与周边的环境相谐调。

6.5.3 雨水处理工艺

（1）屋顶雨水处理工艺是指将屋顶蓄积的雨水，经过简单的自然沉淀处理用于家庭和企业单位的非饮用水，可用在冷却循环系统中、浇灌植株和冲洗厕所等方面。

（2）道路庭院雨水处理工艺是指应先去除污染严重、水质较差的初期径流，可以采用混凝、沉淀、除油和过滤等工艺，在特殊情况下可以使用生物活性炭工艺进行除杂，净化过的雨水可以用来补充地下水位线。针对道路和庭院的雨水径流中夹杂着许多大颗粒杂物和油污成分，可以使用滤栅用来拦截落叶、塑料纸张垃圾等大颗粒杂物，当滤栅堵塞时，可以利用溢流装置将水溢至沉淀池。利用弯管法除去雨水中的油污。将弯头放在由沉淀池进入过滤池的管道上，将正常水位保持在弯头的进水口上，这样可以成功地将油污拦截在沉淀池内。需要注意的是，由于机动车道径流的污染程度高，净化处理难度大，耗费大量资金，不赞成回收利用，应当直接注入市政管道流进污水处理厂。

（3）常规雨水水质处理工艺：①筛网与格栅。针对雨水中含有的大颗粒污染物，例如落叶、树皮纤维等，可以选用筛网与格栅进行筛除，减轻后续处理的负荷量。屋顶径流可以直接利用筛网去除大颗粒物质，净化水质。②混凝沉淀。增设混凝设备可以让悬浮物含量较高的雨水得到净化，简化后续处理工艺提高效率。混凝是指将微型颗粒和水溶胶体聚集起来。可以使用聚合电解质、铝盐和铁盐作为混凝剂，助凝剂的主要成分为生石灰、活化硅酸等。混凝剂的使用方式为先进性固化溶解再调配成一定浓度的溶液投入水中。处理雨水中的泥沙与悬浮物的最佳方法是沉淀，通常使用平流式沉淀池，具有效率高、成本低、易建造等优点。雨水停留在沉淀池内的时间控制在两分钟为宜，针对屋顶径流等污染度较低的雨水经过沉淀处理后，能有效去除 70% 的悬浮物和 40% 的有机污染物质，之后可用于园林绿化。污染程度较高的道路径流，采用混凝沉淀的方法，可以有效去除 60% ～ 80% 的污染物，但仍需更为细化的处理才能使用。③过滤。为了提高出水的净化度，通过过滤可以有效将初加工中的微小颗粒物，例如悬浮物固体颗粒、胶体物质、浊度及有机物等物质去除。进行过滤的雨水必须进行初加工，防止落叶、垃圾等大颗粒物质堵塞滤池。目前有单层和双层两种规格的雨水过滤池，单层滤池滤料采用细砂，滤料粒径以 0.5 ～ 1.2mm 为宜，也可粗至 1.5 ～ 2.0mm，滤层厚度为 80 ～ 120mm。双层滤池滤料采用无烟煤和细砂，滤料粒径与厚度与单层滤池接近。过滤池几乎不会设置反冲洗装置，只会更新上层滤料，防止出现堵塞现象。

据此可知，城市初期雨水处理应当以源头处理的方式为优先。然而，与其他先进国家相比，我国的城市基础设施建设和维护工作比较落后，发展水平不高。在处理城市初期雨水这个问题上，配套体系不健全，相关技术水平落后，这就对市政管理提出了更高的要求。

6.5.4“海绵城市”设想

海绵城市雨水收集系统是近几年新兴的雨洪管理概念，在应对极端天气引发的自然灾害和周遭环境改变方面，展现出良好的弹性功能，海绵城市的别名为“水弹性城市”，国际上又将其称为“低影响开发雨水系统构建”。

（1）规划背景

2012 年 4 月，在低碳城市与区域发展科技论坛中，“海绵城市”的概念首次被提出；2013 年 12 月 12 日，习近平总书记在《中央城镇化工作会议》的讲话中强调：“提升城市排水系统时要优先考虑把有限的雨水留下来，优先考虑更多利用自然力量排水，建设自然存积、自然渗透、自然净化的海绵城市”。而《海绵城市建设技术指南——低影响开发雨水系统构建（试行）》以及仇保兴发表的《海绵城市（LID）的内涵、途径与展望》则对“海绵城市”的概念给出了明确的定义，即城市能够像海绵一样，在适应环境变化和应对自然灾害等方面具有良好的“弹性”，下雨时吸水、蓄水、渗水、净水，需要时将蓄存的水“释放”并加以利用。

提升城市生态系统功能和减少城市洪涝灾害的发生（上海建材，2016年4期）。

（2）指导意见

国务院办公厅2015年10月印发《关于推进海绵城市建设的指导意见》，部署推进海绵城市建设工作。《关于推进海绵城市建设的指导意见》指出，建设海绵城市，统筹发挥自然生态功能和人工干预功能，有效控制雨水径流，实现自然积存、自然渗透、自然净化的城市发展方式，有利于修复城市水生态、涵养水资源，增强城市防涝能力，扩大公共产品有效投资，提高新型城镇化质量，促进人与自然和谐发展。其中明确，通过海绵城市建设，最大限度地减少城市开发建设对生态环境的影响，将80%的降雨就地消纳和利用。到2020年，城市建成区20%以上的面积达到目标要求；到2030年，城市建成区80%以上的面积达到目标要求。其从加强规划引领、统筹有序建设、完善支持政策、抓好组织落实等四个方面，提出了十项具体措施：一是科学编制规划。将雨水年径流总量控制率作为城市规划的刚性控制指标，建立区域雨水排放管理制度。二是严格实施规划。将海绵城市建设要求作为城市规划许可和项目建设的前置条件，在施工图审查、施工许可、竣工验收等环节严格把关。三是完善标准规范。抓紧修订完善与海绵城市建设相关的标准规范。四是统筹推进新老城区海绵城市建设。从2015年起，城市新区要全面落实海绵城市建设要求；老城区要结合棚户区和城乡危房改造、老旧小区有机更新等，以解决城市内涝、雨水收集利用、黑臭水体治理为突破口，推进区域整体治理，逐步实现小雨不积水、大雨不内涝、水体不黑臭、热岛有缓解。建立工程项目储备制度，避免大拆大建。五是推进海绵型建筑和相关基础设施建设。推广海绵型建筑与小区、海绵型道路与广场，推进城市排水防涝设施建设和易涝点改造，实施雨污分流，科学布局建设雨水调蓄设施。六是推进公园绿地建设和自然生态修复。推广海绵型公园和绿地，消纳自身雨水，并为蓄滞周边区域雨水提供空间。加强对城市坑塘、河湖、湿地等水体的保护与生态修复。七是创新建设运营机制。鼓励社会资本参与海绵城市投资建设和运营管理，鼓励技术企业与金融资本结合，采用总承包方式承接相关建设项目，发挥整体效益。八是加大政府投入。中央财政要积极引导海绵城市建设，地方各级人民政府要进一步加大资金投入。九是完善融资支持。鼓励相关金融机构加大信贷支持力度，将海绵城市建设项目列入专项建设基金支持范围，支持符合条件的企业发行债券等。十是抓好组织落实。城市人民政府是海绵城市建设的责任主体，住房城乡建设部会同国家发展改革委、财政部、水利部等部门指导督促各地做好海绵城市建设相关工作（国务院办公厅，2015）。

（3）遵循原则

海绵城市的建设当以顺应自然、保护生态为原则，以自然为主，人工作业为辅，将城市雨水的存积量和净化度实现最大化，但是要注意防控城市内涝，保证排水畅通。许多人对“海绵城市”这个新兴概念有所误解，认为只是对原有的排水系统的更新换代。其实，海绵城市在原有排水系统的基础上，起到补充和减负作用，将城市自身的作用发挥到极致。要将原有城市转变为海绵城市，要将自然降水、地表水和地下水的关系进行调配，充分利用水循环的各个环节。

（4）配套设施

构成海绵城市的基本要素就是“海绵体”。而“海绵体”又包括两个基本部分：第一是城市绿地和渗透率较高的道路等配套基础设施；第二是河湖水系。经过这些“海绵体”的下渗、滞蓄、净化、回用，通过管网、泵站外排作用的径流已得到充分净化，这样不仅提升了城市排水系统的效率，还极大程度上缓减了内涝现象的发生。

（5）主要条件

海绵城市的建造关键在于要不断扩充“海绵体”的规模，提升质量。过去，人们盲目地进行填湖平壑。《海绵城市建设技术指南》中明确，应最大限度地保留城市原有的河道沟渠，避免破坏自然形态的“海绵体”；为了保证既定比例生态空间的存在，针对已经受到损坏的“海绵体”要采用物化与生化相结合的手段修复。

在保证原有海绵体存续的基础上，可以适当新建一定规模的“海绵体”。《海绵城市建设技术指南》中指出要将城市建筑物与生态绿地作为载体。可以对建筑物裸露的屋顶进行绿化改造，不仅能够缓解温室效应，还能有效收集雨水。道路表面采用透水材料进行铺设，让城市中的绿地应充分“沉下去”。

（6）国外应用

海绵城市的构建应遵照因地制宜的原则，从城市自身条件出发，在充分了解把控自然地理优势的前提下，进行科学合理的规划，积极引进国外先进的技术经验，经过改良后方可应用。

①德国：高效集水平衡生态。德国“海绵城市”的建设在国际上首屈一指，主要有以下三方面原因：对科学的城市绿地规划设计；先进完善的地下管网系统；前沿的雨水开发利用技术。

德国现代化的地下管网排水设施，不仅排水排污能力超强，还能很好地平衡生态环境。以柏林为例，其地下水道历史悠久，长达140年，总长度约为9646km。中心城区大多建设混合型管道系统，其多功能性主要表现在处理生活污水的同时，还能很好地处理城市雨水。这样极大地节省地下空间，保证地铁和其他地下管线的正常运行。相反，郊区大多铺设分离式管道，将污水和雨水分开处理，更具针对性，极大地提高了水资源利用率。

②瑞士：雨水工程民众参与。瑞士的“雨水工程”起始于20世纪末，其成效显著，极具实用性并且耗费较低。通常而言，大多数城市的雨水会从房顶管道流至地下管道，然后直接排入河流湖泊。而瑞士则别具匠心，以户为单位，在墙上打个小洞，用水管将屋顶的雨水引流至屋内的蓄水池，通过水泵雨水送往房屋各处进行利用。直接利用雨水的原因主要是瑞士具有“花园之国”的美名，几乎不设有重工业，粉尘污染较少雨水纯净，杂质少。人们依靠小水泵将沉淀过滤后的雨水打上来，可以用来清洗衣物、擦拭地板、冲洗厕所等家用。

现如今，瑞士的建筑物外部都装有专用雨水流通管道，内部建有蓄水池，雨水经过处理后使用。除饮用水外，居民的日常生活用水基本可以得到解决。瑞士政府通过补助、税收减免等措施，积极引导人民搭建节能型房屋，使雨水资源得到充分利用，达到节能减排的目的。

③美国：强化设计加快改建。美国的水利设计理念较为传统，即将雨水储存在郊外，通过水渠送到市区，污水通过地下沟渠排走。这种理念最早起源于古罗马时代，水资源十分紧缺的加利福尼亚州，仍在遵循这一与当地生态不相适应的模式。

在20世纪40年代之前，洛杉矶的雨水多是直接排入大海。自此之后，洛杉矶河被改造成一个水泥砌就的沟槽，主要起到雨季的泄洪作用。但是当前的洛杉矶更像是一个巨型浴缸。未被改造前，它经常会雨水泛滥，淹没沿岸城镇。改造过后，洪水的威胁极大减弱，城市面积进一步扩张。虽然洪涝灾害不再发生，但是雨水利用程度十分低下。

6.5.5“雨水花园”设想

（1）提出背景

雨水花园具体是指将自然降水最大限度地应用到园林景观塑造中。美国的马里兰州于20世纪80年代首次提出了雨水花园设想。慢慢地随着人们对家庭园林景观的重视度不断提升，使得雨水花园这一理念走入了大众的视野。这一创新理念，不仅唤醒了大众的环保意识，降低了人们的生活开销，还极大地改变了人们的生活方式。据美国环保署（EPA）的研究报告表明，在城区中夹杂大量污染物的雨水通过排洪管道的过滤设施，可有效沉淀大量泥沙。最后，经过初步加工的雨水在流经植被时，一些养分可以被植物根系吸收。通过建设雨水花园可以使地表径流量减少。

雨水花园适用于各种天气状况，尤其是地下水储备丰富的地区更为显著。通常这些地区的土质层较厚，透水性要比岩石层更强。由于美国大多数城市都具有上述特征，例如堪萨斯城、明尼阿波利斯、波特兰和俄勒冈等地区。因此，美国的雨水花园利用率是最高的，不仅应用广泛而且形式多样。在明尼苏达地区，雨水花园已经成为防控暴雨的首要措施，人们会将低于水平面的种植槽安置在路缘与房屋的边缘，这样一来，地表径流大大减少。

（2）设计要点

①要遵从整体性原则，不能忽视周遭环境特征去搭建雨水花园，更明确来说，雨水花园相当于一个小型种植区，必须与周围环境相适应。

②在设计初期，必须要筛选配备合适的植物种类，只有这样才能保证雨水花园的持续性，减轻后续养护工作的压力。

③雨水花园的设计形式呈现多样化的特征，在保证其功能性的前提下，可以采用固有的雨水花园设计模式，也可以采用更为新颖的形式。

④在符合整体性原则的前提下，雨水花园的风格可正式也可随意，这多半由所选择的植物种类来决定的。可以单一的使用一种植物，也可以种植多种植物，例如一些较为普遍的植物：蓝鸢尾、红花、腹水草、菖蒲、莎草、山茱萸等。

⑤应用到雨水花园中的海绵体要具有可连续性。为了使雨水花园能更好地融入房屋设计中，可以在每处出水口搭建一个小型的雨水花园。

（3）生态效益

①对于保护生物多样性有重要意义。雨水花园一般是由开花的多年生植物、草和灌木组成，多种植物搭建的雨水花园会比需要精细化养护的硬质草坪更具有生态效益。在降低维护成本的同时，还提高了野生动物栖息地的质量，保护了生物多样性。除了在花园中经常能见到的鸟类和蝴蝶以外，还有许多活动于植被土壤层的无脊椎动物。花园中种植的草本植物比一般草坪要高，可以与灌木林地的边缘进行互动，在两种植被的交界处，经常会发生生物跨界的现象，而且这里的

温度要比其他区域高，更容易开花结果，吸引附近生物前来，这就为野生动物提供了容身之所。春秋季花卉盛放，提供了充足的花蜜，获得食物保证的昆虫大量繁衍，会吸引许多鸟类前来捕食。

②有益于园林小气候。雨水花园能够有效调节局部气候。在酷暑时节，取代传统硬质铺装的园林，多样化的植被能有效降低地表温度。硬质铺装材料的缺点在于深色铺装在白天会大量吸收热能，等到夜间再发散出来，会使周遭环境温度上升；相反浅色的铺装材料，在白天会将大量热能进行反射。然而，植被灌木的树冠不仅起到遮阴作用，还能通过叶片的蒸腾作用，使空气变得凉爽。这种效应广泛应用于屋顶绿化上。屋顶表面的热量多被植物进行蒸腾作用而消耗掉了，室内温度也会相应下降。

（4）国内应用

群力雨水公园位于中国东北哈尔滨群力新区，整体占地面积达到 $34hm^2$。群力雨水公园的前身为大面积的湿地，但由于城市化进程的加快，使得建筑物面积不断扩张，湿地加速退化而受到严重威胁。设计师巧妙地将剩下的湿地转化为雨洪公园，不仅保护了城市湿地生态系统，还使雨水得到及时的排放，解决了洪涝灾害问题。设计方案将中心区域作为自然演替区，应用平衡技术在四周建造土丘和水坑，成为一张铺设在城市与大自然之间的天然过滤网。将雨水进水管布置在湿地四周，能够有效地将城市雨水汇集起来，经过由水生和湿生植物群落构成的水泡系统的沉淀和过滤作用，用以浇灌密植白桦林。高架栈桥连接山丘，布道网络穿越于丘陵，将观光亭设置在丘陵上，带给人们丰富的体验感受。

（5）国外应用

①波特兰会议中心的“雨水园”。波特兰坐落于美国的西北部，受季风气候影响，雨水问题的解决就成了重中之重。波特兰会议中心的“雨水园”出自迈耶·瑞德景观建筑事务所之手，也是其最为得意的作品之一。设计师在充分考虑当地的自然特性时，考虑利用植物根茎、土壤和水池，来对初期雨水进行过滤，初步净化后的雨水下渗到地下，补充了地下水位的同时，解决了雨水内涝问题，还对环境进行了美化。利用现代 LID 技术创造的生态空间极富原野气息，打破了人工与自然的对立形态，由玄武岩塑造的粗犷造型，象征着一种蓬勃的生命力，不是简单的装饰品，而是代表了人们在追求与自然达到和谐统一的状态。

②澳大利亚墨尔本雨水花园，位于爱丁堡。不仅能为附近的运动场所提供经

过处理后的雨水，还能有效地对周遭的植被树木进行灌溉，节约了水资源的同时缓解了当地用水危机。花园内设置的水晶景观，不仅起到了美观效果，还能有效地储存大量雨水，经过沉淀过滤后的雨水会被分流到各处，经过人工和植物的共同努力，实现高效净化。其中还设有四个看台，供游客观赏美景。

第 7 章

城乡人居生态环境建设案例

随着“五位一体”总体战略布局在党十八大会议上的提出，近年来，生态文明建设显得愈发重要。“保护生态环境就是保护生产力，绿水青山和金山银山绝不是对立的，关键在人，关键在思路①”“生态兴则文明兴，生态衰则文明衰②”——习近平总书记在生态文明建设方面金句频出。本章将在前述几章的基础上，分别以雄安新区绿色发展、云南省南涧彝族自治县美丽县城构建、国家生态公园建设（以环首都国家公园为例）、“留白增绿”北京城区生态网络构建和绿地空间优化支撑和北京市副中心人居生态环境建设为例，介绍人居生态环境的发展现况，更完整呈现出城乡人居生态环境的样貌。

7.1 雄安新区绿色发展

7.1.1 雄安新区绿色发展概述

雄安新区是以习近平同志为核心的党中央作出的一项重大历史性战略选择，是千年大计、国家大事。“世界眼光、国际标准、中国特色、高点定位”，中央将“以疏解北京非首都功能为牛鼻子，推动京津冀协同发展，高起点规划、高标准建设雄安新区。”③

河北雄安新区地处北京、天津、保定三地腹地，距北京、天津、石家庄、保定、大兴机场等地均较近，具有良好的区位优势。现规划范围包括白洋淀水域在

① 2014 年 3 月 7 日，习近平总书记在参加全国两会贵州代表团审议时强调。

② 2018 年 5 月 18 日至 19 日，习近平总书记出席全国生态环境保护大会并发表重要讲话。

③ 习近平总书记在中国共产党第十九次全国代表大会上的报告。

内的雄县、容城、安新三县行政辖区，开发程度较低，发展空间充裕。改善白洋淀环境，强化白洋淀湖泊湿地林地保护，加之“千年大计、国际标准”的国家定位，雄安新区不可不谓将是城乡人居生态环境建设的典型。

《河北雄安新区规划纲要》(以下简称《纲要》) 指导思想中指出，建设雄安新区应“坚持生态优先、绿色发展”“着力建设绿色智慧新城、打造优美生态环境……建设高水平社会主义现代化城市。”与此同时，在发展定位上，《纲要》明确提出要建设绿色生态宜居新城区，坚持把绿色作为高质量发展的普遍形态，充分体现生态文明建设要求，坚持生态优先、绿色发展，贯彻“绿水青山就是金山银山”的理念，划定生态保护红线、永久基本农田和城镇开发边界，完善生态功能，统筹绿色廊道和景观建设，构建蓝绿交织、清新明亮、水城共融、多组团集约紧凑发展的生态城市布局，创造优良人居环境，实现人与自然和谐共生，建设天蓝、地绿、水秀的美丽家园具体指标见表 7-1。

雄安新区规划指标——绿色生态部分 **表 7-1**

	序号	指标名称	指标标准
绿色生态	10	蓝绿空间占比（%）	≥ 70
	11	森林覆盖率（%）	40
	12	耕地保护面积占新区总面积比例（%）	18
	13	永久基本农田保护面积占新区总面积比例（%）	≥ 10
	14	起步区城市绿化覆盖率（%）	≥ 50
	15	起步区人均城市公园面积（m^2）	≥ 20
	16	起步区公园 300m 服务半径覆盖率（%）	100
	17	起步区骨干绿道总长度（km）	300
	18	重要水功能区水质达标率（%）	≥ 95
	19	雨水年径流总量控制率（%）	≥ 85
	20	供水保障率（%）	≥ 97
	21	污水收集处理率（%）	≥ 99
	22	污水资源化再生利用率（%）	≥ 99
	23	新建民用建筑的绿色建筑达标率（%）	100
	24	细颗粒物（PM2.5）年均浓度（$\mu g/m^3$）	大气环境质量得到根本改善
	25	生活垃圾无害化处理率（%）	100
	26	城市生活垃圾回收资源利用率（%）	>45

（资料来源：《河北雄安新区规划纲要》）

7.1.2 白洋淀生态环境修复

白洋淀水域号称“华北之肾”“华北明珠”，是华北平原最大的淡水湿地生态系统。作为雄安新区蓝绿空间的重要组成部分，白洋淀水域在雄安新区“北城、中苑、南淀”的总体空间格局中地位之重不言而喻，其清新优美、自然宜人的生态风格将助力形成疏密有度、水城共融的城镇空间，展现新时代城市形象（图7-1）。因此，雄安新区建设的首要任务之一，便是对白洋淀进行生态环境修复，以期实现城淀共生共荣。

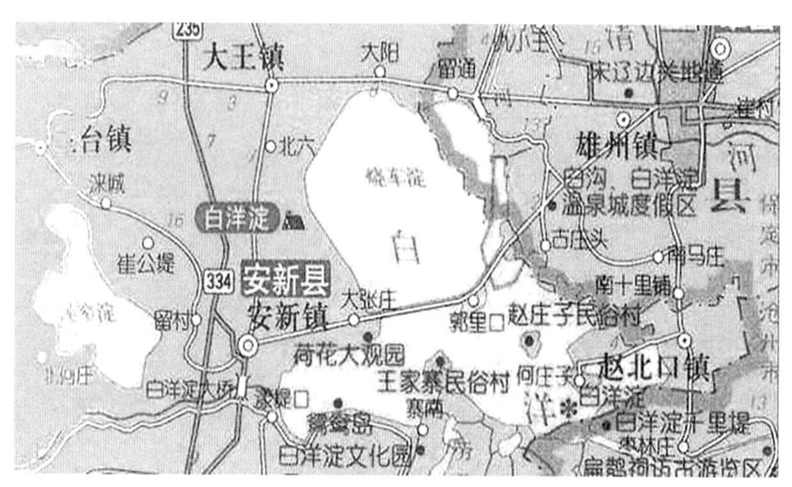

图 7-1 雄安新区规划中的白洋淀水域示意图

（图片来源：百度）

（1）白洋淀现状

白洋淀周边地域相对低洼，相比常年洪水位低 8 ～ 9m，需要大量的工程处理解决防洪问题、水涝问题，并非仅仅是修建防洪堤就能解决的[①]。

“由于污染物输入量大、入淀水量不足、管理体制不完善等原因，白洋淀曾面临水体污染较重、水文过程弱化、生物多样性退化等现实问题[②]。”而雄安新区的建设，将为白洋淀的生态修复注入源源活力。

（2）实施白洋淀生态修复治理

白洋淀生态修复坚持目标导向，综合治理。以恢复淀泊水面、恢复淀泊水动

① 清华大学建筑学院教授尹稚，清华大学雄安新区规划建设发展高峰论坛。

② 中科院研究员单保庆。

力过程、水面恢复、水质达标、生态修复为目标，通过补水、治污、清淤、搬迁等措施综合治理，展现白洋淀荷塘苇海自然景观（图 7-2），逐步恢复其“华北之肾”的功能；另外，坚持问题导向，协同治理，远景规划建设白洋淀国家公园，深入剖析污染病因，立足淀内外，着眼上下游，动员全流域，协调京津冀，推动形成标本兼治、系统治理、协同治理的大格局[①]。

图 7-2　白洋淀风光

（图片来源：刘向阳 / 摄）

“白洋淀的生态修复，是生态空间的全面恢复。围绕白洋淀，将优化京津冀核心区域生态安全格局，促进大清河流域生态环境治理与保护一体化，强化白洋淀水芯、生态之芯作用，构建起生态廊道和生物多样性保护网络。”中国工程院院士曲久辉如是说（图 7-3）。

（3）生态管理新机制

未来，白洋淀流域将加强生态空间管控体系建设，建立特色鲜明的创新管理体系，实施智能生态管控，在政策法规和制度创新、体制机制创新、管控体系创新和智能生态管控上不断细化要求（图 7-4）。

在干部考核方面，将强化领导干部生态环保政绩考核，实施绿色发展评价，构建生态文明绩效评价体系。在生态环保管理制度上，创新生态环境经济政策，探索实行碳汇积分制度。在体制机制创新上，雄安新区将全面实施河（湖）长制。

①《让“华北明珠”重绽光芒——〈白洋淀生态环境治理和保护规划〉解读》。

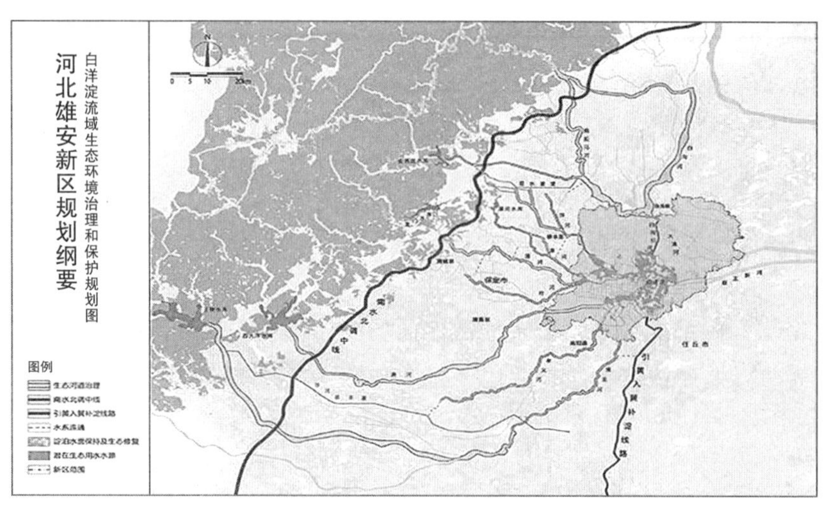

图 7-3　白洋淀流域生态环境治理和保护规划图

（图片来源：雄安新区规划纲要）

图 7-4　雄安新区某处鸟瞰图

（图片来源：雄安发布）

与此同时，雄安新区还将建立绿色发展专家咨询机制，发挥专业人才作用，为新区生态文明建设、绿色发展战略定位、重大决策和重要行动提供政策、技术咨询，增强新区可持续发展决策的科学性和前瞻性。

“要让公众真正参与到白洋淀的生态监督中，首先要信息公开，让公众充分掌握信息，包括企业的、政府的，以及一些生活污染情况，在此基础上引导公众参与，包括定期召开公众代表面谈会议，听取公众对于环境治理的意见和建议等。”中科院生态环境研究中心博士赵钰如是说。

（4）构建生态安全格局

白洋淀流域规划构建“一淀、三带、九片、多廊”生态安全格局。“一淀”即开展白洋淀环境治理和生态修复，恢复“华北之肾”功能；“三带”即建设环淀绿化带、环起步区绿化带、环新区绿化带，优化城淀之间、组团之间和新区与周边区域之间的生态空间结构；“九片”即在城市组团间和重要生态涵养区建设九片大型森林斑块，增强碳汇能力和生物多样性保护功能；“多廊”即沿新区主要河流和交通干线两侧建设多条绿色生态廊道，发挥护蓝、增绿、通风、降尘等作用（图 7-5）。

图 7-5　2017 年 11 月 13 日，第一棵树的栽下标志着“千年秀林”工程拉开大幕

（图片来源：雄安新区宣传中心）

7.1.3 建设绿色新城

在治理、利用好白洋淀生态环境的基础上，雄安新区还积极推广绿色低碳的生产生活方式和城市建设运营模式，营造优质绿色市政环境，加强综合地下管廊建设，同步规划建设数字城市，筑牢绿色智慧城市基础。

（1）坚持绿色低碳发展

作为党中央作出的一项重大历史性战略抉择，雄安新区的建设方方面面都围绕着“绿色”二字，点点滴滴都体现着“生态优先、绿色发展”。

①采用海绵城市建设，综合采用“雨水花园、下沉式绿地、生态湿地”等开发设施，提升城市在雨洪调蓄、雨水径流、生物多样性等方面的功能（图 7-6、图 7-7）。

图 7-6　雄安市民服务中心外部，绿地和人行道铺设透水砖

（图片来源：中国雄安官网）

图 7-7　雄安市民服务中心外部的下凹式绿地

（图片来源：人民网）

②推广绿色建筑，使用绿色建材。雄安新区建设中注重构建绿色交通体系，执行绿色建筑标准，引导新区形成绿色投资、绿色消费、绿色生活理念，未来新建民用建筑绿色建筑达标率达到 100%[①]。

这一市民服务中心为雄安新区的绿色建筑——装配式建筑的“搭积木”施工过程——节材节能节水、少噪声少建筑垃圾、被动式低能耗建筑、采用清洁能源安装地源热泵系统写下了最好的注解（图 7-8）。

① 雄安市民服务中心，“德国智造 跑进雄安”——中国德国商会论坛

图 7-8 雄安新区第一座“绿色建筑”河北雄安市民服务中心现已正式启用

（图片来源：人民雄安网）

③确定用水总量和效率红线。水资源短缺是北方地区的基本水情。新区将按照以水定城、以水定人的要求，强化用水总量管理。实行最严格水资源管理制度，全面推进节水型社会建设。目前，通过调整种植结构，发展喷灌微灌等高效节水灌溉技术解决农村地下水超采问题，地下水已基本实现采补平衡。

（2）构建绿色市政基建体系

①供水系统管网分区计量、信息化管理。

② LNG 能源供应，建设多能互补的清洁供热系统（图 7-9）。

图 7-9 雄县创新农业科技示范园园区内的地热交换站

（图片来源：中新网）

③排水系统雨污分流、污水处理分散式生态化。

④垃圾分类减量、分类运输、分类中转、分类处置（图 7-10）。

图 7-10　新区内，环卫工人正在处理垃圾

（图片来源：人民雄安网）

⑤合理开发利用地下空间。建设地下综合防灾设施、建设市政综合管廊系统，优先布局基础设施。

7.2 云南省大理白族自治州南涧彝族自治县“特色、生态、宜居”美丽县城规划

7.2.1 云南省大理白族自治州南涧彝族自治县县情简述

2018 年，南涧彝族自治县还是“山多、地少、民族、贫困”四位一体的国家级贫困县，西南地区云南省重点扶持县、滇西边境连片特困县（图 7-11）。从 2014 年贫困率高达 32.22%，到 2018 年全县脱贫摘帽，在笔者 2019 年 8 月前往南涧彝族自治县时，县委领导班子已经开始筹谋如何在南涧县特有县情上，针对“绿色发展，文旅引领”的目标方针，响应国家“生态优先，绿色发展”的号召，让南涧人民过上幸福、生态、宜居的高质量生活。

南涧县发展水平较低，普遍开发程度较低，发展空间大，基于当前基本县情，自然无法做足规划，事事最好，用最先进的理念，铆足劲儿干，海绵城市、装配式低耗能建筑、城市地下综合管廊建设等新鲜玩意儿轮番上阵。于南涧县而

图 7-11　作为唯一的“中国民间跳菜艺术之乡”，南涧跳菜曾登上联合国的舞台

（图片来源：Ran/ 摄）

言，开展城乡人居生态环境建设，最重要的莫过于县辖区下各镇、各乡、各村的市政工程建设，其中又以少数民族聚居地的基础设施建设为重中之重，诸如污水排放、管网建设，交通网络、水泥路修建，电力设施、照明路灯建设，等等。

7.2.2 综合统筹，基础设施建设加快推进

在过去，南涧彝族自治县县域经济总量较小、基础设施较薄弱、产业融合度较低，实体经济发展较困难，产业优势、资源优势尚未转化为经济优势，财源培植渠道较单一，脱贫攻坚任务艰巨（南涧县人民政府工作报告，2017）。

两年来，南涧县县政府狠抓基建，南涧人民的人居环境有了很大改善。

一方面，加快综合交通网络的建设（图 7-12）。2019 年南涧县共计完成高速公路建设 148km，村组公路硬化项目 556km，公民公路生命安全防护工程 418km、农村公路“五小工程”763km，启动农村砂石公路建设 513km。加之县城二级汽车客运站投入使用，大大便利了南涧县县域内往来、县域外交流，改善了人居交通环境。在笔者前往西山村问卷调研时，西山村张副主任言道，现在到南涧，从大理州过来有直达的空调客车，从昆明过来也很方便，搭动车到祥云站，过来半个小时。

另一方面，推进水网工程建设、水利工程项目，投资数千万元对各村污水

图 7-12　南涧县县城，交警正在对新上路的 480 辆共享电动车挂牌，依法注册登记

（图片来源："微南涧"微信公众号）

处理站进行农村饮水安全巩固提水工程处理，踏踏实实改善、保障 58936 人[①] 的饮水安全（图 7-13）。另外，进行县城供水项目开工建设，持续推进实施汉江河水库、乐秋河两个重要水库的管网配套项目，新建"五小"水利工程 3000 余件。南涧之本，在农业。为此，2018 年南涧镇新增和改善灌溉面积 7000 余亩。

图 7-13　拥翠乡新铺设的用水管道，其"管水"模式广受好评

（图片来源："微南涧"微信公众号）

① 2019 年南涧县人民政府工作报告。

与此同时，能源网方面，电力上加大对偏僻乡镇、重点扶持村落对象如布朗族、苗族、傈僳族等民族聚居自然村的投入力度，实施农村电网改造升级项目，新建和改造线路200余千米；新建6个加油站，为人们便利出行搭起了又一桥梁。截至目前，实施“宽带大理”“光网州”工程加快互联网建设，已实现行政村宽带光网和4G网络实现全覆盖（图7-14）。

图7-14　2019年11月，南涧县首个5G基站开通，标志着南涧正式迈入5G时代

（图片来源：“微南涧”微信公众号）

7.2.3 基于实际，步步改善人居环境[①]

农村垃圾乱堆乱放是农村环境“脏乱差”最直接的表现，也是当前农村人居环境整治最迫切的工作[②]。农村环境整治，迫在眉睫。

南涧县在小湾东镇、无量山镇建成两座垃圾热解净化站投入使用，位于公郎镇的一处生活垃圾处理场也全面完工，同时100座垃圾焚烧房加快建设，选聘农村保洁员，持续进行“三清洁”、河道清理工作，村庄保洁“火力全开”在行动。

① 本节内容参考：2019年南涧县政府工作报告；2018年南涧县政府工作报告；2017年南涧县政府工作报告。

② 人民网，2018年6月14日，农村生活垃圾治理大有可为，来源：中国环境报。

为响应中央“厕所革命”，建成水冲式公厕119座，新建改造户厕8162座[①]，村民反响良好，力争实现村庄公厕全覆盖（图7-15）。

图7-15　2019年，南涧县五“厕”推进公朗镇“厕所革命”

（图片来源：“微南涧”微信公众号）

绿色生态方面，严守生态红线，并于2017年建设杨善洲纪念林，以创建省级园林县城为契机，号召广大干部群众学习杨善洲精神，并加快“森林南涧”的建设（图7-16）；建成澜沧江国家水质自动监测站和南涧县县城环境空气自动监测站，并投入使用。

图7-16　南涧县2015年“杨善洲纪念林·万科树苗进农家”启动仪式

（图片来源：“微南涧”微信公众号）

① 2019年南涧县县政府工作报告。

在笔者走进保安村时，发现南涧县还重视城乡居民的安居工程——对棚户区、重点对象农村危房进行配套基础设施建设、改造工程，如抓实“跳菜大道”的“空心房”现象，进行农村危旧房改造，通过立面改造等方法提升村庄整体形象（图 7-17）。

图 7-17　保安村的一处危房在改造中

（图片来源：“微南涧”微信公众号）

在开展人居综合环境整治的过程中，退耕还林、义务植树同样没有缺少（图 7-18）。

在南涧县《2019 年政府工作报告》中，报告最后列出的“2019 年计划实施的

图 7-18　西山村随手一景

（图片来源：Ran/ 摄）

10 件惠民实事”里，城乡人居生态环境建设相关方面多达五个，占总数的一半。从“美丽县城创建工程”到“农村人居环境提升工程”，再到“路网改造工程”，无论是水网保障，还是能源保障，历数县内交通网络建设，污水处理管网建设，照明设施建设，垃圾处理工程，电站水利工程，危房改造，违章建筑综合整治，南涧县加快了改善人居环境的脚步，却一步比一步踏实，一步比一步稳定，努力为人民群众建设出一个城乡宜居的生态环境。

7.2.4 乡村振兴，发展高原特色绿色食品

（1）南涧县气候宜人，景色优美，自然条件优越

南涧县坚持走绿色兴农、质量兴农之路，发展“六个一”[①] 高原特色生态农业产业，力争打好本地优势“绿色牌”和“有机牌”（图 7-19）。

图 7-19 南涧县博物馆，南涧县土特产图片

（图片来源：Ran/ 摄）

① “六个一”，指一片烟、一杯茶、一个核桃、一头牛、一只鸡、一颗药，是南涧县于 2015 年提出的基于“高山净土生态”的资源优势建设的高原特色产业。

在改善农业生产条件上，南涧县加强农田水利基础设施建设的投入，深入实施土地整治和高标准农田的建设项目，“南涧绿茶”声名在外，南涧县着重对低产茶园进行改造，加快建设新型农业经营体系。

值得一提的是2019年新增的10个农民专业合作示范社，培育新型职业农民1000人以上。例如个体经营户罗润红所在的南涧润红家禽养殖场，以无量山乌骨鸡养殖为主。2019年，脑子灵活、敢于尝试的他在参考学习村里两位从事无量山乌骨鸡养殖和养蚕的朋友的带动下，创新出新的发展项目——在“鸡＋鸡粪＋桑树＋蚕”循环的初步农业发展模式下，进行桑蚕养殖。

（2）充分利用清华大学对口帮扶、定点支援的优势

在南涧一中开办“清华附中创新实验班”，以班带级，以级带校，以校代县（图7-20）。

图7-20　西山村委会，“清华控股 大理南涧”党建扶贫共建项目

（图片来源：Ran/摄）

无疑，创新班的开办效果显著。创新班所有老师分批分期到清华附中参加一对一跟班培训，清华附中专家到南涧对教师实地培训；创新班学生小班教学，享受奖助学金，班级活动多样化开展，表彰人数几近年级表彰人数。

多支学生社会实践支队进行社会实践，为当地办实事。例如，2016年化学工程系“净水计划”实践支队，自筹经费为西山小学、新山小学、拥政小学搭建超滤膜净水设备，为近千名学生提供安全可靠直饮水。

这样的例子还有很多，像清华博士担任为期两年的驻村书记帮助开展工作，

精准扶贫；长庚医院开展医疗救助工作；为南涧县教育系统举办专题培训班等。

7.3 国家生态公园建设——以环首都国家公园为例

7.3.1 环首都国家公园的提出背景

京津冀地区的协同发展由来已久，其坚持以生态优先为前提，推进产业结构调整，建设绿色、可持续的人居环境。《京津冀协同发展规划纲要》提出，在京津冀协同发展过程中，要把生态环境保护作为三个率先突破的重点领域之一[①]。那么，园林绿化作为生态建设的主体，应如何实现率先突破？

2015 年 7 月，北京市园林绿化局召开发布会，表示京津冀三地将打造环首都国家公园环，构建绿色生态隔离地区和绿色生态廊道，建立互联互通的生态廊道。

2015 年 11 月，腾讯新闻报道，《京津冀协同发展规划纲要》明确提出在京、津、冀三地交界地带进行“环首都国家公园建设”。同时，三地试点即将启动[②]。

区别于此前常见的城市公园、郊野公园、森林公园等公园在生态价值的基础上还着眼于市民休憩、防灾避险等功能，国家公园的着眼点更在于保护生态。在首都周边建设多处国家公园，形成环状链，也是为了最大限度地发挥其生态效能，在某种程度上疏解非首都核心功能，保护生态效益，严防生态红线。

2016 年北京市人民代表大会，郊区代表团聚焦生态环保项目，纷纷提交议案希望能承接建设“公园环”的首批试点，构筑环形绿色生态屏障。[③]

2017 年初，北京市人大常委会发文，按照《北京市国民经济和社会发展第十三个五年规划纲要》，“积极推动构建野三坡—百花山、雾灵山区域等环首都国家公园体系”等有关要求，拟选择以京冀、京津毗邻区域的国家级自然保护区、国家森林公园等禁止开发区域为载体，打造一批跨区域的国家级自然保护区、国家森林公园、国家湿地公园，构建环首都国家公园体系。如北京松山国家级自然保护区—河北海坨山国家级自然保护区、北京雾灵山市级自然保护区—河北雾灵山国家级自然保护区、北京百花山国家级自然保护区—河北野三坡国家级风景名胜区等。

① 环保、交通和产业升级转移是京津冀协同发展的三个重点领域。

② 我国拟建环首都国家公园 构建全新国家公园体系，腾讯网。

③ 北京日报，北京市园林绿化局，2016-01-27。

2017年下半年,《环首都国家公园体系发展规划》编制工作正式启动[①]。明确要构建科学合理的生态安全格局，注重体现首都特色，统一规划、整体规划，形成自然生态保护的新体制新模式，保障京津冀地区生态安全。

国家公园环，亦即环首都生态公园，是北京市园林局根据《京津冀协同发展规划纲要》提出的“国家公园”概念，将以京津冀三地结合部分的相关国家自然保护区为试点，建立国家公园，形成环首都国家公园环。

国家公园环目前规划为“一南”新建、恢复生态,“一北”修复水源,“多廊道”绿色生态廊道。

其中“一南”以大兴机场、冬奥会（延庆区）为重点，加大造林力度，形成京津保（保定）地区大规模生态过渡态，大尺度绿色板块和森林湿地群。京津冀西北部是北京市的重要水源地，以生态涵养为建设重点，增加森林面积，持续实施水源保护林建设。“多廊道”绿色生态廊道则是按照《京津冀协同发展规划纲要》提出的“推进交通干线两侧绿化及农田林网建设”和“推进永定河、滦河、北运河、大清河、南运河、潮白河‘六河’绿色生态河流廊道治理”的任务要求，重点对贯穿全境并通向津冀的30余条交通干线和永定河、北运河、潮白河、拒马河等四条重要水系进行绿化建设。

7.3.2 国家公园环

（1）环首都绿色屏障[②]

随着京津风沙源治理、百万亩造林计划、太行山绿化、三北防护林（图7-21）、退耕还林等生态工程的实施，加之北京历史上的第一道绿化隔离地区、第二道绿化隔离地区、郊野公园环、11个新城滨河森林公园的建成，越来越多的林地点缀在山峦、郊野、河湖、道路之间，层层叠叠日益浓密的绿意，环首都绿色屏障显现雏形。

三年平原造林94万亩，这在北京的历史上并无先例[③]。从2012年起，北京开始在全市平原地区实施百万亩造林工程（图7-22），北京永定河、潮白河、温榆河流域，主要干道高速路、铁路两侧已出现成带连网的城市森林，更为重要的

① 中国林业网，2019年9月13日讯。

② 资料来源：中国林业网。

③ ——北京市园林绿化局局长邓乃平。

图 7-21　三北防护林成为享誉全球的“绿色长城”

（图片来源：太平洋摄影博客）

图 7-22　北京市“百万亩平原造林工程”

（图片来源：搜狐新闻）

是，间接推动了废弃砂石坑、荒滩荒地和坑塘藕地的造林绿化。例如，在怀柔，通过工程治理和生物措施，平均深度 40m、20 多年未能治理的 6400 多亩砂石坑变成林海。

“绿屏相连、绿廊相通、绿环相绕、绿心相嵌”的环首都绿色屏障不仅在提升景观环境、治理城市病等方面发挥了重要作用，也推动了城市总体规划的生态格局规划的落实。

（2）“咬紧”绿色国家公园环[①]

在京津冀地区，北京市确定加宽加厚、改造提高河道和干线道路两侧绿化带，使交通干线每侧形成宽度在50m以上的永久绿化带，重要水系每侧形成宽度为200m以上的永久绿化带，并构建1000～2000m宽的绿化控制范围，落实《京津冀协同发展规划纲要》提出的“推进交通干线两侧绿化及农田林网建设”“推进永定河、滦河、北运河、大清河、南运河、潮白河‘六河’绿色生态河流廊道治理”的任务要求，全面提升绿色廊道生态防护林质量和景观效果，与津冀绿色廊道实现跨区域互联互通，共同构建平原生态廊道骨架。

在北京市通州区，加大绿化隔离地区的面积，抑制城市建设“摊大饼式”发展。同时利用行政副中心建设、大兴机场建设以及世界园艺博览会等多个大型项目，加大加强绿化任务，推进绿地建设，增加城市绿地总量。

疏解低端产业的同时，注重拆迁还绿；结合环境整治拆迁腾退。诸如，朝阳区西直河石材市场100多万平方米拆迁腾退（图7-23），80%的土地实现规划建绿；海淀区“三山五园”项目将实现大片绿隔地区的集中连片绿化。

图7-23　曾经“辉煌”的西直河石材市场，现已拆迁

（图片来源：搜狐新闻）

① ——《北京青年报》。

7.3.3 国家公园建设

（1）概述[①]

2017年9月，中共中央办公厅、国务院办公厅印发《建立国家公园体制总体方案》，建立以保护具有国家代表性的大面积自然生态系统为主要目的的国家公园。

明确国家公园为我国自然保护地最重要类型之一，属于全国主体功能区规划中的禁止开发区域。其首要功能是重视自然生态系统的原真性、完整性保护，同时兼具科研、教育、游憩等综合功能。

（2）国家公园体制建设成绩喜人[②]

截至目前，我国共建立西双版纳国家公园、丽江老君山国家公园、普达措国家公园、南滚河国家公园、梅里雪山等国家公园共九个。2020年1月，国家林业和草原局举行新闻发布会，目前，国家公园体制试点硕果累累。

三江源国家公园位于青海省，这个世界上高海拔地区独有的大面积湿地生态系统数年来探索构建省、州、县、乡村全覆盖的国家公园管理体制，基本解决了"九龙治水"和监管执法碎片化问题。在试点工作的探索中，三江源·可可西里成功列入《世界遗产名录》，成为我国面积最大的世界自然遗产地，成为我国国家公园体制试点建设中名副其实的"生态名片"（图7-24）。

"水源涵养量平均增幅6%以上，草地覆盖度提高11%以上，产草量提高30%以上……"这一项项数据，是三江源国家公园向国家、向民众交出的最好答卷。

除此之外，坚持走人与自然和谐共生的模式是国家公园体制试点的又一可喜"战绩"。

三江源国家公园里，牧民逐步从草原的利用者转变成为生态的保护者；通过发展生态畜牧业，园区管理大胆尝试将草场承包经营逐步转向特许经营；公园生态体验，环境教育服务，生态保护工程劳务，生态监测……通过鼓励、引导并扶持从事这一项项生态保护和公园管理工作，牧民从中获得稳定收益，实现双赢局面。

① 资料来源：《建立国家公园体制总体方案》。

② 资料来源：国家林业局政府网。

图 7-24　三江源国家公园

（图片来源：中国林业网）

海南热带雨林国家公园试点区内，我国特有濒危物种海南长臂猿有了栖息的家园。海南热带雨林国家公园试点制定系统的海南长臂猿专项保护计划，建设保护队伍，种种举措，始终将重心放在保护热带珍稀濒危野生动植物资源上（图 7-25）。

国家公园具有重要的自然生态系统，拥有独特的自然景观和丰富的科学内

图 7-25　海南热带雨林国家公园内的特有濒危物种，海南长臂猿

（图片来源：中国林业网）

涵。不仅最大限度地保护自然生态系统的原真性、完整性，还为公众提供亲近自然、体验自然、了解自然的游憩机会，激发自然保护意识，增强民族自豪感。

7.4 “留白增绿”北京城区生态网络构建和绿地空间优化支撑

7.4.1 “留白增绿”工程简述

《北京城市总体规划（2016 年—2035 年）》中，提出“留白增绿”，构建北京地区生态网络。2017 年 9 月，中共中央国务院批复《北京城市总体规划（2016 年—2035 年）》，要求“优化城市功能和空间布局，坚持疏解整治促提升，坚决拆除违法建筑，加强对疏解腾退空间的利用和引导，腾笼换鸟、留白增绿”，提出“疏解北京非首都功能，改善生态环境，建设和谐宜居之都”。

《北京城市总体规划（2016 年—2035 年）》中将创造“一屏、三环、五河、九楔”的生态空间作为重点提出，着重强调了建设文明宜居城市的总体规划，下达了“留白增绿”的工作目标，并将京津冀共同创建良好生态环境作为首要任务。在空间布局上，形成了市域绿色空间的“四梁八柱”。在以北京中心城为发源地，东西方向贯穿着长安街，南北方向点缀着大量的绿色植被，东西南北方向被四大森林湿地包围，形成四面埋伏之势，三道公园环和绿色廊道挟势而出，凸显出北京新机场和冬奥会等重点区域，大尺度森林湿地群落、高品质绿色公园组团、多景观田园村庄绿化为主体的绿色生态体系（丁军，2019）。《北京城市总体规划（2016 年—2035 年）》通过后，北京市将拆违腾退土地用于“留白增绿”，作为绿色空间为城市提供生态服务，增加绿色游憩场所（图 7-26）。依托“疏解整治促提升”专项行动的开展配合，计划拆除违法建设 4000 万平方米以上，腾退占地 3974hm^2，其中用于“留白增绿”1986hm^2（赵人镜等，2018），为首都的减量发展提供了更多绿地空间优化支撑。

7.4.2 “留白增绿”多管齐下，全面铺开

“留白增绿”工程的空间区位遍布北京各个市辖区；地块类型多种多样，涵盖了公园绿地、防护绿地、生产绿地、农林用地和其他非建设用地等；且部分地块位于总体规划中市域绿色空间的城市公园环、郊野公园环、环首都森林湿地公园环、历史文化名城保护区、文化保护带、市级通风廊道等，既是对“美丽乡村”人居生态环境建设和城市副中心、环首都绿化带等生态项目的深入落实，又

图 7-26 “留白增绿”工程中，位于北京二环内的广阳谷森林公园

（图片来源：“识政”微信公众号）

与其较好拟合匹配，相辅相成。

（1）见缝插绿，串联零散空间

需要注意的是，“留白增绿”工作并不是一蹴而就的，它需要的是旷日持久的耐心和长期拆除腾退过程中对“绿”的坚守和坚持，“见缝插绿”，充分利用好“边角料”，利用好小面积地块，从而才能在各区各乡镇里建设起一批又一批的“口袋公园”“小微绿地”。

坚持贯彻因地制宜，生态优先，努力做到宜绿则绿、宜林则林、宜湿则湿。功能上，注重完善城市生态与服务市民生活相结合；空间上，注重规模化、高品质与分散绿地加强连通相结合；绿化植物选取上，按照“乡土、长寿、抗逆、美观”的原则选用良种壮苗。

（2）政务公开，接受监督

政府实施方面，“留白增绿”地块及时在政府门户网站向社会公示，力求做到透明、公开，以接受社会监督，谋求提升城市生态环境质量。在北京市人民政府门户网站上，从2017年至2019年足足有两千多条和“留白增绿”有关的信息。

首个区级“留白增绿”指导意见——《海淀区“留白增绿”建设指导意见（试行）》中提出的几点意见令人备受鼓舞：在绿化过程中不得使用假花假树，一经发现将督查整改。假花假树只有景观效果而无生态效果，在‘留白增绿’建设过程中，我们既要景观效果，更要生态效果。

“应选用环保、透水材料，可利用拆后的砖瓦、石材等；不设置功能性设施之外的园林小品，不得使用生硬简陋、色彩张扬、奇异夸张的雕塑和假山；适当安装座椅、垃圾桶和栏杆。”一桩桩一件件，不难看出构建生态人居环境的决心。

（3）国企带头惠民生

在推进疏解整治工作的同时，市属国企积极探索功能转型提升，响应“留白增绿”工程，将腾退后的土地房产优先用于发展城市环境、优化社区生活环境、改善民生等领域，诸如将旧厂房改造成为花园绿地，废弃老楼转型成为养老驿站，空房子变成社区便利店，等等。例如，首农集团将丰台区拆除腾退后的和义五金城打造成为和义休闲健身公园；京城机电主动腾退西城区报国寺地区的办公场所，并将其用于广内街道办事处建设“养老照料中心”，为周边居民提供养老适老服务（图 7-27）。

图 7-27　京城机电工厂改造成的电通创意广场

（图片来源：朝阳区人民政府）

（4）配合重点工程建设，以绿兴城、以绿惠民

该工程有意识地配合重点区域工程建设。针对京藏高速、京新高速、五环路等通往世园会、冬奥会的交通要道，重点实施了绿色廊道加宽加厚和填平补齐工程，新增绿化面积 1.6 万亩，有力地在交通方面保障了各项盛事的召开。

为配合大兴国际机场的修建（图 7-28），打造大美绿色国门，北京市还在新机场周边新增造林绿化 4244 亩，森林覆盖率达到 36.4%。在大兴区礼贤、庞各庄、安定、魏善庄等机场周围的乡镇形成了大尺度森林，打造“林田交响，幻彩森林；绿荫轴带，壮美国门”的景象，进一步构建“森林中的机场”生态景

图 7-28 北京大兴国际机场

（图片来源：人民网）

观效果[①]。

（5）提高公众参与度，大力开展宣传教育

北京市 2018 年首度冬季义务植树活动在潮白河畔的共青林场展开。市民在义务植树的同时，还亲自对树木生长周期内的一系列工作尽责，不仅增进了对树木生长所需生态环境的了解，为城市绿化播种作出了贡献，还将生态理念牢牢种进了心间。

除此之外，在北京市园林绿化局、首都绿化委员会办公室的指导和 30 家生态文明宣传教育基地的助力下，为期四个月的首都生态文明建设宣传教育工作也有规模、有计划地展开。各式各样的讲堂活动走进森林、公园，“森林植被”“湿地鸟类”等不同主题知识得到科普。这些教育宣传活动，对于市民生态观的塑造起到至关重要的作用。

积极摸索拓展新模式和新载体，逐步实现学校、家庭、社会全方位覆盖，扩大生态文明建设影响力，北京市一直在行动，在路上。

7.4.3 “留白”的未来

“留白增绿”地块，指的是针对规划绿地之外的其他类型用地，或是城市规划尚不明确用途、在完成拆违后，短期内不能确定或实现永久规划的情况下，先

① 北京——绿色生态空间再扩大，北京杂志官方，2019-04-29。

行通过绿化的方式改善城市人居环境、为远期建设预留空间的地块（图 7-29）。“留白增绿”后，绿化建设风格与周边环境更加和谐统一，例如海淀地区西部以及北部的浅山地区保持了自然大气的风格，科学城地区保持了现代活力的风格，“三山五园”历史文化保护区、文物古迹周边等则应保持简约古朴的风格[①]。

图 7-29 “留白增绿”工程一角，2019 年大兴区绿化面积 110.38hm^2，任务圆满完成

（图片来源：北京市园林绿化局）

“留白”是一种规划理念，目的是为了优化城市空间布局，提高规划弹性适应能力。目前，“留白增绿”主要以三种形式展开——“先白后绿”，拆迁拆违后要清理成净地，对具备条件的进行绿化；“非白即绿”，对于腾退出的土地，或是为未来发展留白，或是用于搞绿化、建公园；“亦白亦绿”，对留白地块进行绿化，实现“以绿看地”[②]。“留白增绿”将坚持经济适用，节约建设资金；坚持增绿为主，发挥生态效益；坚持以人为本，打造宜人环境；坚持建管结合，保持良好运转；坚持服从大局，确保规划实现。

“生态文明绝不是简单的污染防治，而是经济发展过程中的一种社会形态，是人类为保护和建设美好生态环境所取得的物质成果、精神成果和制度成果的总和，包括先进的生态伦理观念、发达的生态经济、完善的生态制度、可靠的生态

① 资料来源：海淀新闻中心。

② 资料来源：GCTV 绿色中国网络电视。

安全、良好的生态环境[①]。”严格规划管控，强化战略留白，高质量做好城市设计，珍惜用好每一块土地，努力为新时代首都功能发展留下空间。“留白增绿”这一举措，正在为北京市乃至全国的生态文明建设添砖加瓦，步子虽缓，却不慢，坚定而踏实，扎实而有力。

7.5 北京城市副中心人居生态环境建设

7.5.1 北京城市副中心发展历程

建设北京副中心是决定以通州作为北京城市副中心，为调整北京空间格局、治理大城市病、拓展发展新空间的需要，也是推动京津冀协同发展、探索人口经济密集地区优化开发模式的需要而提出的。这是一个立足长远的重大决策，党的十八大以来，以习近平同志为核心的党中央提出了“建设和管理好首都”的崭新命题；同时，这也是一个着眼未来的宏大构想，面临历史性抉择的北京，正在从“摊大饼”转向在北京中心城区之外规划建设北京城市副中心和集中承载地。未来，城市副中心将与河北雄安新区共同形成北京新的“两翼”。

2012 年，在北京市第十一次党代会上，北京市委、市政府明确提出“聚焦通州战略，打造功能完备的城市副中心”，更加明确了通州作为城市副中心定位。

在 2017 年公布的《北京城市总体规划（2016 年—2035 年）》里，这样描述城市副中心：“北京城市副中心规划范围约 155km^2，外围控制区即通州全区约 906km^2，进而辐射带动廊坊北三县地区协同发展。”计划在全北京率先实现城乡规划体系全覆盖。

2019 年 1 月 11 日，北京市级机关 35 个部门、165 个单位、1.2 万余名公务员已全部正式入驻通州区的北京城市副中心行政办公区，至此，北京市级行政中心正式迁入北京城市副中心。

7.5.2 副中心建设中的人居生态环境建设

（1）宜居之城

根据《北京城市副中心控制性详细规划（街区层面）（2016 年—2035 年）》，副中心将顺应自然、尊重规律，遵循中华营城理念、北京建城传统、通州地域文

---

① 资料来源：学习时报。

脉，构建蓝绿交织、水城共融、多组团集约紧凑发展的生态城市布局，形成“一带、一轴、多组团”的空间结构。

依托历史上京杭大运河的通惠河、北运河段，构建城市水绿空间格局，形成一条蓝绿交织的生态文明带；依托六环路建设功能融合活力地区，形成一条清新明亮的创新发展轴；依托水网、绿网、路网，形成 12 个民生共享组团和 36 个美丽家园（街区）。未来，一幅蓝绿交织、水城共融的副中心胜景必将呈现在人们面前。

据《北京城市副中心控制性详细规划（草案）》，规划中的城市副中心 155km^2 范围内的绿色空间将占到约 40% 的比重，有大约 20 处 10hm^2 以上的集中绿地，规划集中建设区内约有 15km^2 的绿色空间。这意味着，仅在规划集中建设区中的绿地，就几乎相当于原崇文区行政辖区的面积。到 2030 年，城市副中心要建成 38 个公园，“群众出门 500m 就可以进入公园绿地”。

（2）保护老城区 ①

与河北雄安新区几乎是在“一张白纸”上描绘蓝图不同，通州区的建设还需要全面考虑到老城区市政基础设施标准低，老旧小区亟待改造，生态绿地缺乏等问题，平衡新、老城区，在建设城市副中心的同时，如何改造、保护好老城区，以新带老，促进老城区“旧貌换新颜”，是一个无法回避、亟待解决的问题。

“强化空间织补，在老城区做好城市修补和生态修复” ②，以城市修补和生态修复为重点工程的“城市双修”正在一步步实现新老城区的深度融合。

一方面，有条不紊地进行“老城双修”改造工程。升级改造排污防涝，建设家园中心，加强老旧小区整治，解决私搭乱建乱停车等问题……种种举措正逐渐让北京城市副中心老城区“美起来、活起来、便利起来”。

例如，在通州区的玉桥街道粮食局直属库平房胡同里，一面危墙换成了栅栏，墙外竹子透过栅栏，出门见绿，加之墙上所贴红砖及增加的景观灯、投光灯，直属库平房胡同的面貌焕然一新……街巷改造的结果是令人满意的，2019 年北京“十大最美街巷”评选活动中，玉桥街道粮食局直属库平房胡同和永顺镇街道果园路两条街巷赫然在列（图 7-30）。

① 资料来源：瞭望新闻周刊。

② 资料来源：《北京城市副中心控制性详细规划（街区层面）（2016 年—2035 年）》。

图 7-30 “双修”后的玉桥街道粮食局直属库平房胡同焕然一新

（图片来源：北京日报）

另一方面，整体谋划实施。2019 年，北京城市副中心拆除了违法建设 1010 万平方米，新建和规范提升便民商业网点 117 个，实现留白增绿 1935 亩，完成背街小巷整治提升 41 条、老旧小区改造 26.35 万平方米，这一项项深入基层，一步一个脚印干出来的数据，正是群众增强获得感、幸福感和安全感的强有力基石。

（3）城市绿心绿化

作为将与河北雄安新区共同形成北京市新“两翼”的城市副中心，通州区在绿色空间的建设上硕果累累。其中，北部“休闲游憩环”已初步建成；西部生态带的台湖万亩游憩园和东部生态带的潮白河森林景观带已完成绿化万余亩；在大运河南岸，相当于 3.8 个颐和园[①] 城市绿心规划面积 11.2km^2，目前 1000 亩绿化工程已经完成，雏形已现，和行政办公区遥相呼应；绿心园区内还设计了一条全长 5.5km 的星形园路环，目前已实现全线贯通，乔木种植全部完成；拆除有着 40 年历史的东方化工厂，转而建成生态保育核心区，与城市绿心一同构成副中心“有生命力的城市地标”，成为副中心绿色空间布局的重要组成部分，集生态修复、市民休闲等功能于一体（图 7-31）。

① 资料来源：新华网。

图 7-31　北京城市副中心绿心效果图

（图片来源：新京报）

（4）超前规划“地下城”

通州区行政办公区的综合管廊建设已经起步。这场现代化的“地道战”，为北京市治理“大城市病”打开了一扇门。不仅如此，行政办公区的所有大楼，地下车库共享，互联互通；与管廊同步延伸的，还有类似于中关村西区的地下交通环廊。四通八达的交通环廊，将使副中心核心区域的小汽车基本在地下行驶，地面的开阔空间，主要交给行人和自行车，打造惬意的慢行系统（图 7-32）……

图 7-32　通州文旅区曹园南一街地下综合管廊项目完成全部预制结构施工

（图片来源：潘之望 / 摄）

不同于北京主城区局部尝试的管廊工程，通州区的管廊预计连片成网，是全国首例全机械化拼装完成的装配式多舱管廊，并预留了未来 30 ～ 50 年的发展空间。通州区地下基础设施先行，加上适宜的居住密度和产业密度，副中心将为新城破解交通拥堵、架空线难题提供示范性样本。

既保持历史的耐心，又有只争朝夕的拼搏，我们坚信，一代代人接续奋斗，久久为功，一个宜居的生态副中心必将崛起于燃灯塔下、大运河畔。

参考文献

［1］埃弗里特·M·罗吉斯，拉伯尔·J·伯德格．乡村的社会变迁 [M]. 杭州：浙江人民出版社，1988：160-192.

［2］白嘎力．锡林浩特市城市人居环境评价研究 [D]. 呼和浩特：内蒙古师范大学，2014.

［3］白中科，周伟，王金满，等．试论国土空间整体保护、系统修复与综合治理 [J]. 浙江国土资源，2019(2)：25.

［4］曹宏伟，朱晓君．上海延中公园绿化植物调整改造技术初探 [J]. 江苏林业科技，2013，40(1)：32-36.

［5］曾霞．生态型城镇建设中的环境规划问题探讨 [J]. 建材与装饰，2017(5)：51-52.

［6］程煜，陈烈，陈君．国外人居环境研究回顾与展望 [J]. 世界地理研究，2007(2)：17-24.

［7］程子君．以装配式绿墙工程为例浅谈装配式立体绿化 [C]. 杭州：杭州人与文化艺术有限公司，2018：81-86.

［8］仇保兴．简论中国健康城镇化的几类底线 [J]. 城市规划，2014，38(1)：9-15.

［9］仇保兴．紧凑度和多样性——我国城市可持续发展的核心理念 [J]. 城市规划，2006(11)：18-24.

［10］仇保兴．生态城改造分级关键技术 [J]. 城市规划学刊，2010(3)：1-13.

［11］邓美然．北方海绵城市规划中更密切结合自然地形的“四步法”初探 [D]. 北京：北京建筑大学，2017.

［12］邓智清，吴鹏．城市规划中园林景观设计运用研究 [J]. 城市建设理论研究（电子版），2017(1)：47-48.

［13］丁军．“留白增绿”背景下北京生态空间精细化治理研究 [J]. 农村经济与科技，2019，30(3)：258-260.

［14］樊艳芳．生态文明建设攻坚期农村生态治理的出路 [J]. 农业经济，2019(8)：

32-33.

［15］高峰．宜居城市理论与实践研究[D]．兰州：兰州大学，2006.

［16］高吉喜．区域生态学核心理论探究[J]．科学通报，2018，63（8）：693-700.

［17］高建强，赵滨霞．生态城市规划实施的保障措施[J]．能源与环境，2008（1）：61-62，66.

［18］高名扬．中牟县城乡融合中的问题及对策研究[D]．郑州：河南工业大学，2019.

［19］高鹏．园林绿化工程苗木栽植规范[EB/OL]. https：//wenku.baidu.com/view/9d3efd966137ee06eff91884.html.2014-06-09/2020-06-07.

［20］高晓路．人居环境评价在城市规划政策研究中的工具性作用[J]．地理科学进展，2010（1）：52-58.

［21］耿海清，陈雷．试论区域空间生态环境评价如何参与国土空间规划[J]．环境保护，2019，47（19）：12-15.

［22］耿海清．区域空间生态环境评价如何有效调整？[N]．中国环境报，2019-12-26（3）.

［23］龚晓雪．安徽省小城镇人居环境适宜性评价研究[D]．合肥：合肥工业大学，2018.

［24］顾朝林．生态城市规划与建设[J]．城市发展研究，2008（S1）：105-108，122.

［25］顾姗姗，袁中金．江苏省昆山市：点、线、面统筹规划 完善村庄六大系统[J]．城乡建设，2009（4）：49-51.

［26］顾姗姗．乡村人居环境空间规划研究[D]．苏州：苏州科技学院，2007.

［27］关君蔚．中国的绿色革命——试论生态控制系统工程[J]．生态农业研究，2016，4（2）：5-10.

［28］郝锐．城乡生态环境一体化：水平评价与实现路径[D]．西安：西北大学，2019.

［29］何昉．中国绿道规划设计研究[D]．北京：北京林业大学，2018.

［30］何慧林．浅析受污染环境的生物修复[J]．污染防治技术，2014（3）：36-38.

［31］侯金萍，段新霞．城市立体绿化及其养护[J]．现代园艺，2015（8）：170-171.

［32］侯鹏，刘玉平，饶胜，等．国家公园：中国自然保护地发展的传承和创新[J]．环境生态学，2019（7）：1-7.

［33］胡永红．城市立体绿化的回顾与展望[J]．园林，2008（3）：12-15.

［34］胡月红．园林工程施工中园林植物的养护管理[J]．现代园艺，2019（8）：190-192.

［35］化勇鹏．污染场地健康风险评价及确定修复目标的方法研究[D]．武汉：中国

地质大学，2012.

［36］黄孔泽 . 城市生态型居住区环境规划设计研究 [J]. 资源节约与环保，2016（3）：162，169.

［37］季孔庶 . 园林植物高新技术育种研究综述和展望 [J]. 分子植物育种，2004（2）：295-300.

［38］季孔庶 . 园林植物育种方法及其应用 [J]. 林业科技开发，2004（1）：70-73.

［39］蒋艳灵，刘春腊，周长青，等 . 中国生态城市理论研究现状与实践问题思考 [J]. 地理研究，2015，34（12）：2222-2237.

［40］晋培育 . 中国城市人居环境质量特征与时空差异分析 [D]. 大连：辽宁师范大学，2012.

［41］李荻 . 城市生态住区规划设计分析 [J]. 建材与装饰，2016（33）：63-64.

［42］李飞 . 污染场地土壤环境管理与修复对策研究 [D]. 北京：中国地质大学，2011.

［43］李贺 . 白山市江源区人居环境评价及优化对策 [D]. 长春：吉林建筑大学，2016.

［44］李宏伟 . 中华人民共和国成立 70 年来生态文明制度体系建设的探索和启示——庆祝中华人民共和国成立 70 周年系列党课之八 [J]. 党课参考，2019（24）：43-59.

［45］李后强，等 . 生态康养论 [M]. 四川：四川人民出版社，2016.

［46］李经纬，田莉 . 国土空间规划的国际经验及对我国的启示 [J]. 公共管理与政策评论，2019，8（6）：50-62.

［47］李莉 . 陕西省城市人居环境与经济协调发展的时空分异研究 [D]. 西安：陕西师范大学，2017.

［48］李生辉 . 草坪种植技术 [J]. 现代农业科技，2011（1）：252-253.

［49］李士国 . 济宁市城镇体系发展与构建研究 [D]. 天津：天津大学，2009.

［50］李伟 . 村域规划编制内容体系的构建研究 [D]. 苏州：苏州科技学院，2010.

［51］李小明 . 关中地区乡村人居环境整治规划策略研究 [D]. 西安：西安建筑科技大学，2018.

［52］李宇 . 浅析城乡生态环境保护规划中的若干问题 [J]. 山西建筑，2009（5）：350-351.

［53］林凯旋，周敏 . 国家公园为主体的自然保护地体系构建的现实困境与重构路径 [J]. 规划师，2019，35（17）：5-10.

［54］刘滨谊 . 现代景观规划设计 [M]. 南京：东南大学出版社，1999：106-120.

［55］刘大中 . 文化传承型美丽乡村建设研究——以三亚市中廖村为例 [J]. 当代旅游，2018（2）：54-55.

［56］刘建国，张文忠 . 人居环境评价方法研究综述 [J]. 城市发展研究，2014（6）：52-58.

[57] 刘金梁，袁天凤.探索乡村人居环境规划的核心理念[J].四川建筑，2014，34(2)：41-43.

[58] 刘黎明.乡村景观规划[M].北京：中国农业大学出版社，2006.

[59] 刘莉.什么是海绵城市[EB/OL].Http：//Blog.Sina.Com.2019-6-7/2019-2-11.

[60] 刘敏.南昌市城市宜居性评价[D].南昌：江西师范大学，2009.

[61] 刘向南，许丹艳.土地利用规划制度的经济解释[J].城市发展研究，2005(1)：50-53.

[62] 刘向南.区域生态用地规划管理：理论视角与方法框架[D].南京：南京农业大学，2013.

[63] 刘潇.习近平新时代中国特色社会主义思想与雄安新区规划建设领导[J].科学论坛，2018(24)：18-33.

[64] 刘艳.生态理念在居住区规划设计中的应用[J].住宅与房地产，2016(36)：76.

[65] 刘元慧.乡村振兴背景下农村人居环境整治满意度研究[D].曲阜：曲阜师范大学，2019.

[66] 路甬祥.关于统筹人与自然和谐发展[J].环境保护，2005(3)：18-22.

[67] 罗丹霞.滨海旅游城市人居环境质量评价研究[D].福州：福建农林大学，2018.

[68] 吕博，倪娟，王文科，等.水资源开发利用引起的环境负效应——以玛纳斯河流域为例[J].地球科学与环境学报，2006(3)：53-56.

[69] 吕典玮.京津冀区域一体化中市场一体化研究[D].上海：华东师范大学，2011.

[70] 吕君.低碳城市规划建设设计的难点浅析[J].工业B.2016，12(1)：278.

[71] 吕亚平.杭州市人居环境宜居性评价[D].杭州：浙江大学，2012.

[72] 毛齐正，黄甘霖，邬建国.城市生态系统服务研究综述[J].应用生态学报，2015，26(4)：1023-1033.

[73] 梅婷.城乡生态环境保护与修复策略初探[J].城市建设理论研究(电子版)，2018(36)：10.

[74] 牛雪飞.资源型城市可持续发展过程中的人居环境评价[D].大连：辽宁师范大学，2013.

[75] 帕克，伯吉斯.城市社会学[M].北京：华夏出版社，1987.

[76] 潘尧，华乐，疏良仁.国土空间规划指导约束下的风景名胜区规划编制探讨[J].规划师，2019，35(22)：44-49.

[77] 彭义春.基于遥感与GIS的东莞市人居环境自然适宜性评价研究[D].广州：中国科学院广州地球化学研究所，2015.

[78] 彭元.柴河铅锌矿尾矿库土地复垦方案编制研究[D].沈阳：沈阳农业大学，

2016.

［79］朴永吉．村庄整治规划编制 [M]. 北京：中国建筑工业出版社，2010.

［80］祁新华，程煜，陈烈，等．国外人居环境研究回顾与展望 [J]. 世界地理研究，2007（2）：17-24.

［81］泰斯．居住环境评价方法与理论 [M]. 高晓路，等译．北京：清华大学出版社，2005.

［82］日藤井明．聚落探访 [M]. 北京：中国建筑工业出版社，2003.

［83］日原广司．世界聚落的教士 100[M]. 北京：中国建筑工业出版社，2003.

［84］赛江涛．乡村旅游中的文化素材及其表达 [D]. 北京：北京林业大学，2005.

［85］申远．呼伦贝尔市生态城市发展模式研究 [D]. 北京：中央民族大学，2012.

［86］沈清基，彭姗妮，慈海．现代中国城市生态规划演进及展望 [J]. 国际城市规划，2019，34（4）：37-48.

［87］史靖塬．重庆乡村人居环境规划的生态适应性研究 [D]. 重庆：重庆大学，2018.

［88］司莲花．山东省主要城市人居环境综合评价研究 [D]. 济南：山东师范大学，2010.

［89］司雨露．郑州市城乡体育协调发展研究 [D]. 开封：河南大学，2016.

［90］宋辉．中国农民社会责任问题研究 [D]. 大连：辽宁师范大学，2017.

［91］宋惠芳．当前中国城乡环境利益协调问题研究 [D]. 福州：福建师范大学，2016.

［92］宋立志，冯连荣，林晓峰．浅谈高新技术在园林植物育种中的应用 [J]. 防护林科技，2010（3）：66-67.

［93］宋梦洁．常熟市村庄整治的模式研究 [D]. 苏州：苏州科技学院，2013.

［94］苏琳．城乡生态环境保护与修复策略初探 [J]. 低碳世界，2017（2）：30-31.

［95］索艳丽，王子羊，王明菊，等．乡镇生态环境保护规划和综合防灾规划探讨 [J]. 科技资讯，2008（9）：166.

［96］谭刘圆．重金属污染场地修复技术的选择与应用 [J]. 科学技术创新，2018（30）：64-65.

［97］王昌海．健全国家公园保护制度 [N]. 经济日报，2019-11-28（9）.

［98］王婧，欧小杨，吴佳霖，等．近 20 年国外系统保护规划研究进展及启示 [J]. 风景园林，2019，26（8）：65-70.

［99］王璐璐．农村基层治理中的人居环境治理研究 [D]. 郑州：郑州大学，2019.

［100］王乃琴．乡村建设中历史文化名村文化景观保护研究 [D]. 杭州：浙江工商大学，2015.

［101］王涛．石河子村改居问题研究 [D]. 石河子：石河子大学，2013.

［102］王威，贾文涛．生态文明理念下的国土综合整治与生态保护修复 [J]. 中国土地，2019（5）：29-31.

［103］王亚军．生态园林城市规划理论研究 [D]. 南京：南京林业大学，2007.

［104］王燕飞，陈丽君，刘华君，等．我国甜菜诱变育种方法研究进展 [J]. 中国糖料，2008（4）：66-68.

［105］王亿一．城市立体绿化及关键技术 [J]. 安徽农学通报（下半月刊），2012，18（12）：160-161，173.

［106］王奕文，唐晓岚，徐君萍，等．大数据在自然保护地中的运用 [J]. 中国林业经济，2019（4）：16-20，27.

［107］王毅，陆玉麒．中国人居环境研究的总体特征及其知识图谱可视化分析 [J]. 热带地理，2020（2）：1-20.

［108］王云才，刘滨谊．论中国乡村景观及乡村景观规划 [J]. 中国园林，2003（1）：56-59.

［109］王云才．巩乃斯河流域游憩景观生态评价及持续利用 [J]. 地理学报，2005（4）：645-655.

［110］魏江苑．生态群落对乡村人居环境建设的启示 [D]. 西安：西安建筑科技大学，2003.

［111］吴九兴．平原地区中心村选择的理论与实证研究 [D]. 武汉：华中农业大学，2009.

［112］吴良镛．人居环境科学导论 [M]. 北京：中国建筑工业出版社，2001.

［113］吴良镛．人居环境科学的探索 [J]. 规划师，2001（6）：5-8.

［114］吴良镛．山水城市与 21 世纪中国城市发展纵横谈 [J]. 建筑学报，1993（6）：4-8.

［115］吴长友．住宅小区园林景观绿化施工与植物配置探析 [J]. 四川水泥，2019（3）：98.

［116］武静．鄂西纳水溪古村落景观及其变迁研究 [D]. 武汉：华中农业大学，2008.

［117］向恒昱．生态植物墙在成都城市建设中的应用初探 [D]. 雅安：四川农业大学，2016.

［118］肖禾．不同尺度乡村生态景观评价与规划方法研究 [D]. 北京：中国农业大学，2014.

［119］谢汉忠．珠海市城市生态环境管理模式分析 [D]. 长春：吉林大学，2010.

［120］熊家欢，彭伟峰，周维邦，等．生态理念下乡村景观规划与设计研究 [J]. 乡村科技，2019（31）：71-72.

［121］徐全勇．中心村建设理论与我国中心村建设的探讨 [J]. 农业现代化研究，

2005（1）：48-52.

［122］许波．工业园区建设的研究与评价 [D]. 兰州：西北师范大学，2009.

［123］许丹艳，刘向南．区域土地生态保护规划研究——基于生态系统多样性的视角 [C]// 多元与包容——2012 中国城市规划年会论文集（09. 城市生态规划），中国城市规划学会，2012：543-550.

［124］许倩雯．乡村人居环境适宜性评价及优化策略研究 [D]. 合肥：合肥工业大学，2019.

［125］许学强，周一星，宁越敏．城市地理学 [M]. 北京：高等教育出版社，2009.

［126］许雅彬．城乡规划中生态规划编制的研究 [J]. 中华建设，2013（5）：94-95.

［127］杨欣．基于人居环境学理论下的村庄整治规划 [D]. 西安：西安理工大学，2018.

［128］叶德敏，雷国红，张一奇．城市绿地空间景观生态设计研究——以浙江师范大学附中为研究案例 [J]. 西北林学院学报，2006（3）：150-153.

［129］依德．十大措施支持海绵城市建设 [N]. 中国花卉报，2015-04-22（10）.

［130］依德．雄安生态园林建设瞄准五大方向 [N]. 中国花卉报，2018-04-26（1）.

［131］佚名．诠释新亚洲 [J]. 城市建设理论研究（电子版），2011（15）：1-4.

［132］佚名．177 种北方园林绿化常用树种 [EB/OL]. https：//max.book118.com/html/2015/0524/17553415.shtm.2017-8-18/2029-06-07.

［133］佚名．城市立体绿化的回顾与展望 [EB/OL]. http：//www.ylstudy.c.2019-2-11/2019-06-07.

［134］佚名．垂直绿化，立体绿化（特色）[EB/OL]. http：//blog.sina.com.2019-2-11/2019-06-07.

［135］佚名．高速绿化养护管理 [EB/OL]. https：//jz.docin.com/p-188110083.html.2011-4-20/2019-06-07.

［136］佚名．海绵城市在中国的现状与发展 [J]. 上海建材，2016（4）：33-35.

［137］佚名．花卉离子注入诱变育种技术研究 [J]. 园林科技信息，2002（3）：43，45.

［138］佚名．环保工程及服务Ⅱ行业：雄安新区规划坚持生态优先，关注碧水计划启动 [EB/OL]. https：//max.book118.com/html/2018/0429/163764055.shtm.2018-04-29/2020-06-07.

［139］佚名．京津冀共建互联互通生态廊道、首都周边打造“国家公园环”[EB/OL]. http：//beijing.qianl.2015-07-22/2020-06-07.

［140］佚名．京津冀联手打造国家公园森林湿地 [EB/OL].http：//news.hebei.com.2019-02-17/2020-06-07.

［141］佚名．景观技术标模板 [EB/OL]. https：//wenku.baidu.2019-02-10/2020-06-07.

［142］佚名．龙虎山木鱼山公园景观工程施工组织设计 [EB/OL]. https：//wenku.baidu.com/view/6f35ae7b30b765ce0508763231126edb6f1a7677.html.2016-11-17/2020-06-07.

［143］佚名．某城市广场室外铺装绿化工程概述 [EB/OL]. https：//www.renrendoc.com/p-28317960.html.2019-12-02/2020-06-07.

［144］佚名．某道路绿化工程施工组织设计 [EB/OL]. https：//wenku.baidu.com/view/4f23ca18178884868762caaedd3383c4bb4cb4cd.html.2018-11-24/2020-06-07.

［145］佚名．石油的微生物降解 [EB/OL]. http：//www.docin.com/p-485802650.html.2020-02-25/2020-06-07.

［146］佚名．未来之城在崛起：北京城市副中心建设有条不紊 [EB/OL]. http：//dalian.offcn.2018-02-23/2020-06-07.

［147］佚名．园景人垂直绿化与立体绿化（经典分享）[EB/OL]. http：//blog.sina.com.2019-02-11/2020-06-07.

［148］佚名．园林工程施工组织设计 [EB/OL]. https：//jz.docin.com/p-31886988.html.2009-08-05/2020-06-07.

［149］佚名．园林植物高新技术育种研究综述和展望 [EB/OL]. http：//www.docin.com.2019-02-11/2020-06-07.

［150］佚名．植物墙做法 [EB/OL]. http：//www.doc88.com/p-2486145982935.html.2019-06-02/2020-06-07.

［151］佚名．总部基地公园项目文字部分 [EB/OL]. https：//max.book118.com/html/2015/0518/17250152.shtm.2017-08-19/2020-06-07.

［152］尹稚．关于科学、民主编制城乡规划的几点思考 [J]. 城市规划，2008（1）：44-45.

［153］余斌．城市化进程中的乡村住区系统演变与人居环境优化研究 [D]. 武汉：华中师范大学，2007.

［154］余凌云．壶瓶山镇山地乡村聚落空间构建研究 [D]. 长沙：湖南农业大学，2010.

［155］俞孔坚，韩西丽，朱强．解决城市生态环境问题的生态基础设施途径 [J]. 自然资源学报，2007（5）：808-816，855-858.

［156］俞孔坚，李迪华，潮洛蒙．城市生态基础设施建设的十大景观战略 [J]. 规划师，2001（6）：9-13，17.

［157］俞孔坚，乔青，李迪华，等．基于景观安全格局分析的生态用地研究——以北京市东三乡为例 [J]. 应用生态学报，2009，20（8）：1932-1939.

［158］俞孔坚，王思思，乔青 . 基于生态基础设施的北京市绿地系统规划策略 [J]. 北京规划建设，2010（3）：54-58.

［159］贠娟 . 城乡规划中存在的问题及解决办法探讨 [J]. 黑龙江科技信息，2008（29）：235.

［160］岳方芳 . 开封市城市人居环境质量评价研究 [D]. 开封：河南大学，2014.

［161］郧文聚，高璐璐，张超，等 . 从生态文明视角看我国土地利用的变化及影响 [J]. 环境保护，2018（20）：31-35.

［162］张光明 . 乡村园林景观建设模式探讨 [D]. 上海：上海交通大学，2008.

［163］张立梅 . 城市规划与生态环境建设之间的关系 [J]. 中国高新区，2017（13）：143.

［164］张立生 . 区域国土规划中的生态环境规划 [J]. 地理学与国土研究，1991（1）：31-34.

［165］张梦洁 . 美丽乡村建设中的文化保护与传承问题研究 [D]. 福州：福建农林大学，2016.

［166］张梦莹 . 城乡生态环境保护与修复策略初探 [J]. 商品与质量，2017（47）.

［167］张倩，邓祥征，周青 . 城市生态管理概念、模式与资源利用效率 [J]. 中国人口·资源与环境，2015，25（6）：142-151.

［168］张守臣，高正辉，袁超，等 . 城市道路绿化植物配置 [J]. 安徽农业科学，2007（24）：7441-7442.

［169］张秀生，陈先勇 . 中国资源型城市可持续发展现状及对策分析 [J]. 华中师范大学学报（人文社会科学版），2002（2）：117-120.

［170］赵连仁 . 污染土壤整治与管理的研究 [D]. 大连：大连海事大学，2013.

［171］赵人镜，戈晓宇，李雄.“留白增绿”背景下北京市栖息生境型城市森林营建策略研究［J］. 北京林业大学学报，2018，40（10）：102-114.

［172］赵智聪，彭琳，杨锐 . 国家公园体制建设背景下中国自然保护地体系的重构 [J]. 中国园林，2016，32（7）：11-18.

［173］赵智聪，杨锐 . 论国土空间规划中自然保护地规划之定位 [J]. 中国园林，2019，35（8）：5-11.

［174］郑晨 . 基于遥感的城市人居环境适宜性综合评价研究 [D]. 重庆：重庆师范大学，2019.

［175］郑金秀 . 高效石油烃降解菌群的构建及其在生物修复中的强化作用研究 [D]. 武汉：武汉大学，2005.

［176］周璧君 . 文化变迁视野下民族村落的保护与发展策略研究 [D]. 武汉：武汉工程大学，2018.

［177］周春龙 . 新型农村社区公共服务供给问题研究 [D]. 长春：长春工业大学，2019.

［178］周干峙 . 城市及其区域——一个典型的开放的复杂巨系统 [J]. 城市规划，2002（2）：7-8，18.

［179］周宏春，胡恒松 . 高效配置生态要素建设绿色宜居雄安 [J]. 中国经济时报，2018，17（5）：5-7.

［180］周轶男，刘纲 . 美丽乡村建设背景下分区层面村庄规划编制探索——以慈溪市南部沿山精品线规划为例 [J]. 规划师，2013，29（11）：33-38.

［181］朱遐 . 生物修复的研究和应用现状及发展前景 [J]. 生物技术通报，2006（5）：30-32.

［182］朱燕 . 旅游型小城镇形象的规划设计研究 [D]. 重庆：重庆大学，2003.

［183］朱跃龙 . 京郊平原区生态农村发展模式研究 [D]. 北京：中国农业大学，2005.

［184］祝溢 . 成都市成华区农村新型社区规划研究 [D]. 成都：西南交通大学，2009.

［185］左玉辉 . 环境学原理 [M]. 北京：科学出版社，2010.

［186］AdamO K.City Life：Rankings（Livability）Versus Perceptions（Satisfaction）[J].Social Indicators Research，2013，110（2）：433 -451.

［187］Ammon F.The Potential Effect of National Growth Managanent Policy on Urban Sprawl and The Depletion of Open Spaces And Farm Land Anlan [J]. Land Use Policy，2004，21（6）：357-369.

［188］Andrew W.G.Countryside Planning[M]. David and Charles，1978.

［189］Asami Y.Residential Environment：Methods and Theory for Evaluation[M]. Tokyo：University of Tokyo Press，2001.

［190］Bolunda P，Hunhammar S.Ecosystem Services in Urban Areas[J]. Ecological Economics，1999，29（2）：293-301.

［191］Cetin M.Determining the Bioclimatic Comfort in Kastamonu City[J]. Environmental Monitoring And Assessment，2015，187（3）：1-10.

［192］Chen S.The Evaluation Indicator of Ecological Development Transition in China’s Regional Economy [J]. Ecological Indicators，2015，51（3）：42-52.

［193］Chiang C L，Liang J J. An Evaluation Approach for Livable Urban Environments [J]. Environment Science and Pollution Research，2013，20（8）：5229-5242.

［194］Chriastaller W.Central Places in South Germany[M]. New Jersey：Prentice Hall，1966.

［195］Costanza R，d’Arge R，de Groot R，et al.The Value of The World’s Ecosystem

Services and Natural Capital[J]. Ecological Economics.1998，25（1）：3-15.

［196］Daily G C.Nature's Services：Societal Dependence on Natural Ecosystems [M]. Washington，DC：Island Press，1997.

［197］Das D.Urban Quality of Life：A Case Study of Guwahati [J]. Social Indicator Research，2008，88（2）：297-310.

［198］David S.Places Rated Almanac：The Classic Guide for Finding Your Best Places to Live in America[M]. USA：Places Rated Books LLC，2007.

［199］Deng X Z，Bai X M.Sustainable Urbanization in Western China[J]. Environment，2014，

［200］Dunnett N，Clayden A.Rain Gardens：Managing Water Sustainability in the Garden and Designed Landscape[M]. Timber Press.2007.

［201］EEA（European Environment Agency）.Green Infrastructure And Territorial Cohesion.The Concept of Green Infrastructure and Its Integration into Policies Using Monitoring Systems.EEA Technical Report，18.Copenhagen，Denmark：European Environment Agency，2011.

［202］Fiddle D，Olson R，Bezold C.Evaluating a Long-Term Livable Communities Strategy in The U.S[J]. Futures，2011，43（7）：690-696.

［203］Gifford R.Environment Psychology：Principles and Practices[M]. Boston：Allyn and Bacon，1986.

［204］Giovanni B，Felix C，Jan M，et al. A Spatial Typology of Human Settlements and Their CO2 Emissions in England[J]. Global Environmental Change，2015.34（3）：13-21.

［205］Gulinck H，Múgica M，Lucio J，et al.A Framework for Comparative Landscape Analysis and Evaluation Based on Land Cover Data With an Application in the Madrid Region（Spain）[J]. Landscape and Urban Planning，2001，55（4）：257-270.

［206］Gy Ruda.Rural Buildings and Environment[J]. Landscape and Urban Planning，1998，41（2）：93-97.

［207］Haugen K，Holm E，Strömgren M，et al.Proximity，Accessibility and Choice：a Matter of Taste or Condition?[J]. Papers in Regional Science，2012，91（1）：65-84.

［208］Howard E.Garden Cities of Tomorrow[M]. London：Faber And Faber，1946.

［209］Huang G L，Zhou W Q，Cadenasso M L.Is Everyone Hot in The City Spatial Pattern of Land Surface Temperatures，Land Cover and Neighborhood Socioeconomic Characteristics in Baltimore City，MD[J]. Journal of Environmental Management，2011，

92（7）：1753-1759.

［210］Ibem E O，Amole D.Residential Satisfaction in Public Core Housing in Abeokuta，Ogun State，Nigeria[J]. Social Indicators Research，2013，113（1）：563-581.

［211］Jenerette G D，Harlan S L，Stefanov W L，et al.Ecosystem Services and Urban Heat Riskscape Moderation：Water，Green Spaces and Social Inequality in Phoenix，USA[J]. Ecological Applications，2011，21（7）：2637-2651.

［212］Jens F L.Sørensen，J F L.The Impact of Residential Environment Reputation on Residential Environment Choices[J]. Journal of Housing and the Built Environment，2015，30（3）：403-425.

［213］John C，Jones T.Social Geography：an Introduction to Contemporary Issues[M]. London：Edward Arnold，1989.

［214］Khorasani M，Moslem Z.Analyzing The Impacts of Spatial Factors on Livability of Peri-Urban Villages[J]. Social Indicators Research，2018，136（2）：693-717.

［215］Kianicka S，Knab L，Buchecker M.Maiensass-Swiss Alpine Summer Farms：An Element of Cultural Heritage Between Conservation and Further Development：a Qualitative Case Study[J]. International Journal of Heritage Studies，2010，16（6）：486-507.

［216］Lee Y J.Subjective Quality of Life Measurement in Taipei[J]. Building And Environment，2008，43（7）：1205-1215.

［217］Liepins R.Exploring Rurality Through “Community” Discourses，Practices And Spaces Shaping Australian and New Zealand Rural “Communities” [J]. Journal of Rural Studies，2000，16（3）：325.

［218］Lovell S T，Taylor J R.Supplying Urban Ecosystem Services Through Multifunctional Green Infrastructure in The United States[J]. Landscape Ecology，2013，28（3）：1447-1463.

［219］Lundy L，Wade R.Integrating Sciences to Sustain Urban Ecosystem Services[J]. Progress In Physical Geography，2011，35（5）：653-669.

［220］Mc Manus P，Walmsley J，Argent N，et al.Rural Community and Rural Resilience：What is Important to Farmers in Keeping Their Country Towns Alive[J]. Journal of Rural Studies，2012，28（1）：20-29.

［221］Millennium Ecosystem Assessment.Ecosystems and Human Well-Being：Current State and Trends[M]. Washington DC：Island Press，2005.

［222］Mohit M A，Ibrahim M，Rashid Y R.Assessment of Residential Satisfaction in Newly Designed Public Low-Cost Housing in Kuala Lumpur, Malaysia[J]. Habitat International, 2010, 34(3): 18-27.

[223] Mumford L.The City in History : Its Origin, Its Transformation, And Its Prospects[M].Harcourt, Brace&World, Inc, 1961.

[224] Onate J J.Agro-Environmental Schemes and the Europe an Agricultural Landscape the Role of Indicators as Valuing Tools for Evolution[J]. Landscape Ecology, 2000, 15(4): 271-280.

[225] Pacione M.Urban Environmental Quality and Human Well-Being : a Social Geographical Perspective[J]. Landscape and Urban Planning, 2003, 65(1-2): 19 -30.

[226] Parkes A, Kearns A, Atkinson R.What Makes People Dissatisfied with Their Neighborhoods?[J]. Urban Studies, 2002, 39(13): 2413-2438.

[227] Paul L.k.Urban Social Geography[M]. London Scientific & Technical, 1995.

[228] Philip H, Lewis J.Tomorrow by Design : a Regional Design Process for Sustainability [M]. John Wiley & Sons, 1996.

[229] Register R.Ecocity Berkeley : Building Cities for a Healthy Future[M].North Atlantic Books, 1987.

[230] Robert A P, Anne M D, Jennifer R, et al.An Ecological Decision Framework for Environmental Restoration Projects[J]. Ecological Engineering, 1997, 9(1-2): 89-107.

[231] Roelof B, Robert C, Joshua F, et al.Modeling the dynamics of the integrated earth system and the value of global ecosystem services using the GUMBO model[J]. Ecological Economics, 2002, 41(3): 529-560.

[232] Rojek D G, Clemente F, Summers G F.Community Satisfaction : A Study of Contentment with L Services[J]. Rural Sociology, 1975(40): 177-192.

[233] Ruda G.Rural Buildings and Environment[J]. Landscape and Urban Planning, 1998, 41(2): 93-97.

[234] Saitluanga B L.Spatial Pattern of Urban Livability in Himalayan Region : A Case of Aizawl City, India[J]. Social Indictors Research, 2013, 117(2): 541-559.

[235] Schwanen T, Patricia L.M.What if you live in the wrong neighborhood? The impact of residential neighborhood type dissonance on distance traveled[J]. Transportation Research, Part D, 2004, 10(2): 127-151.

[236] Scott K, Park J, Cocklin C.From Sustainable Rural Communities to "Social Sustainability" : Giving Voice to Diversity in Mangakahia Valley, New Zealand[J]. Journal Of Rural Studies, 2000, 16(4): 433-446.

[237] Silvis H.The Economics of Ecosystems and Biodiversity in National and International Policy-making[J]. European Review of Agricultural Economics，2012，39（1）：186-188.

[238] Song Y.A Livable City Study In China Using Structural Equation Models[D]. Department Of Statistics，Uppsala University，2011.

[239] Tratalos J，Fuller R A，Warren P H，et al.Urban form，biodiversity potential and ecosystem services[J]. Landscape & Urban Planning，2007，83（4）：308-317.

[240] Wang H J.Earth Human Settlement Ecosystem and Underground Space Research[J]. 15th international scientific conference underground urbanisation as a prerequisite for sustainable development，2016，165（9）：765-781.

[241] Wu J G，Jenerette G D，Buyantuyev A，et al.Quantifying spatiotemporal patterns of urbanization：The case of the two fastest growing metropolitan regions in the United States[J].Ecological Complexity，2011，8（1）：1-8.

[242] Wu J G，Xiang W N，Zhao J Z.Urban Ecology in China：Historical Developments and Future Directions[J]. Landscape & Urban Planning，2014，125（3）：222-233.

[243] Wu J G.Landscape Sustainability Science：Ecosystem Services and Human Well-Being in Changing Landscapes[J]. Landscape Ecology，2013，28（3）：999-1023.

[244] Wu J G.Making The Case for Landscape Ecology：An Efective Approach to Urban Sustainability[J].Landscape Ecology，2008，27（3）：41-50.

[245] Wu J G.Urban Ecology and Sustainability：The State-Of-The-Science and Future Directions[J]. Landscape and Urban planning，2014，125（3）：209-221.

[246] Yubero-Gómez，Maria，Rubio-Campillo，et al.The Study of Spatiotemporal Patterns Integrating Temporal Uncertainty in Late Prehistoric Settlements in Northeastern Spain[J]. Archaeological and Anthropological Sciences，2016，8（3）：477-490.